电磁波与天线学习指导及习题解析

主　编　朱卫刚
副主编　曹文权　薛　红
　　　　刘　杨　邵　尉

東南大學出版社
SOUTHEAST UNIVERSITY PRESS
·南京·

内 容 简 介

《电磁波与天线学习指导及习题解析》是为"电磁波与天线"课程编写的配套教材，有助于学生理解电磁波与天线课程的抽象概念，掌握各章节的主要内容和重难点知识，提高学生分析和解决问题的能力。全书共分六章，包括矢量分析，电磁场的基本方程，静态电磁场，均匀平面波的传播、反射与折射，传输线理论，天线基础知识。每一章均由四部分组成：一是思维导图，便于学生对本章节的内容全貌进行统揽；二是内容提要，便于学生对本章节的主要内容进行系统学习和消化；三是重难点知识，便于学生清晰地理解和掌握本章节的重难点知识；四是典型例题解析，有助于学生加深理解基本理论，拓宽解题思路，提高解题技巧。

本书既可以作为普通高等院校电子信息类专业的辅助教材，也可以为从事电磁场与微波技术、电磁兼容技术等科研工程技术人员提供参考，还可以为考研同学提供参考。

图书在版编目(CIP)数据

电磁波与天线学习指导及习题解析 / 朱卫刚主编. 南京 ：东南大学出版社，2024. 12. -- ISBN 978-7-5766-1802-0

Ⅰ. O441. 4；TN82

中国国家版本馆 CIP 数据核字第 2024ZC1000 号

责任编辑：姜晓乐　　责任校对：咸玉芳　　封面设计：王　玥　　责任印制：周荣虎

电磁波与天线学习指导及习题解析

DIANCIBO YU TIANXIAN XUEXI ZHIDAO JI XITI JIEXI

主　　编：朱卫刚
出版发行：东南大学出版社
出 版 人：白云飞
社　　址：南京市四牌楼 2 号　　邮编：210096
网　　址：http://www.seupress.com
经　　销：全国各地新华书店
印　　刷：南京京新印刷有限公司
开　　本：787 mm×1092 mm　1/16
印　　张：10.5
字　　数：229 千字
版　　次：2024 年 12 月第 1 版
印　　次：2024 年 12 月第 1 次印刷
书　　号：ISBN 978-7-5766-1802-0
定　　价：45.00 元

编 审 人 员

主　　编　朱卫刚

副 主 编　曹文权　薛　红　刘　杨　邵　尉

编写人员　钟兴建　晋　军　徐承龙

前　言

《电磁波与天线学习指导及习题解析》是为通信工程、电子科学与技术等专业编写的配套教材，有助于学生理解电磁波与天线课程的抽象概念，掌握各章节的主要内容和重难点知识，提高学生分析问题和解决问题的能力。

全书共分六章：矢量分析，电磁场的基本方程，静态电磁场，均匀平面波的传播、反射与折射，传输线理论，天线基础知识。每一章均由四部分组成：一是思维导图，便于学生对本章节的内容全貌进行统揽；二是内容提要，便于学生对本章节的主要内容进行系统学习和消化；三是重难点知识，便于学生清晰地理解和掌握本章节的重难点知识；四是典型例题解析，有助于学生加深理解基本理论，拓宽解题思路，提高解题技巧。

本书由朱卫刚、曹文权、薛红、刘杨、邵尉等执笔，其中朱卫刚编写了第2章和第4章，曹文权编写了第6章，薛红编写了第1章和第3章，刘杨编写了第5章。全书由朱卫刚负责统稿，邵尉协助整理、校对部分章节内容，教研室的同事们对本书提出了宝贵意见和建议。

本书既可以作为普通高等院校电子信息类专业的辅助教材，也可以为从事电磁场与微波技术、电磁兼容技术等科研工程技术人员提供参考，还可以为考研同学提供参考。

由于编者水平有限，书中错误和不妥之处难免，敬请读者批评指正。

编者

2024年4月

目　录

第1章

矢量分析

电磁波与天线用于研究电磁场量随空间和时间的变化规律，矢量分析作为研究电磁波与天线的有力工具，可以对电场和磁场进行分解、合成、微分、积分及其他运算。本章主要内容包括三种常用坐标系、矢量函数及其运算、标量函数的梯度、矢量函数的散度和旋度、矢量恒等式以及亥姆霍兹定理。

1.1 思维导图

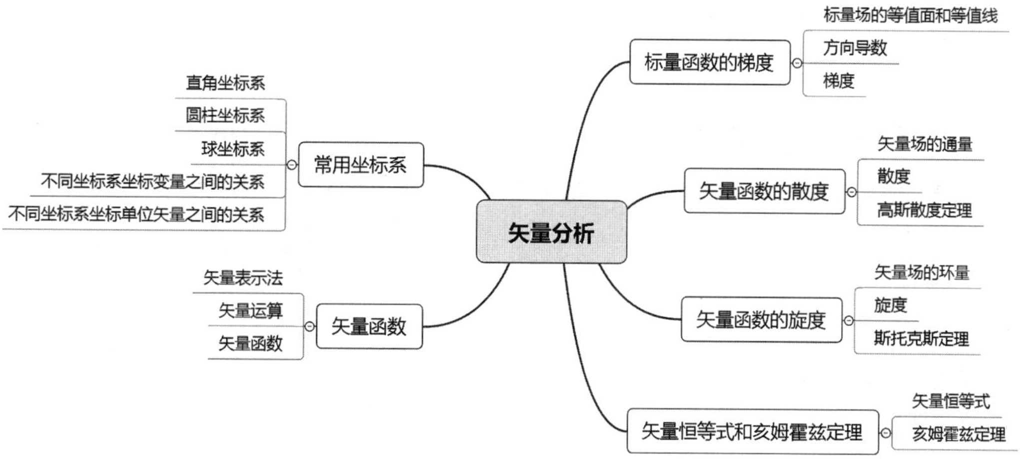

1.2 内容提要

1.2.1 三种常用坐标系

三种常用坐标系的构成要素主要包含以下四个方面：

（1）坐标变量，是构成坐标系的基本参量。

(2) 坐标曲面,是坐标变量分别等于常数所确定的曲面。

(3) 坐标曲线或坐标轴,是两坐标曲面的交线。

(4) 坐标单位矢量:在空间任一点沿三条坐标曲线的切线方向所取的单位矢量(模为 1,方向为坐标变量正的增加方向),而且三个坐标单位矢量满足右手螺旋法则。

(一) 直角坐标系

1. 坐标变量

三个坐标变量分别为 x、y、z,取值范围均为 $(-\infty, +\infty)$。

2. 坐标单位矢量

三个坐标单位矢量分别为 $\boldsymbol{e}_x$、$\boldsymbol{e}_y$、$\boldsymbol{e}_z$,均为常矢量,满足右手螺旋法则,即 $\boldsymbol{e}_x \times \boldsymbol{e}_y = \boldsymbol{e}_z$。

3. 微分元

长度元是指以三个投影为边所构成的长方体对角线的长度,即有

$$\mathrm{d}\boldsymbol{l} = \sqrt{(\mathrm{d}x)^2 + (\mathrm{d}y)^2 + (\mathrm{d}z)^2}$$

标量面积元,如图 1-1 所示,即有

$$\mathrm{d}s_x = \mathrm{d}y\mathrm{d}z, \quad \mathrm{d}s_y = \mathrm{d}x\mathrm{d}z, \quad \mathrm{d}s_z = \mathrm{d}x\mathrm{d}y$$

沿三个坐标轴方向的有向面积元,即有

$$\mathrm{d}\boldsymbol{s}_x = \boldsymbol{e}_x \mathrm{d}y\mathrm{d}z, \quad \mathrm{d}\boldsymbol{s}_y = \boldsymbol{e}_y \mathrm{d}x\mathrm{d}z, \quad \mathrm{d}\boldsymbol{s}_z = \boldsymbol{e}_z \mathrm{d}x\mathrm{d}y$$

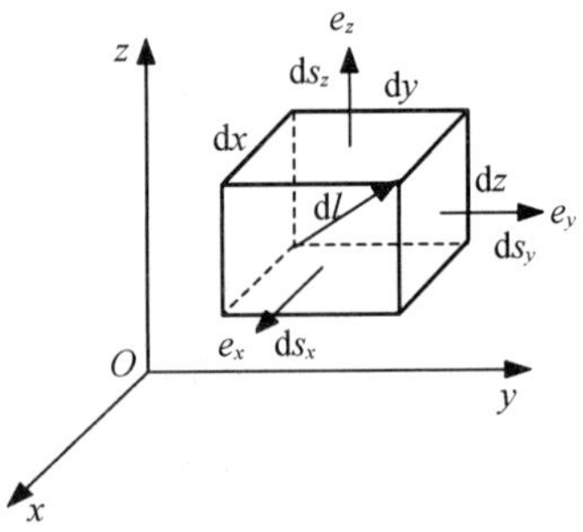

图 1-1 直角坐标系中的微分元

体积元是指以三个投影为边所构成长方体的体积,即有

$$\mathrm{d}\tau = \mathrm{d}x \cdot \mathrm{d}y \cdot \mathrm{d}z$$

(二) 圆柱坐标系

1. 坐标变量

三个坐标变量分别为 ρ、φ、z。其中,ρ 是径向变量,变化范围为 $0 \leqslant \rho < +\infty$;$\varphi$ 是周向变量,变化范围为 $0 \leqslant \varphi \leqslant 2\pi$;$z$ 是轴向变量,变化范围为 $-\infty < z < +\infty$。

2. 坐标单位矢量

三个坐标单位矢量分别为 $\boldsymbol{e}_\rho$、$\boldsymbol{e}_\varphi$、$\boldsymbol{e}_z$。其中,$\boldsymbol{e}_z$ 为常矢量,$\boldsymbol{e}_\rho$ 和 $\boldsymbol{e}_\varphi$ 是变矢量,满足右手螺旋法则,即 $\boldsymbol{e}_\rho \times \boldsymbol{e}_\varphi = \boldsymbol{e}_z$。

3. 微分元

如图 1-2 所示,在 ρ 方向上的投影长度为 $\mathrm{d}\rho$,在 z 方向上的投影长度为 $\mathrm{d}z$,在 φ 方向上的投影长度为 $\rho\mathrm{d}\varphi$,长度元为以三个投影为边所构成长方体的对角线长度,即有

$$dl=\sqrt{(d\rho)^2+(\rho d\varphi)^2+(dz)^2}$$

标量面积元为其他两个方向线元的乘积，即有

$$ds_\rho=\rho d\varphi dz,\quad ds_\varphi=d\rho dz,\quad ds_z=\rho d\rho d\varphi$$

则沿坐标方向的有向面积元为

$$d\boldsymbol{s}_\rho=\boldsymbol{e}_\rho\rho d\varphi dz,\quad d\boldsymbol{s}_\varphi=\boldsymbol{e}_\varphi d\rho dz,\quad d\boldsymbol{s}_z=\boldsymbol{e}_z\rho d\rho d\varphi$$

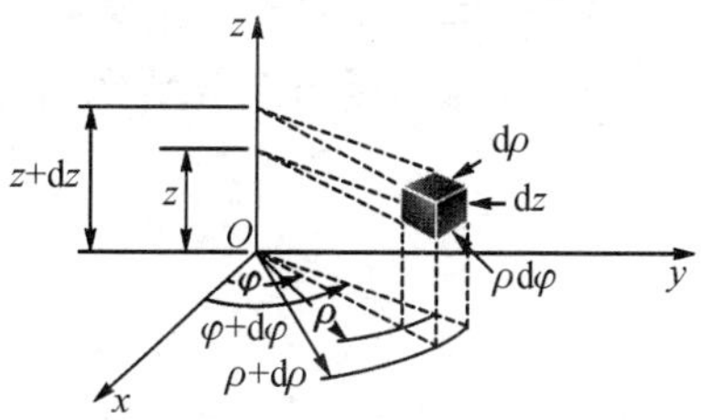

图 1-2　圆柱坐标系中的微分元

体积元是以三个投影为边所构成长方体的体积，即有

$$d\tau=d\rho\cdot\rho d\varphi\cdot dz$$

（三）球坐标系

1. 坐标变量

三个坐标变量分别为 r、θ、φ。其中，r 是径向变量，取值范围为 $0\leqslant r<+\infty$；θ 是极角变量，取值范围为 $0\leqslant\theta\leqslant\pi$；$\varphi$ 是周向变量，取值范围为 $0\leqslant\varphi\leqslant 2\pi$。

2. 坐标单位矢量

三个坐标单位矢量分别为 $\boldsymbol{e}_r$、$\boldsymbol{e}_\theta$、$\boldsymbol{e}_\varphi$，均是变矢量，满足右手螺旋法则，即 $\boldsymbol{e}_r\times\boldsymbol{e}_\theta=\boldsymbol{e}_\varphi$。

3. 微分元

如图 1-3 所示，任一长度元在 r 方向上的投影长度为 dr，在 θ 方向上的投影长度为 $rd\theta$，在 φ 方向上的投影长度为 $r\sin\theta d\varphi$，长度元为以三个投影为边所构成长方体的对角线长度，即有

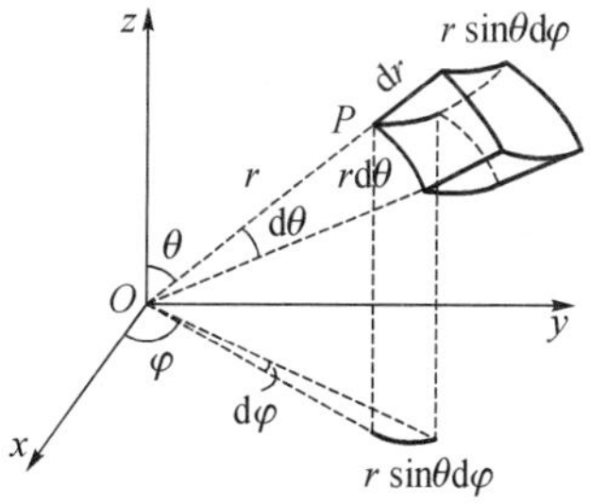

图 1-3　球坐标系中的微分元

$$dl=\sqrt{(dr)^2+(rd\theta)^2+(r\sin\theta d\varphi)^2}$$

标量面积元为其他两个方向线元的乘积，即有

$$ds_r=r^2\sin\theta d\theta d\varphi,\quad ds_\theta=r\sin\theta dr d\varphi,\quad ds_\varphi=r dr d\theta$$

沿坐标方向的有向面积元为

$$d\boldsymbol{s}_r=\boldsymbol{e}_r r^2\sin\theta d\theta d\varphi,\quad d\boldsymbol{s}_\theta=\boldsymbol{e}_\theta r\sin\theta dr d\varphi,\quad d\boldsymbol{s}_\varphi=\boldsymbol{e}_\varphi r dr d\theta$$

体积元为以三个投影为边所构成长方体的体积，即有

$$d\tau=dr\cdot rd\theta\cdot r\sin\theta d\varphi=r^2\sin\theta dr d\theta d\varphi$$

(四) 三种坐标系坐标变量之间的关系

1. 直角坐标与圆柱坐标

$$\begin{cases} x = \rho\cos\varphi \\ y = \rho\sin\varphi \end{cases}$$

$$\begin{cases} \rho = (x^2 + y^2)^{1/2} \\ \varphi = \arctan\left(\dfrac{y}{x}\right) \end{cases}$$

2. 直角坐标与球坐标

$$\begin{cases} x = r\sin\theta\cos\varphi \\ y = r\sin\theta\sin\varphi \\ z = r\cos\theta \end{cases}$$

$$\begin{cases} r = (x^2 + y^2 + z^2)^{1/2} \\ \theta = \arccos\left[\dfrac{z}{(x^2 + y^2 + z^2)^{1/2}}\right] \\ \varphi = \arccos\left[\dfrac{x}{(x^2 + y^2)^{1/2}}\right] \end{cases}$$

3. 圆柱坐标与球坐标

$$\begin{cases} \rho = r\sin\theta \\ z = r\cos\theta \end{cases}$$

$$\begin{cases} r = (\rho^2 + z^2)^{1/2} \\ \theta = \arccos\left[\dfrac{z}{(\rho^2 + z^2)^{1/2}}\right] \end{cases}$$

(五) 三种坐标系坐标单位矢量之间的关系

1. 直角坐标系与圆柱坐标系

$$\boldsymbol{e}_x = \boldsymbol{e}_\rho\cos\varphi - \boldsymbol{e}_\varphi\sin\varphi$$

$$\boldsymbol{e}_y = \boldsymbol{e}_\rho\sin\varphi + \boldsymbol{e}_\varphi\cos\varphi$$

$$\boldsymbol{e}_\rho = \boldsymbol{e}_x\cos\varphi + \boldsymbol{e}_y\sin\varphi$$

$$\boldsymbol{e}_\varphi = -\boldsymbol{e}_x\sin\varphi + \boldsymbol{e}_y\cos\varphi$$

2. 直角坐标系与球坐标系

$$\boldsymbol{e}_r = \boldsymbol{e}_x\sin\theta\cos\varphi + \boldsymbol{e}_y\sin\theta\sin\varphi + \boldsymbol{e}_z\cos\theta$$

$$\boldsymbol{e}_\theta = \boldsymbol{e}_x\cos\theta\cos\varphi + \boldsymbol{e}_y\cos\theta\sin\varphi - \boldsymbol{e}_z\sin\theta$$

$$\boldsymbol{e}_\varphi = -\boldsymbol{e}_x\sin\varphi + \boldsymbol{e}_y\cos\varphi$$

$$e_x = e_r \sin\theta\cos\varphi + e_\theta \cos\theta\cos\varphi - e_\varphi \sin\varphi$$
$$e_y = e_r \sin\theta\sin\varphi + e_\theta \cos\theta\sin\varphi + e_\varphi \cos\varphi$$
$$e_z = e_r \cos\theta - e_\theta \sin\theta$$

1.2.2　矢量函数

(一) 矢量表示法

1. 坐标分量表示

在直角坐标系下，有

$$\boldsymbol{A} = \boldsymbol{e}_x A_x + \boldsymbol{e}_y A_y + \boldsymbol{e}_z A_z$$

在圆柱坐标系下，有

$$\boldsymbol{A} = \boldsymbol{e}_\rho A_\rho + \boldsymbol{e}_\varphi A_\varphi + \boldsymbol{e}_z A_z$$

在球坐标系下，有

$$\boldsymbol{A} = \boldsymbol{e}_r A_r + \boldsymbol{e}_\theta A_\theta + \boldsymbol{e}_\varphi A_\varphi$$

2. 方向余弦表示

在直角坐标系下，有

$$\boldsymbol{A} = A(\boldsymbol{e}_x \cos\alpha + \boldsymbol{e}_y \cos\beta + \boldsymbol{e}_z \cos\gamma)$$
$$A_x = \boldsymbol{A} \cdot \boldsymbol{e}_x = A\cos\alpha$$
$$A_y = \boldsymbol{A} \cdot \boldsymbol{e}_y = A\cos\beta$$
$$A_z = \boldsymbol{A} \cdot \boldsymbol{e}_z = A\cos\gamma$$

式中，α、β、γ 称为矢量$\boldsymbol{A}$ 的方向角，$\cos\alpha$、$\cos\beta$、$\cos\gamma$ 称为矢量$\boldsymbol{A}$ 的方向余弦，满足关系式 $\sqrt{\cos^2\alpha + \cos^2\beta + \cos^2\gamma} = 1$。

3. 单位矢量表示

模等于 1 的矢量称为单位矢量。$\boldsymbol{A}^0$ 表示与 $\boldsymbol{A}$ 同方向的单位矢量。

$$\boldsymbol{A} = |\boldsymbol{A}|\boldsymbol{A}^0$$
$$\boldsymbol{A}^0 = \boldsymbol{e}_x \cos\alpha + \boldsymbol{e}_y \cos\beta + \boldsymbol{e}_z \cos\gamma$$

4. 矢径(位置矢量)

$$\boldsymbol{r} = \boldsymbol{e}_x x + \boldsymbol{e}_y y + \boldsymbol{e}_z z$$
$$|\boldsymbol{r}| = r = \sqrt{x^2 + y^2 + z^2}$$
$$\boldsymbol{r}^0 = \frac{r}{r}\boldsymbol{r}^0 = \frac{\boldsymbol{r}}{r} = \boldsymbol{e}_x \cos\alpha + \boldsymbol{e}_y \cos\beta + \boldsymbol{e}_z \cos\gamma$$

5. 距离矢量

$$\boldsymbol{R}=\boldsymbol{r}-\boldsymbol{r}'=\boldsymbol{e}_x(x-x')+\boldsymbol{e}_y(y-y')+\boldsymbol{e}_z(z-z')$$

$$R=|\boldsymbol{R}|=\sqrt{(x-x')^2+(y-y')^2+(z-z')^2}$$

6. 长度元矢量

$$\mathrm{d}\boldsymbol{l}=\boldsymbol{e}_x\mathrm{d}x+\boldsymbol{e}_y\mathrm{d}y+\boldsymbol{e}_z\mathrm{d}z$$

(二) 矢量运算

1. 矢量加法和减法

两个矢量 $\boldsymbol{A}$ 和 $\boldsymbol{B}$ 相加，可采用平行四边形法则或三角形法则。

矢量减法是矢量加法的特殊情况，同样可以利用平行四边形法则或三角形法则做加法运算。

2. 矢量的数乘

一个矢量 $\boldsymbol{A}$ 和一个标量 k 相乘，结果是一个矢量，即

$$\boldsymbol{B}=k\boldsymbol{A}$$

3. 矢量的点乘

$$\boldsymbol{A}\cdot\boldsymbol{B}=|\boldsymbol{A}||\boldsymbol{B}|\cos\theta$$

式中，θ 为矢量 $\boldsymbol{A}$ 与 $\boldsymbol{B}$ 之间较小的夹角，如图 1-4 所示。

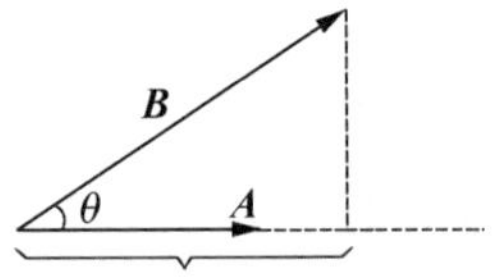

图 1-4　矢量的点乘

当 $\theta=90°$ 时，$\boldsymbol{A}\cdot\boldsymbol{B}=0$，即两矢量的点乘是否为零可作为两矢量垂直的判据，即

$$\boldsymbol{A}\cdot\boldsymbol{B}=0\Leftrightarrow\boldsymbol{A}\perp\boldsymbol{B}$$

当 $\boldsymbol{B}=\boldsymbol{A}$ 时，$\theta=0°$，可求出矢量 $\boldsymbol{A}$ 的模

$$A=|\boldsymbol{A}|=\sqrt{\boldsymbol{A}\cdot\boldsymbol{A}}$$

4. 矢量的叉乘

$$\boldsymbol{A}\times\boldsymbol{B}=\begin{vmatrix}e_x & e_y & e_z\\ A_x & A_y & A_z\\ B_x & B_y & B_z\end{vmatrix}$$

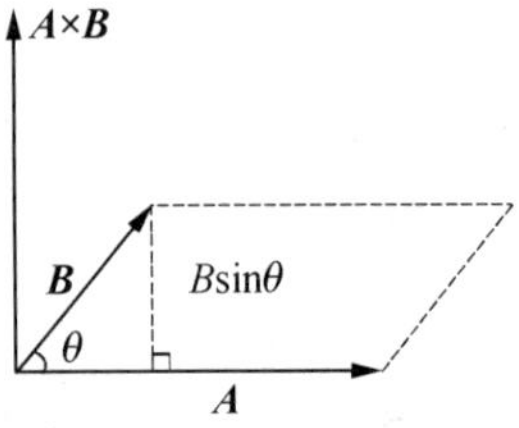

图 1-5　矢量的叉乘

$\boldsymbol{A}\times\boldsymbol{B}$ 的方向垂直于 $\boldsymbol{A}$ 和 $\boldsymbol{B}$ 两矢量所构成的平面，其指向按"右手定则"来确定，如图 1-5 所示。

当 $\theta=0°$ 或 $180°$ 时，$\boldsymbol{A}\times\boldsymbol{B}=\boldsymbol{0}$。因此，两矢量的叉乘是否为零矢量可作为两矢量平行的判据，即

$$\boldsymbol{A}\times\boldsymbol{B}=\boldsymbol{0}\Leftrightarrow\boldsymbol{A}\parallel\boldsymbol{B}$$

当 $\boldsymbol{B}=\boldsymbol{A}$ 时，$\theta=0^{\circ}$，有

$$\boldsymbol{A}\times\boldsymbol{A}=\boldsymbol{0}$$

（三）矢量函数

(1) 对矢量函数求导数，即是求矢量函数对时间和空间等参数的变化率。矢量函数求导数的运算法则与标量函数求导类似。常矢量的导数为 0，变矢量的一阶导数仍然为矢量。

(2) 对于矢量函数 $\boldsymbol{E}(x, y, z)=\boldsymbol{e}_x E_x(x, y, z)+\boldsymbol{e}_y E_y(x, y, z)+\boldsymbol{e}_z E_z(x, y, z)$

$$\frac{\partial \boldsymbol{E}}{\partial x}=\boldsymbol{e}_x \frac{\partial E_x}{\partial x}+\boldsymbol{e}_y \frac{\partial E_y}{\partial x}+\boldsymbol{e}_z \frac{\partial E_z}{\partial x}$$

直角坐标系的坐标单位矢量均为常矢量，与坐标变量无关，在圆柱坐标系和球坐标系中，由于一些坐标单位矢量不是常矢量，而是坐标变量的函数，求导数时要特别注意，不能随意将坐标单位矢量提到微分符号之外。所以，一般采用将圆柱坐标系和球坐标系中的坐标单位矢量化成直角坐标系的坐标单位矢量形式，这样，可以将直角坐标系的坐标单位矢量提到微分符号之外。

(3) 积分和微分互为逆运算。一般标量函数积分的运算法则对矢量函数同样适用。但是，在圆柱坐标系和球坐标系中，对矢量函数求积分时要注意，有些坐标单位矢量不是常矢量，不能随意将坐标单位矢量提到积分运算符号之外。

1.2.3　标量函数的梯度

假设有一个标量函数 u，它是空间位置的函数，我们可以将它写成 $u=u(x, y, z)$，这样的场称为标量场。为了考察标量场在空间的分布和变化规律，引入等值面、等值线、方向导数和梯度的概念。

（一）等值面和等值线

1. 等值面方程

对于标量函数 $u=u(x, y, z)$，$u(x, y, z)=C$（C 为任意常数），该方程为曲面方程。

2. 等值线方程

对于标量函数 $v=v(x, y)$，则 $v(x, y)=C$（C 为任意常数），该方程为曲线方程。

（二）方向导数

$$\frac{\partial u}{\partial l}=\frac{\partial u}{\partial x}\cos\alpha+\frac{\partial u}{\partial y}\cos\beta+\frac{\partial u}{\partial z}\cos\gamma$$

若 $\frac{\partial u}{\partial l}>0$，说明沿 l 方向函数 u 是增加的；

若 $\frac{\partial u}{\partial l}<0$，说明沿 l 方向函数 u 是减小的；

若 $\frac{\partial u}{\partial l}=0$，说明沿 l 方向函数 u 是不变的。

(三) 梯度

1. 梯度的表示式

在直角坐标系中，$\nabla u=\boldsymbol{e}_x\frac{\partial u}{\partial x}+\boldsymbol{e}_y\frac{\partial u}{\partial y}+\boldsymbol{e}_z\frac{\partial u}{\partial z}$

其中，$\nabla=\boldsymbol{e}_x\frac{\partial}{\partial x}+\boldsymbol{e}_y\frac{\partial}{\partial y}+\boldsymbol{e}_z\frac{\partial}{\partial z}$

2. 梯度的性质

(1) 标量函数 u 的梯度为矢量函数，其方向为函数 u 变化率最大的方向，模等于函数 u 在该点的最大变化率的数值，梯度总是指向 u 增大的方向。

(2) 函数 u 在给定点沿 $\boldsymbol{l}$ 方向的方向导数等于 u 的梯度在 $\boldsymbol{l}$ 方向上的投影。

$$\frac{\partial u}{\partial l}=(\nabla u)\cdot\boldsymbol{l}^0$$

(3) 标量场中任一点的梯度方向为过该点等值面的法线方向。

$$\boldsymbol{n}=\boldsymbol{e}_x\frac{\partial u}{\partial x}+\boldsymbol{e}_y\frac{\partial u}{\partial y}+\boldsymbol{e}_z\frac{\partial u}{\partial z}=\nabla u$$

(4) 梯度的线积分与积分路径无关。

3. 梯度的运算法则

(1) $\nabla C=0$（C 为常数）

(2) $\nabla(Cu)=C\,\nabla u$（C 为常数）

(3) $\nabla(u\pm v)=\nabla u\pm\nabla v$

(4) $\nabla(uv)=u\,\nabla v+v\,\nabla u$

(5) $\nabla\left(\frac{u}{v}\right)=\frac{1}{v^2}(v\,\nabla u-u\,\nabla v)$

(6) $\nabla f(u)=f'(u)\,\nabla u$

1.2.4 矢量函数的散度

(一) 矢量线

(1) 矢量场可以用矢量函数表示。

(2) 矢量线能形象地描绘矢量场在空间的分布状况。

(3) 矢量线上每一点的切线方向代表该点矢量场的方向，该点矢量场的强度由附近矢量线的密度来确定。

(二) 通量

1. 通量的定义

矢量 $\boldsymbol{F}$ 在场中某一曲面 S 上的面积分,称为该矢量场通过此曲面的通量(图 1-6)。

$$\phi = \iint_S \boldsymbol{F} \cdot \mathrm{d}\boldsymbol{S} = \iint_S \boldsymbol{F} \cdot \boldsymbol{n}^0 \mathrm{d}S = \iint_S F_n \mathrm{d}S = \iint_S F\cos\theta \mathrm{d}S$$

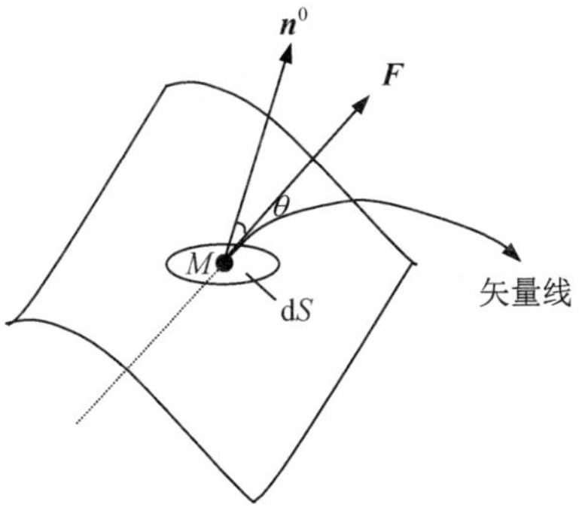

图 1-6　矢量场的通量

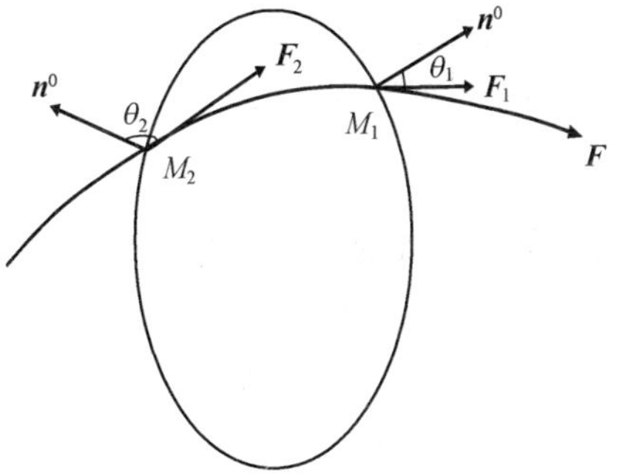

图 1-7　通过闭合曲面的通量

2. 通量的特性

(1) 通量的正负与面积元法线矢量方向的选取有关。

通过面积元 $\mathrm{d}\boldsymbol{S}$ 的通量元 $\mathrm{d}\phi = \boldsymbol{F} \cdot \boldsymbol{n}^0 \mathrm{d}S = F\cos\theta \mathrm{d}S$(根据 θ 的取值可正可负)

在电磁场理论中,一般规定:由凹面指向凸面为 $\boldsymbol{n}$ 的正方向。

(2) 通量可以定性地认为是穿过曲面 S 的矢量线总数。

$\boldsymbol{F}$ 可以称为通量面密度矢量,它的模 F 等于在某点与 $\boldsymbol{F}$ 垂直的单位面积上穿过的矢量线的数目。

(3) 如果曲面 S 为闭合曲面,则通过闭合曲面 S 的总通量为:

$$\phi = \oiint_S \boldsymbol{F} \cdot \mathrm{d}\boldsymbol{S} = \oiint_S \boldsymbol{F} \cdot \boldsymbol{n}^0 \mathrm{d}S$$

对于闭合曲面,一般规定面积元的单位法线矢量 $\boldsymbol{n}^0$ 由面内指向面外,如图 1-7 所示。

对整个闭合曲面 S:

当 $\phi > 0$ 时,穿出 S 的通量线多于穿入 S 的通量线,此时 S 内必有发出通量线的源;

当 $\phi < 0$ 时,穿入 S 的通量线多于穿出 S 的通量线,此时 S 内必有吸收通量线的沟,称为负源;

当 $\phi = 0$ 时,穿出 S 的通量线等于穿入 S 的通量线,此时 S 内正源和负源的代数和为 0,或者没有源。

(4) 通量可以叠加

如果一闭合曲面 S 上任一点的矢量场为 $\boldsymbol{F}=\boldsymbol{F}_1+\boldsymbol{F}_2+\cdots+\boldsymbol{F}_n=\sum_{i=1}^{n}\boldsymbol{F}_i$，则通过 S 面的矢量场 $\boldsymbol{F}$ 的通量为

$$\phi=\oint_S \boldsymbol{F}\cdot \mathrm{d}\boldsymbol{S}=\oint_S\left(\sum_{i=1}^{n}F_i\right)\cdot \mathrm{d}\boldsymbol{S}=\sum_{i=1}^{n}\oint_S \boldsymbol{F}_i\cdot \mathrm{d}\boldsymbol{S}=\sum_{i=1}^{n}\phi_i$$

(三) 散度

1. 散度的定义

$$\mathrm{div}\boldsymbol{F}=\lim_{\Delta\tau\to 0}\frac{\oint_S \boldsymbol{F}\cdot \mathrm{d}\boldsymbol{S}}{\Delta\tau}$$

散度的定义与坐标系的选取无关，在空间任一点 M 上：

若 $\mathrm{div}\boldsymbol{F}>0$，则该点有发出通量线的正源；

若 $\mathrm{div}\boldsymbol{F}<0$，则该点有吸收通量线的负源；

若 $\mathrm{div}\boldsymbol{F}=0$，则该点无源。

2. 散度的表示式

在直角坐标系中，对于矢量 $\boldsymbol{F}=\boldsymbol{e}_xF_x+\boldsymbol{e}_yF_y+\boldsymbol{e}_zF_z$

$$\mathrm{div}\boldsymbol{F}=\frac{\partial F_x}{\partial x}+\frac{\partial F_y}{\partial y}+\frac{\partial F_z}{\partial z}=\nabla\cdot\boldsymbol{F}$$

3. 散度的性质

(1) 矢量场的散度为标量函数。

(2) 散度表示场中各点的场与通量源的关系。如果在矢量场所存在的全部空间内，场的散度处处为 0，则这种场不可能有通量源，因而称它为管形场(无头无尾)或无源场。

(3) 散度描述的是场分量沿着各自方向上的变化规律。

4. 散度的基本运算公式

(1) $\nabla\cdot\boldsymbol{C}=0$($\boldsymbol{C}$ 为常矢量)

(2) $\nabla\cdot(C\boldsymbol{F})=C\,\nabla\cdot\boldsymbol{F}$($C$ 为常数)

(3) $\nabla\cdot(\boldsymbol{F}\pm\boldsymbol{G})=\nabla\cdot\boldsymbol{F}\pm\nabla\cdot\boldsymbol{G}$

(4) $\nabla\cdot(u\boldsymbol{F})=u\,\nabla\cdot\boldsymbol{F}+\boldsymbol{F}\cdot\nabla u$

(5) $\nabla\cdot(\boldsymbol{F}\times\boldsymbol{G})=\boldsymbol{G}\cdot\nabla\times\boldsymbol{F}-\boldsymbol{F}\cdot\nabla\times\boldsymbol{G}$

(四) 高斯散度定理

$$\oint_S \boldsymbol{F}\cdot \mathrm{d}\boldsymbol{S}=\iiint_V \nabla\cdot\boldsymbol{F}\mathrm{d}V$$

任何一个矢量 $\boldsymbol{F}$ 穿出任意闭合曲面 S 的通量，可以表示为 $\boldsymbol{F}$ 的散度在该面所围体积 τ 的积分。

1.2.5　矢量函数的旋度

(一) 环量

环量的定义：矢量 $\boldsymbol{F}$ 沿某一闭合曲线(闭合路径)的线积分，称为该矢量沿此闭合曲线的环量(图 1-8)。

$$\Gamma = \oint_l \boldsymbol{F} \cdot \mathrm{d}\boldsymbol{l} = \oint_l F\cos\theta\,\mathrm{d}l$$

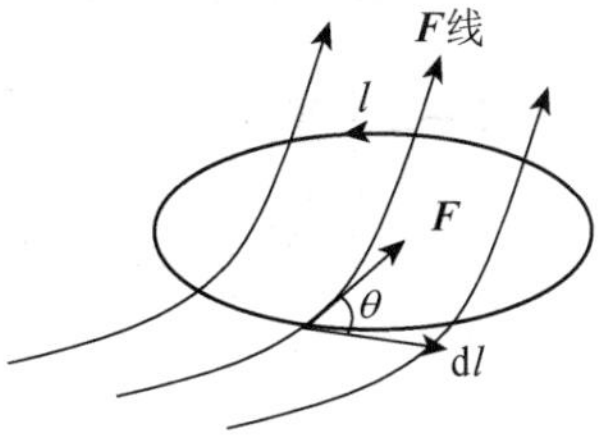

图 1-8　矢量的环量

(二) 旋度

1. 旋度的定义

$$(\mathrm{rot}\boldsymbol{F}) \cdot \boldsymbol{n}^0 = \lim_{\Delta S \to 0} \frac{\oint_l \boldsymbol{F} \cdot \mathrm{d}\boldsymbol{l}}{\Delta S}$$

2. 旋度的表示式

在直角坐标系中

$$\mathrm{rot}\boldsymbol{F} = \nabla \times \boldsymbol{F} = \begin{vmatrix} \boldsymbol{e}_x & \boldsymbol{e}_y & \boldsymbol{e}_z \\ \dfrac{\partial}{\partial x} & \dfrac{\partial}{\partial y} & \dfrac{\partial}{\partial z} \\ F_x & F_y & F_z \end{vmatrix} = \boldsymbol{e}_x\left(\frac{\partial F_z}{\partial y} - \frac{\partial F_y}{\partial z}\right) + \boldsymbol{e}_y\left(\frac{\partial F_x}{\partial z} - \frac{\partial F_z}{\partial x}\right) + \boldsymbol{e}_z\left(\frac{\partial F_y}{\partial x} - \frac{\partial F_x}{\partial y}\right)$$

3. 旋度的性质

(1) 矢量场的旋度为矢量函数。

(2) 旋度表示场中各点的场与旋涡源的关系。如果在矢量场所存在的全部空间内，场的旋度处处为 0，则这种场不可能有旋涡源，因而称它为无旋场或保守场。

(3) 旋度描述的是场分量沿着与它垂直方向上的变化规律。

4. 旋度的基本运算公式

$\nabla \times \boldsymbol{C} = 0$($\boldsymbol{C}$ 为常矢量)

$\nabla \times (C\boldsymbol{F}) = C\,\nabla \times \boldsymbol{F}$($C$ 为常数)

$\nabla \times (\boldsymbol{F} \pm \boldsymbol{G}) = \nabla \times \boldsymbol{F} \pm \nabla \times \boldsymbol{G}$

$\nabla \times (u\boldsymbol{F}) = u\,\nabla \times \boldsymbol{F} + \nabla u \times \boldsymbol{F}$

$\nabla \times (\boldsymbol{F} \times \boldsymbol{G}) = (\boldsymbol{G} \cdot \nabla)\boldsymbol{F} - (\boldsymbol{F} \cdot \nabla)\boldsymbol{G} - \boldsymbol{G}(\nabla \cdot \boldsymbol{F}) + \boldsymbol{F}(\nabla \cdot \boldsymbol{G})$

(三)斯托克斯定理

$$\iint_S (\nabla\times \boldsymbol{F})\cdot \mathrm{d}\boldsymbol{S} = \oint_l \boldsymbol{F}\cdot \mathrm{d}\boldsymbol{l}$$

矢量 $\boldsymbol{F}$ 的旋度 $\nabla\times\boldsymbol{F}$ 在任意曲面 S 上的通量,等于 $\boldsymbol{F}$ 沿该曲面周界 l 的环量。

1.2.6 矢量恒等式与亥姆霍兹定理

(一)矢量恒等式

1. 哈密顿一阶微分算子及恒等式

(1) 哈密顿算子的表示式

$$\nabla=\boldsymbol{e}_x\frac{\partial}{\partial x}+\boldsymbol{e}_y\frac{\partial}{\partial y}+\boldsymbol{e}_z\frac{\partial}{\partial z}$$

(2) 哈密顿算子的性质

具有矢量和微分的双重性质。

算子 ∇ 与标量函数 u 相乘 ∇u,得到此标量函数的梯度;

算子 ∇ 与矢量函数 $\boldsymbol{F}$ 的点乘 $\nabla\cdot\boldsymbol{F}$,得到此矢量函数的散度;

算子 ∇ 与矢量函数 $\boldsymbol{F}$ 的叉乘 $\nabla\times\boldsymbol{F}$,得到此矢量函数的旋度。

2. 哈密顿二阶微分算子及恒等式

(1) $\nabla\times\nabla u\equiv 0$

标量函数梯度的旋度恒等于 0。

如果一个矢量函数的旋度等于 0,则这个矢量函数可以用一个标量函数的梯度来表示。

(2) $\nabla\cdot(\nabla\times\boldsymbol{F})\equiv 0$

矢量函数旋度的散度恒等于 0。

如果一个矢量函数的散度等于 0,则这个矢量函数可以用另外一个矢量函数的旋度来表示。

(3) $\nabla\cdot\nabla u=\nabla^2 u$

∇^2 称为拉普拉斯算子,当 ∇^2 作用在标量函数上时,称为标性拉普拉斯算子;当 ∇^2 作用在矢量函数上时,称为矢性拉普拉斯算子。

(4) $\nabla^2\boldsymbol{F}=\nabla(\nabla\cdot\boldsymbol{F})-\nabla\times(\nabla\times\boldsymbol{F})$

(二)亥姆霍兹定理

1. 定理内容

在空间有限区域 τ 内的任一矢量场 $\boldsymbol{F}$,由它的散度、旋度和边界条件唯一地确定。边界条件指限定体积 τ 的闭合面 S 上的矢量场分布。

2. 定理意义

它规定了我们研究电磁场理论的一条主线。无论是静态电磁场还是时变电磁场问题,都需要研究电磁场场量的散度、旋度和边界条件。

1.3　重难点知识

1.3.1　坐标单位矢量

常用的直角坐标系中有 3 个坐标单位矢量,分别为 $\boldsymbol{e}_x$、$\boldsymbol{e}_y$、$\boldsymbol{e}_z$;圆柱坐标系中三个坐标单位矢量分别为 $\boldsymbol{e}_\rho$、$\boldsymbol{e}_\varphi$、$\boldsymbol{e}_z$;球坐标系中三个坐标单位矢量分别为 $\boldsymbol{e}_r$、$\boldsymbol{e}_\theta$、$\boldsymbol{e}_\varphi$,e_x、e_y、e_z 均为常矢量,满足右手螺旋法则,即 $\boldsymbol{e}_x \times \boldsymbol{e}_y = \boldsymbol{e}_z$。

(1) 掌握同种坐标系坐标单位矢量之间的关系

$$\boldsymbol{e}_x \times \boldsymbol{e}_y = \boldsymbol{e}_z$$
$$\boldsymbol{e}_\rho \times \boldsymbol{e}_\varphi = \boldsymbol{e}_z$$
$$\boldsymbol{e}_r \times \boldsymbol{e}_\theta = \boldsymbol{e}_\varphi$$

(2) 理解不同坐标系坐标单位矢量之间的关系

直角坐标系与圆柱坐标系

$$\boldsymbol{e}_x = \boldsymbol{e}_\rho \cos\varphi - \boldsymbol{e}_\varphi \sin\varphi$$
$$\boldsymbol{e}_y = \boldsymbol{e}_\rho \sin\varphi + \boldsymbol{e}_\varphi \cos\varphi$$
$$\boldsymbol{e}_\rho = \boldsymbol{e}_x \cos\varphi + \boldsymbol{e}_y \sin\varphi$$
$$\boldsymbol{e}_\varphi = -\boldsymbol{e}_x \sin\varphi + \boldsymbol{e}_y \cos\varphi$$

直角坐标系与球坐标系

$$\boldsymbol{e}_r = \boldsymbol{e}_x \sin\theta\cos\varphi + \boldsymbol{e}_y \sin\theta\sin\varphi + \boldsymbol{e}_z \cos\theta$$
$$\boldsymbol{e}_\theta = \boldsymbol{e}_x \cos\theta\cos\varphi + \boldsymbol{e}_y \cos\theta\sin\varphi - \boldsymbol{e}_z \sin\theta$$
$$\boldsymbol{e}_\varphi = -\boldsymbol{e}_x \sin\varphi + \boldsymbol{e}_y \cos\varphi$$
$$\boldsymbol{e}_x = \boldsymbol{e}_r \sin\theta\cos\varphi + \boldsymbol{e}_\theta \cos\theta\cos\varphi - \boldsymbol{e}_\varphi \sin\varphi$$
$$\boldsymbol{e}_y = \boldsymbol{e}_r \sin\theta\sin\varphi + \boldsymbol{e}_\theta \cos\theta\sin\varphi + \boldsymbol{e}_\varphi \cos\varphi$$
$$\boldsymbol{e}_z = \boldsymbol{e}_r \cos\theta - \boldsymbol{e}_\theta \sin\theta$$

在圆柱坐标系和球坐标系中,由于一些坐标单位矢量是变矢量,是关于坐标变量的函数,在求微分和积分时,不能随意将坐标单位矢量提到微分和积分符号之外。所以,一般将圆柱坐标系和球坐标系中的坐标单位矢量化成直角坐标系的坐标单位矢量形式。

1.3.2 方向导数与梯度

1. 方向导数

(1) 会计算方向导数

$$\frac{\partial u}{\partial l}=\frac{\partial u}{\partial x}\cos\alpha+\frac{\partial u}{\partial y}\cos\beta+\frac{\partial u}{\partial z}\cos\gamma$$

(2) 理解方向导数的物理意义

方向导数描述了标量函数在场中各点附近沿每一方向的变化情况,也即是沿任意确定方向的变化率。

2. 梯度

(1) 会计算梯度

$$\nabla u=\boldsymbol{e}_x\frac{\partial u}{\partial x}+\boldsymbol{e}_y\frac{\partial u}{\partial y}+\boldsymbol{e}_z\frac{\partial u}{\partial z}$$

(2) 理解梯度的物理意义

梯度描述了标量函数沿哪个方向的变化率最大,以及这个最大变化率是多少。梯度是方向导数最大值,并确定其方向。

(3) 掌握梯度与方向导数的关系

$$\frac{\partial u}{\partial l}=(\nabla u)\cdot\boldsymbol{l}^0$$

1.3.3 通量与散度

1. 通量

(1) 会计算通量

$$\phi=\iint_S\boldsymbol{F}\cdot\mathrm{d}\boldsymbol{S}=\iint_S F\cos\theta\,\mathrm{d}S$$

闭合曲面的通量

$$\phi=\oiint_S\boldsymbol{F}\cdot\mathrm{d}\boldsymbol{S}$$

(2) 理解通量的物理意义

通量描述了矢量场的宏观表现,反映了矢量场中穿过某一截面的矢量线的多少。

2. 散度

(1) 会计算散度

$$\nabla\cdot\boldsymbol{F}=\frac{\partial F_x}{\partial x}+\frac{\partial F_y}{\partial y}+\frac{\partial F_z}{\partial z}$$

(2) 理解散度的物理意义

散度描述了矢量场的微观表现，反映了矢量场中每一点上矢量场与源的关系。通量与散度是宏观与微观的关系。

(3) 掌握高斯散度定理

$$\oint\!\!\!\oint_S \boldsymbol{F} \cdot \mathrm{d}\boldsymbol{S} = \iiint_V \nabla \cdot \boldsymbol{F} \mathrm{d}V$$

高斯散度定理描述了矢量场的封闭曲面上的通量与封闭曲面内的散度的关系。

1.3.4　环量与旋度

1. 环量

(1) 会计算环量

$$\Gamma = \oint_l \boldsymbol{F} \cdot \mathrm{d}\boldsymbol{l} = \oint_l F \cos\theta \mathrm{d}l$$

(2) 理解环量的物理意义

环量描述了矢量场的宏观表现，反映了矢量场沿闭合路径的旋转程度。

2. 旋度

(1) 会计算旋度

$$\mathbf{rot}\boldsymbol{F} = \nabla \times \boldsymbol{F} = \begin{vmatrix} \boldsymbol{e}_x & \boldsymbol{e}_y & \boldsymbol{e}_z \\ \dfrac{\partial}{\partial x} & \dfrac{\partial}{\partial y} & \dfrac{\partial}{\partial z} \\ F_x & F_y & F_z \end{vmatrix} = \boldsymbol{e}_x\left(\frac{\partial F_z}{\partial y} - \frac{\partial F_y}{\partial z}\right) + \boldsymbol{e}_y\left(\frac{\partial F_x}{\partial z} - \frac{\partial F_z}{\partial x}\right) + \boldsymbol{e}_z\left(\frac{\partial F_y}{\partial x} - \frac{\partial F_x}{\partial y}\right)$$

(2) 理解旋度的物理意义

旋度描述了矢量场的微观表现，反映了矢量场中每一点上矢量场与源的关系。环量与旋度是宏观与微观的关系。

(3) 掌握斯托克斯定理

$$\iint_S (\nabla \times \boldsymbol{F}) \cdot \mathrm{d}\boldsymbol{S} = \oint_l \boldsymbol{F} \cdot \mathrm{d}\boldsymbol{l}$$

斯托克斯定理描述了矢量场的封闭曲线上的环量与穿过以该曲线为周界的任意曲面的旋度的通量之间的关系。

1.3.5　矢量恒等式与亥姆霍兹定理

1. 矢量恒等式

(1) 理解哈密顿算子的作用

$$\nabla = \boldsymbol{e}_x \frac{\partial}{\partial x} + \boldsymbol{e}_y \frac{\partial}{\partial y} + \boldsymbol{e}_z \frac{\partial}{\partial z}$$

是矢性微分算子，本身没有意义，作用在标量函数或矢量函数上才有意义。

(2) 掌握哈密顿二阶微分算子

$$\nabla \times \nabla u \equiv 0$$

$$\nabla \cdot (\nabla \times \boldsymbol{F}) \equiv 0$$

2. 亥姆霍兹定理

(1) 掌握定理的内容

在空间有限区域 τ 内的任一矢量场 $\boldsymbol{F}$，由它的散度、旋度和边界条件唯一地确定。

(2) 理解定理的物理意义

亥姆霍兹定理规定了研究电磁场理论的一条主线。无论是静态电磁场还是时变电磁场问题，都需要研究电磁场场量的散度、旋度和边界条件。

1.4 典型例题解析

例题 1-1 假定如下两个矢量 $\boldsymbol{A}=\boldsymbol{e}_x-2\boldsymbol{e}_y+\boldsymbol{e}_z$，$\boldsymbol{B}=3\boldsymbol{e}_x+5\boldsymbol{e}_y-5\boldsymbol{e}_z$，问平行于和垂直于 $\boldsymbol{A}$ 的 $\boldsymbol{B}$ 的分量各等于多少?

【解】 解题思路：矢量 $\boldsymbol{B}$ 可以分解为垂直于和平行于矢量 $\boldsymbol{A}$ 的两个分量 $\boldsymbol{B}_\perp$ 和 $\boldsymbol{B}_{/\!/}$。其中，矢量 $\boldsymbol{A}$ 的单位矢量为 $\boldsymbol{A}^0$，$\boldsymbol{B}_{/\!/}$ 的大小为矢量 $\boldsymbol{B}$ 在 $\boldsymbol{A}^0$ 方向上的投影，方向为 $\boldsymbol{A}^0$ 方向。

$$\boldsymbol{B}=\boldsymbol{B}_\perp+\boldsymbol{B}_{/\!/}$$

$$\boldsymbol{B}_{/\!/}=(\boldsymbol{B}\cdot\boldsymbol{A}^0)\boldsymbol{A}^0$$

其中，$\boldsymbol{A}^0=\dfrac{\boldsymbol{A}}{|\boldsymbol{A}|}=\dfrac{\boldsymbol{e}_x-2\boldsymbol{e}_y+\boldsymbol{e}_z}{|\boldsymbol{e}_x-2\boldsymbol{e}_y+\boldsymbol{e}_z|}=\dfrac{\sqrt{6}}{6}(\boldsymbol{e}_x-2\boldsymbol{e}_y+\boldsymbol{e}_z)$

$$\begin{aligned}\boldsymbol{B}_{/\!/}&=(\boldsymbol{B}\cdot\boldsymbol{A}^0)\boldsymbol{A}^0=\frac{1}{6}[(3\boldsymbol{e}_x+5\boldsymbol{e}_y-5\boldsymbol{e}_z)\cdot(\boldsymbol{e}_x-2\boldsymbol{e}_y+\boldsymbol{e}_z)](\boldsymbol{e}_x-2\boldsymbol{e}_y+\boldsymbol{e}_z)\\&=\frac{1}{6}(3-10-5)(\boldsymbol{e}_x-2\boldsymbol{e}_y+\boldsymbol{e}_z)\\&=-2\boldsymbol{e}_x+4\boldsymbol{e}_y-2\boldsymbol{e}_z\end{aligned}$$

$$\boldsymbol{B}_\perp=\boldsymbol{B}-\boldsymbol{B}_{/\!/}=(3\boldsymbol{e}_x+5\boldsymbol{e}_y-5\boldsymbol{e}_z)-(-2\boldsymbol{e}_x+4\boldsymbol{e}_y-2\boldsymbol{e}_z)=5\boldsymbol{e}_x+\boldsymbol{e}_y-3\boldsymbol{e}_z$$

例题 1-2 求下列矢量之间的夹角：$\boldsymbol{A}=4\boldsymbol{e}_x-2\boldsymbol{e}_y+2\boldsymbol{e}_z$，$\boldsymbol{B}=\boldsymbol{e}_x-\boldsymbol{e}_y+\boldsymbol{e}_z$。

【解】 解题思路：用点乘或叉乘算都可以，这里用点乘计算。依据是：$\boldsymbol{A}\cdot\boldsymbol{B}=|\boldsymbol{A}||\boldsymbol{B}|\cos\theta_{AB}$

$$\boldsymbol{A}\cdot\boldsymbol{B}=8$$

$$|\boldsymbol{A}|=\sqrt{24}，|\boldsymbol{B}|=\sqrt{3}$$

$$\cos\theta_{AB}=\frac{\boldsymbol{A}\cdot\boldsymbol{B}}{|\boldsymbol{A}||\boldsymbol{B}|}=\frac{8}{\sqrt{24}\cdot\sqrt{3}}=\frac{2\sqrt{2}}{3}=0.94$$

$$\theta_{AB}=19.47°$$

例题 1-3　写出直角坐标系中沿矢径 $\boldsymbol{r}=5\boldsymbol{e}_x+4\boldsymbol{e}_y+3\boldsymbol{e}_z$ 方向的单位矢量 $\boldsymbol{e}_r$ 的表示式。

【解】　解题思路：矢径 $\boldsymbol{r}$ 的单位矢量 $\boldsymbol{e}_r=\frac{\boldsymbol{r}}{r}=\frac{\boldsymbol{r}}{|\boldsymbol{r}|}$

$$r=\sqrt{x^2+y^2+z^2}=\sqrt{25+16+9}=5\sqrt{2}$$

$$\boldsymbol{e}_r=\frac{5\boldsymbol{e}_x+4\boldsymbol{e}_y+3\boldsymbol{e}_z}{5\sqrt{2}}=\frac{\sqrt{2}}{2}\boldsymbol{e}_x+\frac{2\sqrt{2}}{5}\boldsymbol{e}_y+\frac{3\sqrt{2}}{10}\boldsymbol{e}_z$$

例题 1-4　已知 $\boldsymbol{l}=2\boldsymbol{e}_x+\boldsymbol{e}_y+2\boldsymbol{e}_z$，求出：

(1) 单位矢量 $\boldsymbol{l}^0$；

(2) 单位矢量 $\boldsymbol{l}^0$ 的方向余弦 $\cos\alpha$、$\cos\beta$、$\cos\gamma$。

【解】　解题思路：矢量 $\boldsymbol{l}$ 的单位矢量 $\boldsymbol{l}^0=\frac{\boldsymbol{l}}{|\boldsymbol{l}|}=\boldsymbol{e}_x\cos\alpha+\boldsymbol{e}_y\cos\beta+\boldsymbol{e}_z\cos\gamma$

(1) $\boldsymbol{l}^0=\frac{\boldsymbol{l}}{|\boldsymbol{l}|}=\frac{2\boldsymbol{e}_x+\boldsymbol{e}_y+2\boldsymbol{e}_z}{\sqrt{2^2+1^2+2^2}}=\frac{2}{3}\boldsymbol{e}_x+\frac{1}{3}\boldsymbol{e}_y+\frac{2}{3}\boldsymbol{e}_z$

(2) $\cos\alpha=\frac{2}{3}$，$\cos\beta=\frac{1}{3}$，$\cos\gamma=\frac{2}{3}$

例题 1-5　已知矢量 $\boldsymbol{A}=x_A\boldsymbol{e}_x+y_A\boldsymbol{e}_y+z_A\boldsymbol{e}_z$，$\boldsymbol{B}=x_B\boldsymbol{e}_x+y_B\boldsymbol{e}_y+z_B\boldsymbol{e}_z$，写出 $\boldsymbol{A}$ 在 $\boldsymbol{B}$ 方向上投影的表达式以及 $\boldsymbol{B}$ 在 $\boldsymbol{A}$ 方向上投影的表达式。

【解】　解题思路：根据单位矢量的定义，求出矢量 $\boldsymbol{A}$ 和 $\boldsymbol{B}$ 的单位矢量 $\boldsymbol{e}_A$ 和 $\boldsymbol{e}_B$，然后通过矢量的点乘得到投影。

沿 $\boldsymbol{A}$ 方向的单位矢量和沿 $\boldsymbol{B}$ 方向的单位矢量分别为

$$\boldsymbol{e}_A=\frac{\boldsymbol{A}}{A}=\frac{x_A\boldsymbol{e}_x+y_A\boldsymbol{e}_y+z_A\boldsymbol{e}_z}{\sqrt{x_A^2+y_A^2+z_A^2}}\qquad \boldsymbol{e}_B=\frac{\boldsymbol{B}}{B}=\frac{x_B\boldsymbol{e}_x+y_B\boldsymbol{e}_y+z_B\boldsymbol{e}_z}{\sqrt{x_B^2+y_B^2+z_B^2}}$$

$\boldsymbol{A}$ 在 $\boldsymbol{B}$ 方向上的投影为

$$\boldsymbol{A}\cdot\boldsymbol{e}_B=\frac{x_Ax_B+y_Ay_B+z_Az_B}{\sqrt{x_B^2+y_B^2+z_B^2}}$$

$\boldsymbol{B}$ 在 $\boldsymbol{A}$ 方向上的投影为

$$\boldsymbol{B}\cdot\boldsymbol{e}_A=\frac{x_Ax_B+y_Ay_B+z_Az_B}{\sqrt{x_A^2+y_A^2+z_A^2}}$$

例题 1-6　在球坐标系中，假设一矢量场表示为 $\boldsymbol{A}=\frac{k}{r^2}\boldsymbol{e}_r$（$k$ 为常数），场中 M 点的直角坐标为 (1/2，1/2，1/4)，计算 M 点处矢量场的模以及方向余弦。

【解】 解题思路：依据矢量的方向余弦表示法，$\boldsymbol{A}=|\boldsymbol{A}|(\boldsymbol{e}_x\cos\alpha+\boldsymbol{e}_y\cos\beta+\boldsymbol{e}_z\cos\gamma)$，矢径也称为位置矢量，可表示为 $\boldsymbol{r}=\boldsymbol{e}_x x+\boldsymbol{e}_y y+\boldsymbol{e}_z z$，空间任一点对应于一个矢径 $\boldsymbol{r}$。

$$\boldsymbol{e}_r=\frac{\boldsymbol{r}}{r} \qquad \boldsymbol{A}=k\frac{\boldsymbol{r}}{r^3}$$

直角坐标系中 M 点的位置矢量及其模为

$$\boldsymbol{r}=\frac{1}{2}\boldsymbol{e}_x+\frac{1}{2}\boldsymbol{e}_y+\frac{1}{4}\boldsymbol{e}_z=\frac{1}{4}(2\boldsymbol{e}_x+2\boldsymbol{e}_y+\boldsymbol{e}_z)$$

$$r=|\boldsymbol{r}|=\frac{3}{4}$$

M 点处矢量场 $\boldsymbol{A}$ 及其模 A 以及与 $\boldsymbol{A}$ 同向的单位矢量 $\boldsymbol{A}^0$ 为

$$\boldsymbol{A}=\frac{16k}{27}(2\boldsymbol{e}_x+2\boldsymbol{e}_y+\boldsymbol{e}_z)$$

$$A=\frac{16k}{9}$$

$$\boldsymbol{A}^0=\frac{\boldsymbol{A}}{A}=\frac{1}{3}(2\boldsymbol{e}_x+2\boldsymbol{e}_y+\boldsymbol{e}_z)$$

M 点处矢量场的方向余弦为

$$\cos\alpha=\boldsymbol{e}_A\cdot\boldsymbol{e}_x=\frac{2}{3},\ \cos\beta=\boldsymbol{e}_A\cdot\boldsymbol{e}_y=\frac{2}{3},\ \cos\gamma=\boldsymbol{e}_A\cdot\boldsymbol{e}_z=\frac{1}{3}$$

例题 1-7 求函数 $u=\sqrt{x^2+y^2+z^2}$ 在点 $M(1,0,1)$ 处沿 x、y、z 方向的变化率。

【解】 解题思路：依据方向导数的定义可得：

$$\frac{\partial u}{\partial x}=\frac{x}{\sqrt{x^2+y^2+z^2}},\ \frac{\partial u}{\partial y}=\frac{y}{\sqrt{x^2+y^2+z^2}},\ \frac{\partial u}{\partial z}=\frac{z}{\sqrt{x^2+y^2+z^2}}$$

在点 $M(1,0,1)$ 处

沿 x 方向的变化率为 $\dfrac{\partial u}{\partial x}=\dfrac{1}{\sqrt{2}}$

沿 y 方向的变化率为 $\dfrac{\partial u}{\partial y}=0$

沿 z 方向的变化率为 $\dfrac{\partial u}{\partial z}=\dfrac{1}{\sqrt{2}}$

例题 1-8 求函数 $f(x,y,z)=xyz^2$ 在点 $M_0(2,2,1)$ 处沿指定方向的方向导数，此指定方向的单位矢量为 $\boldsymbol{l}^0=\boldsymbol{e}_x\dfrac{2}{3}+\boldsymbol{e}_y\dfrac{2}{3}+\boldsymbol{e}_z\dfrac{1}{3}$。

【解】 解题思路：依据方向导数的定义，可得到 $\frac{\partial f}{\partial l}=\frac{\partial f}{\partial x}\cos\alpha+\frac{\partial f}{\partial y}\cos\beta+\frac{\partial f}{\partial z}\cos\gamma$。单位矢量为 $\boldsymbol{l}^0=\boldsymbol{e}_x\cos\alpha+\boldsymbol{e}_y\cos\beta+\boldsymbol{e}_z\cos\gamma$。

$\frac{\partial f}{\partial x}=yz^2,\ \frac{\partial f}{\partial y}=xz^2,\ \frac{\partial f}{\partial z}=2xyz$

在点 $M_0(2,2,1)$ 处，$\frac{\partial f}{\partial x}=2,\ \frac{\partial f}{\partial y}=2,\ \frac{\partial f}{\partial z}=8$

因为，指定方向的单位矢量为 $\boldsymbol{l}^0=\boldsymbol{e}_x\frac{2}{3}+\boldsymbol{e}_y\frac{2}{3}+\boldsymbol{e}_z\frac{1}{3}$

所以，$\cos\alpha=\frac{2}{3},\ \cos\beta=\frac{2}{3},\ \cos\gamma=\frac{1}{3}$

于是，可得方向导数为

$$\left.\frac{\partial f}{\partial l}\right|_{M_0}=\left.\frac{\partial f}{\partial x}\right|_{M_0}\cos\alpha+\left.\frac{\partial f}{\partial y}\right|_{M_0}\cos\beta+\left.\frac{\partial f}{\partial z}\right|_{M_0}\cos\gamma=2\times\frac{2}{3}+2\times\frac{2}{3}+8\times\frac{1}{3}=\frac{16}{3}$$

例题 1-9　试求标量场 f 的梯度 ∇f。

(1) $f=2x^3+4y^2+3xyz^2$；

(2) $f=\rho\cos\varphi+\rho^2 z\sin\varphi$；

(3) $f=\frac{1}{r}+r^2\sin 2\theta\sin\varphi$。

【解】 解题思路：依据标量函数的梯度的计算式 $\nabla f=\boldsymbol{e}_x\frac{\partial f}{\partial x}+\boldsymbol{e}_y\frac{\partial f}{\partial y}+\boldsymbol{e}_z\frac{\partial f}{\partial z}$。

(1) $\nabla f=\boldsymbol{e}_x\frac{\partial f}{\partial x}+\boldsymbol{e}_y\frac{\partial f}{\partial y}+\boldsymbol{e}_z\frac{\partial f}{\partial z}=\boldsymbol{e}_x 6x+\boldsymbol{e}_y 8y+\boldsymbol{e}_z 6xyz$

(2)
$$\begin{aligned}\nabla f&=\boldsymbol{e}_\rho\frac{\partial f}{\partial\rho}+\boldsymbol{e}_\varphi\frac{\partial f}{\rho\partial\varphi}+\boldsymbol{e}_z\frac{\partial f}{\partial z}\\&=\boldsymbol{e}_\rho\frac{\partial(\rho\cos\varphi+\rho^2 z\sin\varphi)}{\partial\rho}+\boldsymbol{e}_\varphi\frac{\partial(\rho\cos\varphi+\rho^2 z\sin\varphi)}{\rho\partial\varphi}\\&\quad+\boldsymbol{e}_z\frac{\partial(\rho\cos\varphi+\rho^2 z\sin\varphi)}{\partial z}\\&=\boldsymbol{e}_\rho(\cos\varphi+2\rho z\sin\varphi)+\boldsymbol{e}_\varphi(-\sin\varphi+\rho z\cos\varphi)+\boldsymbol{e}_z\rho^2\sin\varphi\end{aligned}$$

(3)
$$\begin{aligned}\nabla f&=\boldsymbol{e}_r\frac{\partial f}{\partial r}+\boldsymbol{e}_\theta\frac{\partial f}{r\partial\theta}+\boldsymbol{e}_\varphi\frac{\partial f}{r\sin\theta\partial\varphi}\\&=\boldsymbol{e}_r\frac{\partial\left(\frac{1}{r}+r^2\sin 2\theta\sin\varphi\right)}{\partial r}+\boldsymbol{e}_\theta\frac{\partial\left(\frac{1}{r}+r^2\sin 2\theta\sin\varphi\right)}{r\partial\theta}+\boldsymbol{e}_\varphi\frac{\partial\left(\frac{1}{r}+r^2\sin 2\theta\sin\varphi\right)}{r\sin\theta\partial\varphi}\\&=\boldsymbol{e}_r\left(-\frac{1}{r^2}+2r\sin 2\theta\sin\varphi\right)+\boldsymbol{e}_\theta(2r\cos 2\theta\sin\varphi)+\boldsymbol{e}_\varphi(2r\cos\theta\cos\varphi)\end{aligned}$$

例题 1-10 试求矢量场 $\boldsymbol{F}=\boldsymbol{e}_x x^2-\boldsymbol{e}_y xyz+\boldsymbol{e}_z yz^2$ 在点 $M(2, 3, 5)$ 处的散度 $\nabla\cdot\boldsymbol{F}$。

【解】 解题思路：依据矢量函数的散度的计算式 $\nabla\cdot\boldsymbol{F}=\dfrac{\partial F_x}{\partial x}+\dfrac{\partial F_y}{\partial y}+\dfrac{\partial F_z}{\partial z}$。

$$\nabla\cdot\boldsymbol{F}=\frac{\partial F_x}{\partial x}+\frac{\partial F_y}{\partial y}+\frac{\partial F_z}{\partial z}=2x-xz+2yz$$

$$\nabla\cdot\boldsymbol{F}\big|_M=24$$

例题 1-11 假设有矢量场 $\boldsymbol{F}=2x\boldsymbol{e}_x+5y\boldsymbol{e}_y+3z\boldsymbol{e}_z$，试求中心在 (1, 2, 3)，半长轴、半短轴、半焦距分别为 (a, b, c) 的椭球面上 $\boldsymbol{F}$ 的通量。

【解】 解题思路：依据高斯散度定理：$\oiint_S \boldsymbol{F}\cdot \mathrm{d}\boldsymbol{s}=\iiint_V \nabla\cdot\boldsymbol{F}\mathrm{d}V$

$$\nabla\cdot\boldsymbol{F}=2+5+3=10$$

$$\oiint_S \boldsymbol{F}\cdot\mathrm{d}\boldsymbol{S}=3\iiint_V \nabla\cdot\boldsymbol{F}\mathrm{d}V=4\pi abc$$

例题 1-12 试求矢量场 $\boldsymbol{F}=xy\boldsymbol{e}_x+y^3z\boldsymbol{e}_y+xyz\boldsymbol{e}_z$ 在点 $M(3, 3, 6)$ 处的旋度 $\nabla\times\boldsymbol{F}$。

【解】 依据矢量函数旋度的计算式 $\nabla\times\boldsymbol{F}=\begin{vmatrix}\boldsymbol{e}_x & \boldsymbol{e}_y & \boldsymbol{e}_z\\ \dfrac{\partial}{\partial x} & \dfrac{\partial}{\partial y} & \dfrac{\partial}{\partial z}\\ F_x & F_y & F_z\end{vmatrix}$

$$\nabla\times\boldsymbol{F}=\begin{vmatrix}\boldsymbol{e}_x & \boldsymbol{e}_y & \boldsymbol{e}_z\\ \dfrac{\partial}{\partial x} & \dfrac{\partial}{\partial y} & \dfrac{\partial}{\partial z}\\ F_x & F_y & F_z\end{vmatrix}=\begin{vmatrix}\boldsymbol{e}_x & \boldsymbol{e}_y & \boldsymbol{e}_z\\ \dfrac{\partial}{\partial x} & \dfrac{\partial}{\partial y} & \dfrac{\partial}{\partial z}\\ xy & y^3z & xyz\end{vmatrix}$$

$$=\boldsymbol{e}_x\begin{vmatrix}\dfrac{\partial}{\partial y} & \dfrac{\partial}{\partial z}\\ y^3z & xyz\end{vmatrix}-\boldsymbol{e}_y\begin{vmatrix}\dfrac{\partial}{\partial x} & \dfrac{\partial}{\partial z}\\ xy & xyz\end{vmatrix}+\boldsymbol{e}_z\begin{vmatrix}\dfrac{\partial}{\partial x} & \dfrac{\partial}{\partial y}\\ xy & y^3z\end{vmatrix}$$

$$=\boldsymbol{e}_x(xz-y^3)-\boldsymbol{e}_y(yz-0)+\boldsymbol{e}_z(0-x)$$

$$\nabla\times\boldsymbol{F}\big|_M=-9\boldsymbol{e}_x-18\boldsymbol{e}_y-3\boldsymbol{e}_z$$

例题 1-13 应用斯托克斯定理证明 $\oint_l f\mathrm{d}\boldsymbol{l}=-\iint_S \nabla f\times\mathrm{d}\boldsymbol{S}$。

【证明】 解题思路：依据斯托克斯定理：$\oint_l \boldsymbol{A}\cdot\mathrm{d}\boldsymbol{l}=\iint_S(\nabla\times\boldsymbol{A})\cdot\mathrm{d}\boldsymbol{S}$

令 $\boldsymbol{A}=\boldsymbol{C}f$，代入斯托克斯定理：

$$\oint_l(\boldsymbol{C}f)\cdot\mathrm{d}\boldsymbol{l}=\iint_S[\nabla\times(\boldsymbol{C}f)]\cdot\mathrm{d}\boldsymbol{S}$$

$$\nabla\times(\boldsymbol{C}f)=f(\nabla\times\boldsymbol{C})-\boldsymbol{C}\times\nabla f$$
$$=0-\boldsymbol{C}\times\nabla f$$
$$=-\boldsymbol{C}\times\nabla f$$

$$\oint_l(\boldsymbol{C}f)\cdot \mathrm{d}\boldsymbol{l}=-\iint_S(\boldsymbol{C}\times\nabla f)\cdot \mathrm{d}\boldsymbol{S}$$

$$=-\iint_S(\nabla f\times \mathrm{d}\boldsymbol{S})\cdot\boldsymbol{C}\cdots(\text{用了轮换公式})$$

故：
$$\oint_l(\boldsymbol{C}f)\cdot \mathrm{d}\boldsymbol{l}=-\iint_S(\nabla f\times \mathrm{d}\boldsymbol{S})\cdot\boldsymbol{C}$$

$\boldsymbol{C}$ 为任意矢量，故可设 $\boldsymbol{C}=\boldsymbol{e}_x$，$\boldsymbol{C}=\boldsymbol{e}_y$，$\boldsymbol{C}=\boldsymbol{e}_z$

$$\oint_l(\boldsymbol{e}_xf)\cdot \mathrm{d}\boldsymbol{l}=\iint_S(\nabla f\times \mathrm{d}\boldsymbol{S})\cdot\boldsymbol{e}_x\Rightarrow\boldsymbol{e}_x\oint_l f\cdot \mathrm{d}\boldsymbol{l}=-\boldsymbol{e}_x\cdot\iint_S(\nabla f\times \mathrm{d}\boldsymbol{S})$$

$$\oint_l(\boldsymbol{e}_yf)\cdot \mathrm{d}\boldsymbol{l}=\iint_S(\nabla f\times \mathrm{d}\boldsymbol{S})\cdot\boldsymbol{e}_y\Rightarrow\boldsymbol{e}_y\oint_l f\cdot \mathrm{d}\boldsymbol{l}=-\boldsymbol{e}_y\cdot\iint_S(\nabla f\times \mathrm{d}\boldsymbol{S})$$

$$\oint_l(\boldsymbol{e}_zf)\cdot \mathrm{d}\boldsymbol{l}=\iint_S(\nabla f\times \mathrm{d}\boldsymbol{S})\cdot\boldsymbol{e}_z\Rightarrow\boldsymbol{e}_z\oint_l f\cdot \mathrm{d}\boldsymbol{l}=-\boldsymbol{e}_z\cdot\iint_S(\nabla f\times \mathrm{d}\boldsymbol{S})$$

故：
$$\oint_l f\mathrm{d}\boldsymbol{l}=-\iint_S\nabla f\times \mathrm{d}\boldsymbol{S}\ (\text{因其各分量相等})$$

例题 1-14　用矢量场 $\boldsymbol{A}=-y\boldsymbol{e}_x+x\boldsymbol{e}_y-z\boldsymbol{e}_z=\rho\boldsymbol{e}_\varphi-z\boldsymbol{e}_z$ 证明斯托克斯定理对于如图 1-9 所示的在 xOy 平面的圆形围线是正确的，并用如下情况来验证其结果：

（1）xOy 平面上的平的圆面；

（2）被该围线限定的半球面；

（3）被该围线限定的圆柱面。

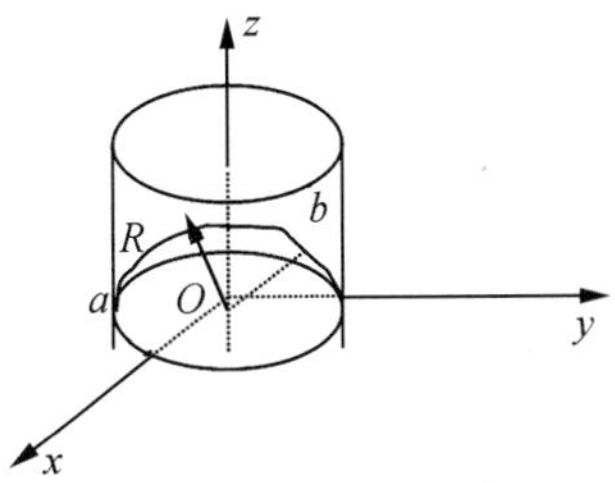

图 1-9　例题 1-14 图

【证明】　解题思路：依据斯托克斯定理：

$$\iint_S(\nabla\times\boldsymbol{A})\cdot \mathrm{d}\boldsymbol{S}=\oint_l\boldsymbol{A}\cdot \mathrm{d}\boldsymbol{l}$$

$$\nabla\times\boldsymbol{A}=\begin{vmatrix}\boldsymbol{e}_x & \boldsymbol{e}_y & \boldsymbol{e}_z\\ \dfrac{\partial}{\partial x} & \dfrac{\partial}{\partial y} & \dfrac{\partial}{\partial z}\\ A_x & A_y & A_z\end{vmatrix}=\begin{vmatrix}\boldsymbol{e}_x & \boldsymbol{e}_y & \boldsymbol{e}_z\\ \dfrac{\partial}{\partial x} & \dfrac{\partial}{\partial y} & \dfrac{\partial}{\partial z}\\ -y & x & -z\end{vmatrix}$$

$$=\boldsymbol{e}_x\begin{vmatrix}\dfrac{\partial}{\partial y} & \dfrac{\partial}{\partial z}\\ x & -z\end{vmatrix}-\boldsymbol{e}_y\begin{vmatrix}\dfrac{\partial}{\partial x} & \dfrac{\partial}{\partial z}\\ -y & -z\end{vmatrix}+\boldsymbol{e}_z\begin{vmatrix}\dfrac{\partial}{\partial x} & \dfrac{\partial}{\partial y}\\ -y & x\end{vmatrix}$$

$$=2\boldsymbol{e}_z$$

(1)

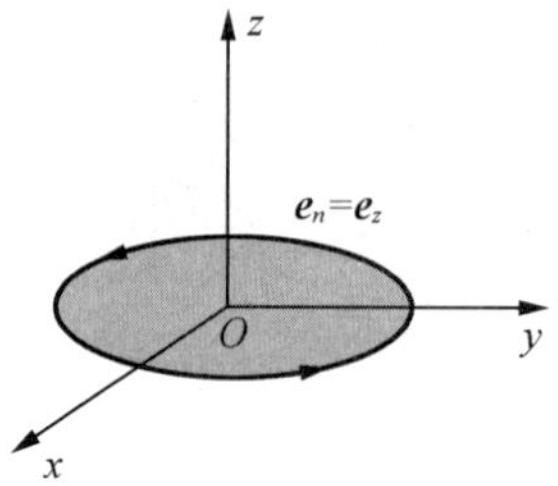

图 1-10　例题 1-14 解图(一)

在圆柱坐标系中进行积分运算,圆的半径 $\rho=a$：

$$\iint_S (\nabla\times\boldsymbol{A})\cdot \mathrm{d}\boldsymbol{S}=\iint_S (2\boldsymbol{e}_z)\cdot \mathrm{d}\boldsymbol{S}=\iint_S (2\boldsymbol{e}_z)\cdot(\boldsymbol{e}_z\rho\,\mathrm{d}\rho\,\mathrm{d}\varphi)$$

$$=\int_{\varphi=0}^{2\pi}\int_{\rho=0}^{a}(2\rho\,\mathrm{d}\rho\,\mathrm{d}\varphi)$$

$$=2\pi a^2$$

$$\oint_l \boldsymbol{A}\cdot \mathrm{d}\boldsymbol{l}=\oint_l (\rho\boldsymbol{e}_\varphi - z\boldsymbol{e}_z)\cdot(\boldsymbol{e}_\rho \mathrm{d}\rho+\rho\boldsymbol{e}_\varphi \mathrm{d}\varphi+\boldsymbol{e}_z \mathrm{d}z)$$

$$=\oint_l (\rho\boldsymbol{e}_\varphi - z\boldsymbol{e}_z)\cdot(\rho\boldsymbol{e}_\varphi \mathrm{d}\varphi)$$

$$=\int_{\varphi=0}^{2\pi} a^2\,\mathrm{d}\varphi$$

$$=2\pi a^2$$

故：$\iint_S (\nabla\times\boldsymbol{A})\cdot \mathrm{d}\boldsymbol{s}=\oint_l \boldsymbol{A}\cdot \mathrm{d}\boldsymbol{l}$

(2)

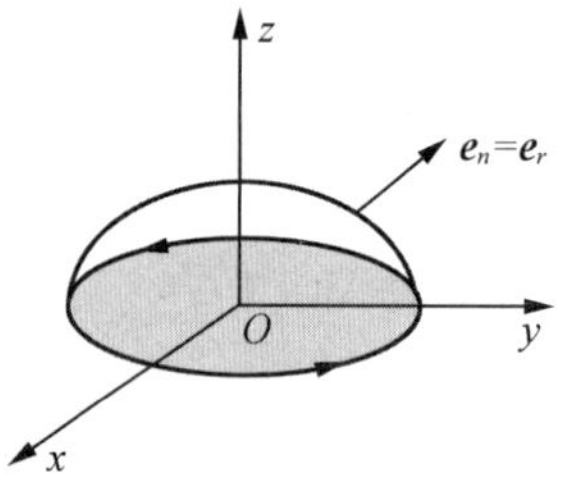

图 1-11　例题 1-14 解图(二)

在球坐标系中进行积分运算,球的半径 $r=a$：

$$\iint_S (\nabla\times\boldsymbol{A})\cdot \mathrm{d}\boldsymbol{S}=\iint_S (2\boldsymbol{e}_z)\cdot \mathrm{d}\boldsymbol{S}=\iint_S (2\boldsymbol{e}_z)\cdot(\boldsymbol{e}_r r^2\sin\theta\,\mathrm{d}\theta\,\mathrm{d}\varphi)$$

$$\boldsymbol{e}_z=\boldsymbol{e}_r\cos\theta-\boldsymbol{e}_\theta\sin\theta$$

$$\iint_S (2\boldsymbol{e}_z)\cdot(\boldsymbol{e}_r r^2\sin\theta\,\mathrm{d}\theta\,\mathrm{d}\varphi)=2\iint_S(\boldsymbol{e}_r\cos\theta-\boldsymbol{e}_\theta\sin\theta)\cdot(\boldsymbol{e}_r r^2\sin\theta\,\mathrm{d}\theta\,\mathrm{d}\varphi)$$

$$=\iint_S 2r^2\sin\theta\cos\theta\,\mathrm{d}\theta\,\mathrm{d}\varphi$$

$$=\iint_S r^2\sin 2\theta\,\mathrm{d}\theta\,\mathrm{d}\varphi$$

$$=\int_{\varphi=0}^{2\pi}\int_{\theta=0}^{\frac{\pi}{2}}a^2\sin 2\theta\,\mathrm{d}\theta\,\mathrm{d}\varphi$$

$$=2\pi a^2\int_{\theta=0}^{\frac{\pi}{2}}\sin 2\theta\,\mathrm{d}\theta$$

$$=2\pi a^2$$

$$\oint_l \boldsymbol{A}\cdot\mathrm{d}\boldsymbol{l}=2\pi a^2$$

故：$\iint_S(\nabla\times\boldsymbol{A})\cdot\mathrm{d}\boldsymbol{S}=\oint_l\boldsymbol{A}\cdot\mathrm{d}\boldsymbol{l}$

(3)

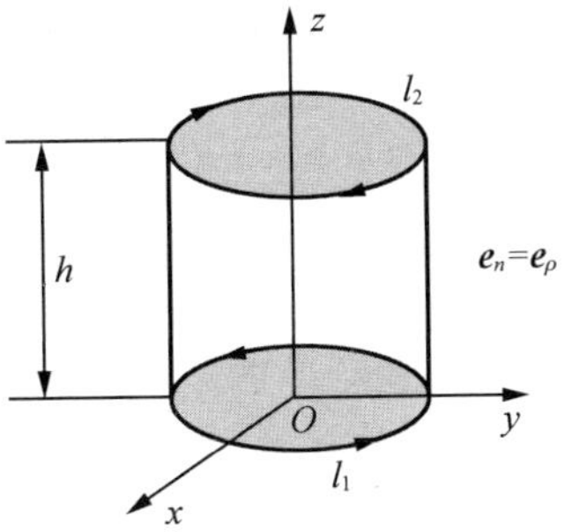

图 1-12　例题 1-14 解图(三)

在圆柱坐标系中进行积分运算，圆的半径 $\rho=a$：

$$\iint_S(\nabla\times\boldsymbol{A})\cdot\mathrm{d}\boldsymbol{S}=\iint_S(2\boldsymbol{e}_z)\cdot\mathrm{d}\boldsymbol{S}=\iint_S(2\boldsymbol{e}_z)\cdot(\boldsymbol{e}_\rho\rho\,\mathrm{d}z\,\mathrm{d}\varphi)=0$$

$$\oint_{l_1}\boldsymbol{A}\cdot\mathrm{d}\boldsymbol{l}=2\pi a^2$$

$$\oint_{l_2}\boldsymbol{A}\cdot\mathrm{d}\boldsymbol{l}=\oint_l(\rho\boldsymbol{e}_\varphi-z\boldsymbol{e}_z)\cdot(\boldsymbol{e}_\rho\mathrm{d}\rho+\rho\boldsymbol{e}_\varphi\mathrm{d}\varphi+\boldsymbol{e}_z\mathrm{d}z)$$

$$=\oint_l(\rho\boldsymbol{e}_\varphi-z\boldsymbol{e}_z)\cdot(\rho\boldsymbol{e}_\varphi\mathrm{d}\varphi)$$

$$=\int_{\varphi=2\pi}^{0}a^2\,\mathrm{d}\varphi$$

$$=-2\pi a^2$$

$$\oint_l\boldsymbol{A}\cdot\mathrm{d}\boldsymbol{l}=\oint_{l_1}\boldsymbol{A}\cdot\mathrm{d}\boldsymbol{l}+\oint_{l_2}\boldsymbol{A}\cdot\mathrm{d}\boldsymbol{l}=0$$

故：$\iint_S(\nabla\times\boldsymbol{A})\cdot\mathrm{d}\boldsymbol{S}=\oint_l\boldsymbol{A}\cdot\mathrm{d}\boldsymbol{l}$

第2章

电磁场的基本方程

宏观电磁现象是由电磁场源激发而产生，其核心理论是麦克斯韦方程组。电磁场的基本方程包括电磁场的源、电场和磁场、麦克斯韦方程组和边界条件、谐变电磁场和坡印廷定理，其中麦克斯韦方程组和边界条件是我们学习的重点。

2.1 思维导图

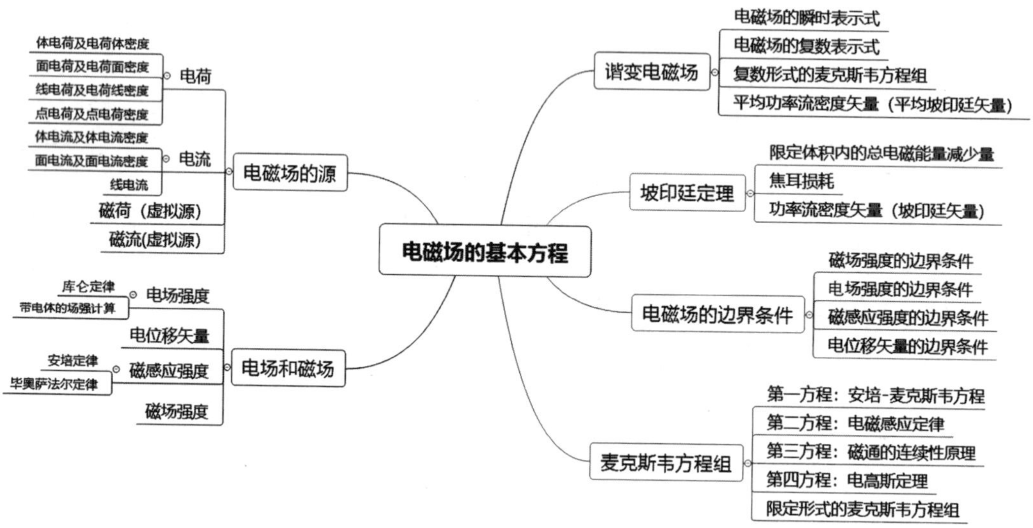

2.2 内容提要

2.2.1 电磁场的源

在自然界中，电荷激发电场，电流激发磁场，这是真实的场源。此外，为了研究问题方便，人们引入了虚拟场源，如磁荷和磁流。

（一）电荷密度

考察带电体时，电荷可以认为在带电体上是连续分布的，通常用电荷密度表示。

1. 电荷体密度

如果带电体的电荷分布在一定的空间区域，用电荷体密度进行描述。

$$\rho_f(\boldsymbol{r}) = \lim_{\Delta V \to 0} \frac{\Delta q}{\Delta V}$$

区域 V 中的总电量为

$$Q = \iiint_V \rho_f(\boldsymbol{r}) \mathrm{d}V$$

2. 电荷面密度

薄层里的电荷分布可用电荷面密度表示，定义为

$$\rho_S(\boldsymbol{r}) = \lim_{\Delta S \to 0} \frac{\Delta q}{\Delta S}$$

面上总电量 Q 为

$$Q = \iint_S \rho_S(\boldsymbol{r}) \mathrm{d}S$$

3. 电荷线密度

在线上某点 r 处的电荷线密度为

$$\rho_l(\boldsymbol{r}) = \lim_{\Delta l \to 0} \frac{\Delta q}{\Delta l}$$

线上总电量 Q 为

$$Q = \int_l \rho_l(\boldsymbol{r}) \mathrm{d}l$$

4. 点电荷密度

点电荷位于坐标原点（$r'=0$），且电量为一个单位的点电荷，空间任一点的电荷密度为

$$\rho = \delta(x, y, z) = \delta(r) = \begin{cases} 0 & r \neq 0 \\ \infty & r = 0 \end{cases}$$

总电量为

$$q = \int_\tau \delta(r) \mathrm{d}\tau = \begin{cases} 0 & \tau\text{ 不包含原点} \\ 1 & \tau\text{ 包含原点} \end{cases}$$

(二) 电流密度

为了描述空间各点的电流大小和方向，引入电流密度 $\boldsymbol{J}_f$。

1. 体电流密度

在导体中某点取一个与电流方向垂直的面积元 ΔS，设通过该面积元的电流为 ΔI，则该点的电流密度的大小为

$$\boldsymbol{J}_f = \boldsymbol{n}^0 \lim_{\Delta S \to 0} \frac{\Delta I}{\Delta S} = \boldsymbol{n}^0 \frac{\mathrm{d}I}{\mathrm{d}S}$$

$\boldsymbol{n}^0$ 为面积元的法线方向，则通过该面积元的电流是

$$I = \iint_S \boldsymbol{J}_f \cdot \mathrm{d}\boldsymbol{S} = \iint_S \boldsymbol{J}_f \cdot \boldsymbol{n}^0 \mathrm{d}S$$

传导电流密度矢量在导体中各点有不同的方向和数值，从而构成一个矢量场，称为电流场，这种场的矢量线称为电流线。

2. 面电流密度

为了描述面电流在导体表面的分布，取面电流密度 $\boldsymbol{J}_{Sf}$，其大小为

$$\boldsymbol{J}_{Sf} = \boldsymbol{n}^0 \lim_{\Delta l \to 0} \frac{\Delta I}{\Delta l} = \boldsymbol{n}^0 \frac{\mathrm{d}I}{\mathrm{d}l}$$

面电流密度的方向 $\boldsymbol{n}^0$ 仍然为正电荷运动的方向。

2.2.2 电场和磁场

(一) 电场强度

1. 库仑定律

电场强度是电磁波与天线理论研究的最重要的物理量之一。

$$\boldsymbol{F}_{12} = k\frac{q_1 q_2}{r^2}\boldsymbol{e}_r = \frac{1}{4\pi\varepsilon_0}\frac{q_1 q_2}{r^2}\boldsymbol{e}_r$$

库仑定律指出，两个静止点电荷 q_1 与 q_2 之间的相互作用力的大小与 q_1、q_2 的乘积成正比，与它们之间的距离 r 的平方成反比，作用力的方向沿着它们的连线，同号电荷相斥，异号电荷相吸。

2. 电场强度

引入电场强度矢量来描绘电场的变化，用 $\boldsymbol{E}$ 表示，定义为

$$\boldsymbol{E} = \frac{\boldsymbol{F}}{q_0}$$

q_0 为试探电荷，电场中某点的电场强度是一个矢量，其大小等于单位电荷在该点所受电场力的大小，其方向与正电荷所受电场力的方向一致。

3. 电场强度的计算

对于静止点电荷 q 产生的电场，与 q 相距 r 处的 P 点的场强定量计算式为

$$\boldsymbol{E}=\frac{q}{4\pi\varepsilon_0 r^2}\boldsymbol{e}_r$$

根据电荷密度的概念，可以得到三种电荷密度下的电场强度为

$$\boldsymbol{E}(\boldsymbol{r})=\frac{1}{4\pi\varepsilon_0}\int\frac{\rho_l(\boldsymbol{r}')\boldsymbol{e}_R}{R^2}\mathrm{d}l'$$

$$\boldsymbol{E}(\boldsymbol{r})=\frac{1}{4\pi\varepsilon_0}\iint\frac{\rho_S(\boldsymbol{r}')\boldsymbol{e}_R}{R^2}\mathrm{d}S'$$

$$\boldsymbol{E}(\boldsymbol{r})=\frac{1}{4\pi\varepsilon_0}\iiint\frac{\rho_f(\boldsymbol{r}')\boldsymbol{e}_R}{R^2}\mathrm{d}V'$$

（二）磁感应强度

1. 安培定律

磁感应强度矢量是磁场的基本物理量。电流之间的相互作用力是通过磁场传递的。安培定律为

$$\boldsymbol{F}_{12}=\oint_{l_2}I_2\mathrm{d}\boldsymbol{l}_2\times\frac{\mu_0}{4\pi}\oint_{l_1}\frac{(I_1\mathrm{d}\boldsymbol{l}_1\times\boldsymbol{e}_R)}{R^2}$$

2. 磁感应强度

对任意电流线圈产生的磁场，磁感应强度可以表示为

$$\boldsymbol{B}=\frac{\mu_0}{4\pi}\oint_l\frac{(I\mathrm{d}\boldsymbol{l}\times\boldsymbol{e}_R)}{R^2}$$

3. 磁感应强度的计算

如果电流是分布在一个体积为 τ' 的导体内且体电流密度为 $\boldsymbol{J}_f$，体积 τ' 内的全部电流在场点 P 处产生的磁感应强度为

$$\boldsymbol{B}=\frac{\mu_0}{4\pi}\iiint_{\tau'}\frac{\boldsymbol{J}_f(\boldsymbol{r}')\times(\boldsymbol{r}-\boldsymbol{r}')}{|\boldsymbol{r}-\boldsymbol{r}'|^3}\mathrm{d}\tau'$$

如果电流分布在一个面积为 S' 的表面上，面电流密度为 $\boldsymbol{J}_{Sf}$，其磁感应强度为

$$\boldsymbol{B}=\frac{\mu_0}{4\pi}\iint_{S'}\frac{\boldsymbol{J}_{Sf}(\boldsymbol{r}')\times(\boldsymbol{r}-\boldsymbol{r}')}{|\boldsymbol{r}-\boldsymbol{r}'|^3}\mathrm{d}S'$$

2.2.3 麦克斯韦方程组

(一) 一般形式的麦克斯韦方程组

1. 微分形式

$$\begin{cases}\nabla\times \boldsymbol{H}=\boldsymbol{J}+\dfrac{\partial \boldsymbol{D}}{\partial t}\\ \nabla\times \boldsymbol{E}=-\dfrac{\partial \boldsymbol{B}}{\partial t}\\ \nabla\cdot \boldsymbol{B}=0\\ \nabla\cdot \boldsymbol{D}=\rho\end{cases}$$

2. 积分形式

$$\begin{cases}\oint_l \boldsymbol{H}\cdot \mathrm{d}\boldsymbol{l}=\iint_S\left(\boldsymbol{J}+\dfrac{\partial \boldsymbol{D}}{\partial t}\right)\cdot \mathrm{d}\boldsymbol{S}\\ \oint_l \boldsymbol{E}\cdot \mathrm{d}\boldsymbol{l}=-\iint_S \dfrac{\partial \boldsymbol{B}}{\partial t}\cdot \mathrm{d}\boldsymbol{S}\\ \oiint_S \boldsymbol{B}\cdot \mathrm{d}\boldsymbol{S}=\boldsymbol{0}\\ \oiint_S \boldsymbol{D}\cdot \mathrm{d}\boldsymbol{S}=\iiint_V \rho\,\mathrm{d}V\end{cases}\quad \text{(积分形式)}$$

3. 物理意义

时变电场产生时变磁场，同时，时变磁场产生时变电场。两者相互转化、相互依存，形成统一的电磁场。

- 第一方程：传导电流和位移电流(变化的电场)是产生涡旋磁场的旋涡源；
- 第二方程：随着时间变化磁感应强度是产生涡旋电场的旋涡源；
- 第三方程：磁力线是无头无尾的闭合曲线，磁场没有通量源；
- 第四方程：电场起止于电荷，电力线有头有尾，电荷是电场的通量源。

(二) 限定形式的麦克斯韦方程组

1. 本构关系

在简单媒质中 $\boldsymbol{D}=\varepsilon\boldsymbol{E}$、$\boldsymbol{B}=\mu\boldsymbol{H}$、$\boldsymbol{J}=\sigma\boldsymbol{E}$，式中，$\varepsilon$ 、μ、σ 分别称为媒质的介电常数、磁导率和电导率，统称为媒质的电磁参数。

2. 简单媒质满足的麦克斯韦方程组

$$\begin{cases}\nabla\times \boldsymbol{H}=\sigma\boldsymbol{E}+\varepsilon\dfrac{\partial \boldsymbol{E}}{\partial t}\\ \nabla\times \boldsymbol{E}=-\mu\dfrac{\partial \boldsymbol{H}}{\partial t}\\ \nabla\cdot \boldsymbol{H}=0\\ \nabla\cdot \boldsymbol{E}=\dfrac{\rho}{\varepsilon}\end{cases}$$

3. 真空中的麦克斯韦方程组

在真空中，既无传导电流密度，也无电荷密度，麦克斯韦方程组变成

$$\begin{cases}\nabla\times\boldsymbol{H}=\varepsilon\dfrac{\partial\boldsymbol{E}}{\partial t}\\ \nabla\times\boldsymbol{E}=-\mu\dfrac{\partial\boldsymbol{H}}{\partial t}\\ \nabla\cdot\boldsymbol{H}=0\\ \nabla\cdot\boldsymbol{E}=0\end{cases}$$

限定形式的麦克斯韦方程组中仅含有电场强度和磁场强度两个未知场量，分别是关于电场强度 $\boldsymbol{E}$ 和磁场强度 $\boldsymbol{H}$ 的旋度和散度方程，符合亥姆霍兹定理的要求。

2.2.4　边界条件

1. 磁场强度的边界条件

$$\boldsymbol{e}_n\times(\boldsymbol{H}_1-\boldsymbol{H}_2)=\boldsymbol{J}_{Sf}\quad（矢量形式）$$

$$H_{1t}-H_{2t}=J_{Sf}\quad（标量形式）$$

如果分界面上没有传导面电流，在跨越边界时，磁场强度的切向分量是连续的。如果分界面上有传导面电流，磁场强度的切向分量将发生突变，其差值为面电流密度。

2. 电场强度的边界条件

$$\boldsymbol{e}_n\times(\boldsymbol{E}_1-\boldsymbol{E}_2)=\boldsymbol{0}\quad（矢量形式）$$

$$E_{1t}-E_{2t}=0\quad（标量形式）$$

上式说明，在跨越边界时，时变电场强度的切向分量始终是连续的。

3. 磁感应强度的边界条件

$$\boldsymbol{e}_n\cdot(\boldsymbol{B}_1-\boldsymbol{B}_2)=0\quad（矢量形式）$$

$$B_{1n}-B_{2n}=0\quad（标量形式）$$

磁感应强度矢量的法向分量总是连续的，与分界面有无电荷无关。

4. 电位移矢量的边界条件

$$\boldsymbol{e}_n\cdot(\boldsymbol{D}_1-\boldsymbol{D}_2)=\boldsymbol{\rho}_{Sf}\quad（矢量形式）$$

$$D_{1n}-D_{2n}=\rho_{Sf}\quad（标量形式）$$

只有当分界面上没有自由面电荷（非束缚电荷）时，电位移矢量的法向分量是连续的，否则不连续。

2.2.5　坡印廷定理

1. 瞬时坡印廷矢量

$$\boldsymbol{P}=\boldsymbol{E}\times\boldsymbol{H}$$

2. 平均坡印廷矢量

$$\boldsymbol{P}_{\text{av}}=\frac{1}{2}\text{Re}[\dot{\boldsymbol{E}}\times\dot{\boldsymbol{H}}^*]$$

3. 坡印廷定理

$$-\frac{\partial}{\partial t}\iiint_\tau\left(\frac{1}{2}\varepsilon E^2+\frac{1}{2}\mu H^2\right)\mathrm{d}\tau=\iiint_\tau\sigma E^2\mathrm{d}\tau+\oiint_S(\boldsymbol{E}\times\boldsymbol{H})\cdot\mathrm{d}\boldsymbol{S}$$

这就是坡印廷定理的数学表达式，又称为电磁能量守恒及转换定律。

4. 物理意义

$-\frac{\partial}{\partial t}\iiint_\tau\left(\frac{1}{2}\varepsilon E^2+\frac{1}{2}\mu H^2\right)\mathrm{d}\tau$：表示体积 τ 内存储的电磁能的总量随时间的减少率，体积 τ 内既然有电磁能量的减少，必然有电磁能量的转换。

$\iiint_\tau\sigma E^2\mathrm{d}\tau$：表示体积 τ 内电磁能量转换成热能，即焦耳损耗。

$\oiint_S(\boldsymbol{E}\times\boldsymbol{H})\cdot\mathrm{d}\boldsymbol{S}$：表示流出体积 τ 的电磁功率，表示了电磁能量的传播特性。

2.2.6 谐变电磁场

在时变电磁场应用中，以频率 ω 随时间作简谐变化的电磁场，称为谐变电磁场，又称为时谐场，如电场强度的一般表达式为

$$\boldsymbol{E}(x,y,z,t)=\boldsymbol{e}_xE_x(x,y,z,t)+\boldsymbol{e}_yE_y(x,y,z,t)+\boldsymbol{e}_zE_z(x,y,z,t)$$

1. 谐变电磁场的复数表示法

$$\boldsymbol{E}(x,y,z,t)=\text{Re}[\boldsymbol{e}_x\dot{E}_x\mathrm{e}^{\mathrm{j}\omega t}+\boldsymbol{e}_y\dot{E}_y\mathrm{e}^{\mathrm{j}\omega t}+\boldsymbol{e}_z\dot{E}_z\mathrm{e}^{\mathrm{j}\omega t}]=\text{Re}[\dot{\boldsymbol{E}}\mathrm{e}^{\mathrm{j}\omega t}]$$

$$\dot{\boldsymbol{E}}=\boldsymbol{e}_x\dot{E}_x+\boldsymbol{e}_y\dot{E}_y+\boldsymbol{e}_z\dot{E}_z$$

$$\left.\begin{aligned}\dot{E}_x&=E_{xm}\mathrm{e}^{\mathrm{j}\varphi_x}\\\dot{E}_y&=E_{ym}\mathrm{e}^{\mathrm{j}\varphi_y}\\\dot{E}_z&=E_{zm}\mathrm{e}^{\mathrm{j}\varphi_z}\end{aligned}\right\}$$

2. 复数形式的麦克斯韦方程组

$$\begin{cases}\nabla\times\dot{\boldsymbol{H}}=\dot{\boldsymbol{J}}_f+\mathrm{j}\omega\dot{\boldsymbol{D}}\\\nabla\times\dot{\boldsymbol{E}}=-\mathrm{j}\omega\dot{\boldsymbol{B}}\\\nabla\cdot\dot{\boldsymbol{B}}=0\\\nabla\cdot\dot{\boldsymbol{D}}=\dot{\rho}_f\end{cases}$$

3. 限定形式的麦克斯韦方程组

$$\begin{cases}\nabla\times\dot{\boldsymbol{H}}=(\sigma+\mathrm{j}\omega\varepsilon)\dot{\boldsymbol{E}}\\ \nabla\times\dot{\boldsymbol{E}}=-\mathrm{j}\omega\mu\dot{\boldsymbol{H}}\\ \nabla\cdot\dot{\boldsymbol{H}}=0\\ \nabla\cdot\dot{\boldsymbol{E}}=\dfrac{\dot{\rho}_f}{\varepsilon}\end{cases}$$

2.3　重难点知识

2.3.1　麦克斯韦方程组

麦克斯韦方程组是描述宏观电磁现象和解决电磁工程问题的核心理论基础，必须牢固掌握其微分形式、积分形式及物理意义，尤其要从第一和第二方程中理解“电生磁、磁生电”的含义。

1. 第一方程

$$\nabla\times\boldsymbol{H}=\boldsymbol{J}_f+\frac{\partial\boldsymbol{D}}{\partial t}$$

(1) 掌握位移电流密度的表达式

$$\boldsymbol{J}_D=\frac{\partial\boldsymbol{D}}{\partial t}$$

(2) 会计算相应的位移电流

$$I_D=\iint_S\boldsymbol{J}_D\cdot\mathrm{d}\boldsymbol{S}=\iint_S\frac{\partial\boldsymbol{D}}{\partial t}\cdot\mathrm{d}\boldsymbol{S}$$

(3) 理解并体会位移电流的物理意义

位移电流与传导电流一样，是磁场的旋涡源，即使没有传导电流，位移电流同样可以产生磁场，这就是所谓的“电生磁”。同时，位移电流并不代表带电粒子的运动，所以，在媒质和真空中都能存在。

2. 第二方程

$$\nabla\times\boldsymbol{E}=-\frac{\partial\boldsymbol{B}}{\partial t}$$

(1) 掌握涡旋电场的含义

电磁感应定律不仅适用于导线回路，而且适用于真空或介质中的任一假想的闭合回路。

(2) 理解产生涡旋电场的场源

$-\frac{\partial \boldsymbol{B}}{\partial t}$ 是感应电场 $\boldsymbol{E}$ 的旋涡源,变化的磁场同样可以产生涡旋电场,这就是所谓的“磁生电”。

2.3.2 时变场的边界条件

在研究宏观电磁现象时,电磁场所处的空间往往由多种媒质组成,电磁场量跨过媒质分界面时,需要研究媒质分界面两侧(无限贴近分界面)场量之间的关系,这就是电磁场的边界条件。在四个场量中,磁场强度 H 的边界条件最为复杂。

1. 磁场强度的边界条件

$$\oint_l \boldsymbol{H} \cdot \mathrm{d}\boldsymbol{l} = \iint_S \left(\boldsymbol{J}_f + \frac{\partial \boldsymbol{D}}{\partial t}\right) \cdot \mathrm{d}\boldsymbol{S}$$

(1) 理解磁场强度边界条件的积分路径

根据第一方程的积分形式,取一个无限靠近边界的无穷小的闭合路径,其长度为无穷小量 Δl,宽为高阶无穷小量 Δh (图 2-1)。

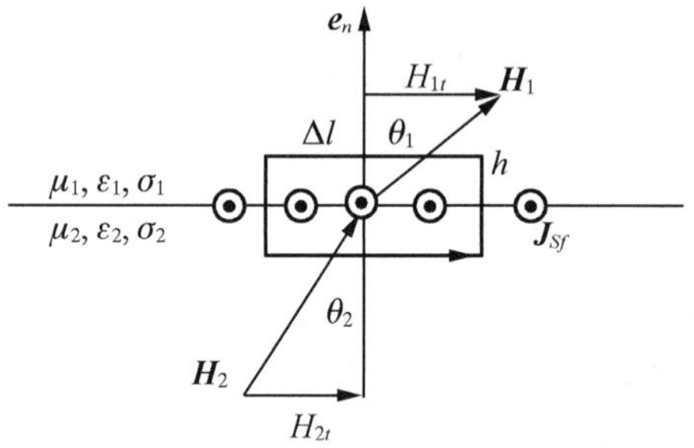

图 2-1 磁场强度边界条件

(2) 能够将积分方程进行展开分析

在忽略高阶无穷小量的情况下将环量积分展开,可以得到

$$\oint_l \boldsymbol{H} \cdot \mathrm{d}\boldsymbol{l} \approx H_1 \sin\theta_1 \Delta l - H_2 \sin\theta_2 \Delta l \approx \left(|\boldsymbol{J}_f| + \left|\frac{\partial \boldsymbol{D}}{\partial t}\right| \right) \Delta l \Delta h$$

(3) 理解边界条件的矢量形式和标量形式

$$\boldsymbol{e}_n \times (\boldsymbol{H}_1 - \boldsymbol{H}_2) = \boldsymbol{J}_{Sf}, \quad H_{1t} - H_{2t} = J_{Sf}$$

2. 理解理想导体和理想介质的边界条件并能进行运用

由于理想导体内部的电磁场分量为 0(时变场条件),因此边界条件可以简化为

$$\boldsymbol{e}_n \times \boldsymbol{H} = \boldsymbol{J}_{Sf} \rightarrow H_{1t} = J_{Sf}$$
$$\boldsymbol{e}_n \times \boldsymbol{E} = \boldsymbol{0} \rightarrow E_{1t} = 0$$
$$\boldsymbol{e}_n \cdot \boldsymbol{B} = 0 \rightarrow B_{1n} = 0$$
$$\boldsymbol{e}_n \cdot \boldsymbol{D} = \rho_{Sf} \rightarrow D_{1n} = \rho_{Sf}$$

上式中 $\boldsymbol{e}_n$ 是导体表面法向的单位矢量,利用边界条件,也可以求出理想导体表面的面电荷分布和面电流分布。

2.3.3　谐变电磁场

在线性媒质中,对于非谐变的电磁场可以用傅里叶变换的方法将电磁信号分解为许多随时间作简谐变化的电磁场的线性叠加,需要掌握瞬时式和复数形式的相互转换,平均坡印廷矢量等。

1. 掌握电磁场的瞬时表示式

$$\boldsymbol{E}(x, y, z, t) = \boldsymbol{e}_x E_x(x, y, z, t) + \boldsymbol{e}_y E_y(x, y, z, t) + \boldsymbol{e}_z E_z(x, y, z, t)$$

上式为空间任意一点的时变电磁场的直角坐标系下的瞬时表达式,既是空间坐标的函数,也是时间的函数,当然也可以用柱坐标系或球坐标系表示。

2. 理解用复数形式表示瞬时式的关键步骤

$$E_x = E_{xm}(x, y, z)\cos[\omega t + \varphi_x(x, y, z)] = \mathrm{Re}[E_{xm}\mathrm{e}^{\mathrm{j}(\omega t + \varphi_x)}]$$
$$E_y = E_{ym}(x, y, z)\cos[\omega t + \varphi_y(x, y, z)] = \mathrm{Re}[E_{ym}\mathrm{e}^{\mathrm{j}(\omega t + \varphi_y)}]$$
$$E_z = E_{zm}(x, y, z)\cos[\omega t + \varphi_z(x, y, z)] = \mathrm{Re}[E_{zm}\mathrm{e}^{\mathrm{j}(\omega t + \varphi_z)}]$$

上式中的振幅 E_{xm}、E_{xm}、E_{zm} 和相位 φ_x、φ_y、φ_z 不随时间变化,只是空间位置的函数。

$$\left.\begin{aligned} \dot{E}_x &= E_{xm}\mathrm{e}^{\mathrm{j}\varphi_x} \\ \dot{E}_y &= E_{ym}\mathrm{e}^{\mathrm{j}\varphi_y} \\ \dot{E}_z &= E_{zm}\mathrm{e}^{\mathrm{j}\varphi_z} \end{aligned}\right\}$$

上式称为电场强度各分量的相量。相量是一个复数,其模表示谐变电场的振幅,其幅角表示谐变电场的相位,振幅和相位均与时间无关。

3. 掌握电磁场量的复数形式

$$\boldsymbol{E}(x, y, z, t) = \mathrm{Re}[\boldsymbol{e}_x \dot{E}_x \mathrm{e}^{\mathrm{j}\omega t} + \boldsymbol{e}_y \dot{E}_y \mathrm{e}^{\mathrm{j}\omega t} + \boldsymbol{e}_z \dot{E}_z \mathrm{e}^{\mathrm{j}\omega t}] = \mathrm{Re}[\dot{\boldsymbol{E}}\mathrm{e}^{\mathrm{j}\omega t}]$$

上式称为矢量 $\boldsymbol{E}(x, y, z, t)$ 的复数形式,其中

$$\dot{\boldsymbol{E}} = \boldsymbol{e}_x \dot{E}_x + \boldsymbol{e}_y \dot{E}_y + \boldsymbol{e}_z \dot{E}_z$$

称为电场强度的复矢量,或称为复振幅,该矢量与时间无关,仅与空间位置有关。

4. 掌握并会计算平均坡印廷矢量

在电磁波能量传播过程中，计算一个周期内坡印廷矢量的平均值比计算瞬时值更有实际意义。

$$\boldsymbol{P}_{\mathrm{av}}=\frac{1}{T}\int_{0}^{T}\boldsymbol{P}\mathrm{d}t=\frac{1}{2}\mathrm{Re}[\dot{\boldsymbol{E}}\times\dot{\boldsymbol{H}}^{*}]$$

平均坡印廷矢量 $\boldsymbol{P}_{\mathrm{av}}$ 是计算电磁波能量传播最为重要的一个公式，反映了能流密度在一个时间周期内的平均取值。

2.4 典型例题解析

例题 2-1 计算半径为 a，电荷线密度 ρ_l 为常数的均匀带电圆环在轴线上的电场强度。

【解】 选取坐标系，如图 2-2 所示，使得线电荷位于 xOy 平面，圆环轴线与 z 轴重合，采用圆柱坐标。在圆环上取任意一线元 $\mathrm{d}l'=a\,\mathrm{d}\varphi$，在 z 轴上取场点坐标为 $(0,0,z)$，电荷关于 z 轴对称，电场也关于 z 轴对称，电场仅有 z 方向

$$R=\sqrt{z^2+a^2}$$

$$\boldsymbol{e}_R=\frac{\boldsymbol{R}}{R}=\frac{z}{R}\boldsymbol{e}_z-\frac{a}{R}\boldsymbol{e}_\rho$$

$$\boldsymbol{e}_\rho=\boldsymbol{e}_x\cos\varphi+\boldsymbol{e}_y\sin\varphi$$

$$\boldsymbol{E}=\frac{1}{4\pi\varepsilon}\int_{0}^{2\pi a}\frac{\rho_l}{R^2}\boldsymbol{e}_R\mathrm{d}\boldsymbol{l}'=\boldsymbol{e}_z\frac{z\rho_l}{4\pi\varepsilon(z^2+a^2)^{\frac{3}{2}}}\int_{0}^{2\pi}a\,\mathrm{d}\varphi'=\boldsymbol{e}_z\frac{za\rho_l}{2\varepsilon(z^2+a^2)^{\frac{3}{2}}}$$

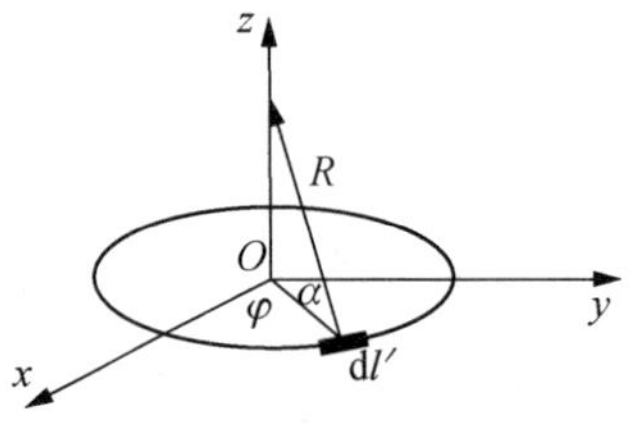

图 2-2 例题 2-1 解图

例题 2-2 计算半径为 a，电荷面密度 ρ_{Sf} 为常数的均匀带电圆盘在轴线上的电场强度。

【解】 选取圆柱坐标系，如图 2-3 所示，使得圆盘位于 xOy 平面，圆盘轴线与 z 轴重合，在圆盘取半径为 ρ，宽度为 $\mathrm{d}\rho$ 的圆环，其沿 ρ 方向的电荷线密度为 $\rho_l=\rho_{Sf}\mathrm{d}\rho$，利用例题 2-1 的结论，得到

$$\mathrm{d}\boldsymbol{E}=\boldsymbol{e}_z\frac{z\rho\rho_{Sf}}{2\varepsilon(z^2+\rho^2)^{\frac{3}{2}}}\mathrm{d}\rho$$

$$\boldsymbol{E}=\boldsymbol{e}_z\frac{z\rho_{Sf}}{2\varepsilon}\int_0^a\frac{\rho}{(z^2+\rho^2)^{\frac{3}{2}}}\mathrm{d}\rho=\begin{cases}\dfrac{\rho_{Sf}}{2\varepsilon}\left(1-\dfrac{z}{\sqrt{z^2+a^2}}\right)\boldsymbol{e}_z & z>0\\ -\dfrac{\rho_{Sf}}{2\varepsilon}\left(1+\dfrac{z}{\sqrt{z^2+a^2}}\right)\boldsymbol{e}_z & z<0\end{cases}$$

当圆盘无限大时，即 $a\to\infty$ 时，以上结果变为

$$\boldsymbol{E}=\begin{cases}\dfrac{\rho_{Sf}}{2\varepsilon}\boldsymbol{e}_z & z>0\\ -\dfrac{\rho_{Sf}}{2\varepsilon}\boldsymbol{e}_z & z<0\end{cases}$$

由此可以看出，在面电荷两侧电场是不连续的。

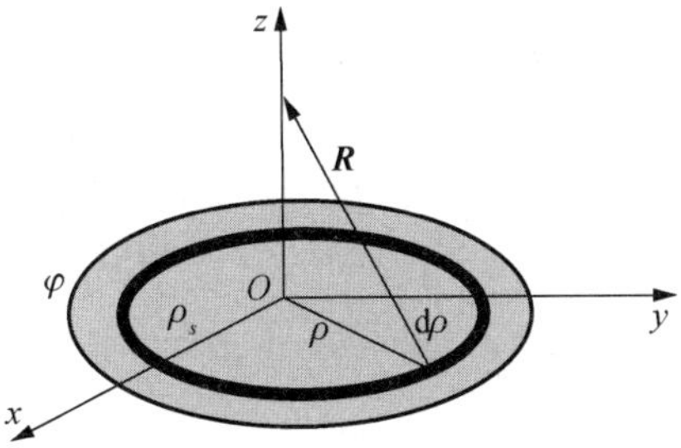

图 2-3　例题 2-2 解图

例题 2-3　求通过电流 I 的细圆环在轴线上的磁感应强度，圆环半径为 a。

【解】　采用圆柱面坐标系，如图 2-4 所示，使 z 轴与圆环的轴相重合，并且圆环在 xOy 平面上，则：

$$\mathrm{d}\boldsymbol{l}'=\boldsymbol{e}_\varphi a\,\mathrm{d}\varphi$$

$$\boldsymbol{r}-\boldsymbol{r}'=\boldsymbol{e}_z z-\boldsymbol{e}_\rho a$$

$$|\boldsymbol{r}-\boldsymbol{r}'|=\sqrt{z^2+a^2}$$

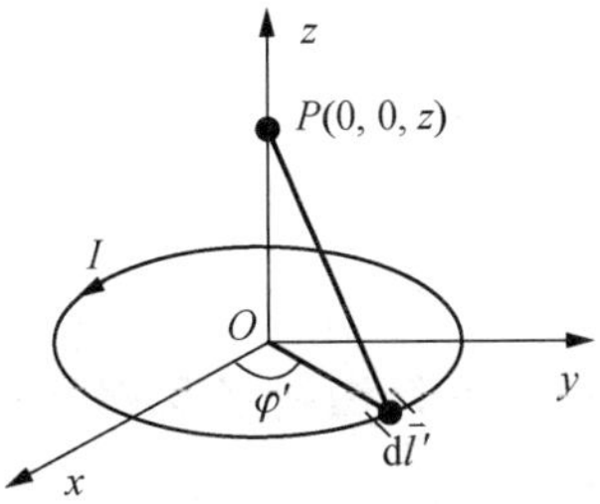

图 2-4　例题 2-3 解图

我们有

$$\mathrm{d}\boldsymbol{l}' \times (\boldsymbol{r} - \boldsymbol{r}') = \boldsymbol{e}_\varphi a \mathrm{d}\varphi' \times (\boldsymbol{e}_z z - \boldsymbol{e}_\rho a) = \boldsymbol{e}_\rho z a \mathrm{d}\varphi' + \boldsymbol{e}_z a^2 \mathrm{d}\varphi'$$

不难看出，因为圆环的对称性，$\boldsymbol{B}$ 在 ρ 方向的分量被过 $\mathrm{d}\boldsymbol{l}'$ 直径的另一端的微分长度元的贡献所抵消，因此我们只需考虑上述叉积中的 $\boldsymbol{e}_z$ 方向的分量。可以得出

$$\boldsymbol{B} = \frac{\mu_0 I}{4\pi}\int_0^{2\pi} \boldsymbol{e}_z \frac{a^2 \mathrm{d}\varphi}{(z^2 + a^2)^{3/2}} = \boldsymbol{e}_z \frac{\mu_0 I a^2}{2(z^2 + a^2)^{3/2}}$$

例题 2-4 已知真空平行板电容器的极板面积为 S，间距为 d，当两极板间的电压为 $V = V_0 \cos\omega t$ 时，请证明平行板电容器之间的位移电流 I_D 与导线中的传导电流 I 相等。

【证明】 已知平行板电容器极板间的电场大小为：$E = \dfrac{V}{d} = \dfrac{V_0 \cos\omega t}{d}$

平行板电容器间的位移电流密度大小为：$J_D = \dfrac{\partial D}{\partial t} = -\dfrac{V_0 \omega \varepsilon_0 \sin\omega t}{d}$

平行板电容器间的位移电流：$I_D = J_D S = -\dfrac{V_0 \omega \varepsilon_0 S \sin\omega t}{d}$

平行板电容器的电容：$C = \varepsilon_0 \dfrac{S}{d}$，并满足：$C = \dfrac{Q}{V}$

平行板电容器的电量：$Q = \varepsilon_0 \dfrac{S}{d} V_0 \cos\omega t$

导线中的传导电流：$I = \dfrac{\mathrm{d}Q}{\mathrm{d}t} = -\dfrac{V_0 \omega \varepsilon_0 S \sin\omega t}{d}$

所以平行板电容器间的位移电流与导线中的传导电流相等。

例题 2-5 请说明铜导体中的位移电流相对于传导电流为什么可以忽略不计，假定时变电场为 $\boldsymbol{E} = \boldsymbol{e}_x E_0 \cos(2\pi \times 10^6 t)$ V/m，铜的电导率为：$\sigma = 5.7 \times 10^7$ (S/m)，相对介电常数为 $\varepsilon_r = 1$。($\varepsilon_0 = 8.854 \times 10^{-12}$ F/m)

【解】 铜的传导电流密度：$J_f = \sigma E$

位移电流密度：$J_D = \omega \varepsilon_0 \varepsilon_r E$

两者的比值为：$\dfrac{J_f}{J_D} = \dfrac{\sigma E}{\omega \varepsilon_0 \varepsilon_r E} = \dfrac{\sigma}{\omega \varepsilon_0 \varepsilon_r} = \dfrac{5.7 \times 10^7}{2\pi \times 10^6 \times 8.854 \times 10^{-12}} = 1.03 \times 10^{12}$

从比值可以看出，铜导体中的传导电流远远大于位移电流，因此铜导体中的位移电流可以忽略不计。

例题 2-6 无源的自由空间中，已知磁场强度 $\boldsymbol{H} = \boldsymbol{e}_y \cdot 2.63 \times 10^{-5} \cos(3 \times 10^9 t - 10z)$ (A/m)，求位移电流密度 $\boldsymbol{J}_D$。

【解】 无源的自由空间中 $\boldsymbol{J}_f=0$，式 $\nabla\times\boldsymbol{H}=\boldsymbol{J}_f+\dfrac{\partial\boldsymbol{D}}{\partial t}$ 变为 $\nabla\times\boldsymbol{H}=\dfrac{\partial\boldsymbol{D}}{\partial t}$，所以，

$$\boldsymbol{J}_D=\frac{\partial\boldsymbol{D}}{\partial t}=\nabla\times\boldsymbol{H}=\begin{vmatrix}\boldsymbol{e}_x & \boldsymbol{e}_y & \boldsymbol{e}_z\\ \dfrac{\partial}{\partial x} & \dfrac{\partial}{\partial y} & \dfrac{\partial}{\partial z}\\ 0 & H_y & 0\end{vmatrix}$$

$$=-\boldsymbol{e}_x\frac{\partial H_y}{\partial z}=-\boldsymbol{e}_x\cdot 2.63\times10^{-4}\sin(3\times10^9 t-10z)(\mathrm{A/m})$$

例题 2-7 已知在无源的自由空间中，$\boldsymbol{E}=\boldsymbol{e}_x E_0\cos(\omega t-\beta z)$，其中 E_0 和 β 为常数，求 $\boldsymbol{H}$。

【解】 所谓无源，就是研究区域内没有场源电流和电荷，即 $\boldsymbol{J}_f=0,\rho=0$。

将上式代入麦克斯韦方程式，可得

$$\nabla\times\boldsymbol{E}=\begin{vmatrix}\boldsymbol{e}_x & \boldsymbol{e}_y & \boldsymbol{e}_z\\ \dfrac{\partial}{\partial x} & \dfrac{\partial}{\partial y} & \dfrac{\partial}{\partial z}\\ E_x & 0 & 0\end{vmatrix}=-\mu_0\frac{\partial\boldsymbol{H}}{\partial t}$$

$$\boldsymbol{e}_y E_0\beta\sin(\omega t-\beta z)=-\mu_0\frac{\partial}{\partial t}(\boldsymbol{e}_x H_x+\boldsymbol{e}_y H_y+\boldsymbol{e}_z H_z)$$

由上式可以写出：

$$H_x=0,\ H_z=0$$

$$-\mu_0\frac{\partial H_y}{\partial t}=E_0\beta\sin(\omega t-\beta z)$$

$$H_y=\frac{E_0\beta}{\mu_0\omega}\cos(\omega t-\beta z)$$

$$\boldsymbol{H}=\boldsymbol{e}_y\frac{E_0\beta}{\mu_0\omega}\cos(\omega t-\beta z)$$

例题 2-8 在理想导体构成的金属板之间存在理想介质，其中的电磁场如图 2-5 所示：

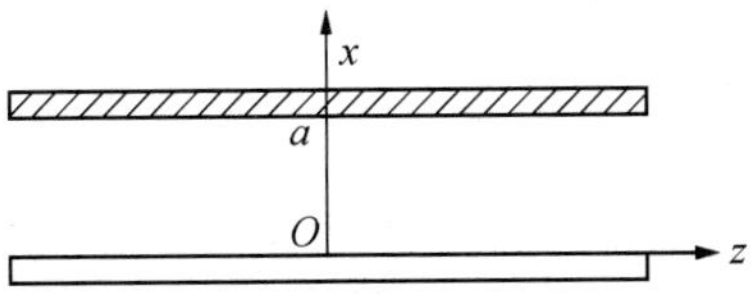

图 2-5　例图 2-8 图

$$E_y = H_0\mu\omega\left(\frac{a}{\pi}\right)\sin\left(\frac{\pi x}{a}\right)\cos\left(\omega t-\beta z-\frac{\pi}{2}\right)$$

$$H_x = H_0\beta\left(\frac{a}{\pi}\right)\sin\left(\frac{\pi x}{a}\right)\cos\left(\omega t-\beta z-\frac{\pi}{2}\right)$$

$$H_z = H_0\cos\left(\frac{\pi x}{a}\right)\cos(\omega t-\beta z)$$

请问电磁场满足什么边界条件？理想导电壁上的电流密度如何？

【解】 根据理想导体与理想介质的边界条件，我们知道：电场强度的切向分量连续，磁场强度的切向分量之差等于面电流密度。

(1) $x=0$ 处，$E_y=0$，$\boldsymbol{J}_{Sf}=\boldsymbol{e}_x\times\boldsymbol{H}_1=\boldsymbol{e}_x\times\boldsymbol{e}_z H_z=-\boldsymbol{e}_y H_0\cos(\omega t-\beta z)$

(2) $x=a$ 处，$E_y=0$，$\boldsymbol{J}_{Sf}=-\boldsymbol{e}_x\times\boldsymbol{H}_1=-\boldsymbol{e}_x\times\boldsymbol{e}_z H_z=-\boldsymbol{e}_y H_0\cos(\omega t-\beta z)$

例题 2-9 设电场强度和磁场强度分别为 $\boldsymbol{E}=\boldsymbol{E}_0\cos(\omega t+\varphi_E)$，$\boldsymbol{H}=\boldsymbol{H}_0\cos(\omega t+\varphi_H)$，求出坡印廷矢量的平均值。

【解】 瞬时坡印廷矢量为

$$\begin{aligned}\boldsymbol{P}=\boldsymbol{E}\times\boldsymbol{H}&=\boldsymbol{E}_0\cos(\omega t+\varphi_E)\times\boldsymbol{H}_0\cos(\omega t+\varphi_H)\\&=\frac{1}{2}\boldsymbol{E}_0\times\boldsymbol{H}_0[\cos(2\omega t+\varphi_E+\varphi_H)+\cos(\varphi_E-\varphi_H)]\end{aligned}$$

瞬时坡印廷矢量的平均值为

$$\begin{aligned}\boldsymbol{P}_{\mathrm{av}}=\frac{1}{T}\int_0^T\boldsymbol{P}\mathrm{d}t&=\frac{1}{2}\boldsymbol{E}_0\times\boldsymbol{H}_0\frac{1}{T}\int_0^T[\cos(2\omega t+\varphi_E+\varphi_H)+\cos(\varphi_E-\varphi_H)]\mathrm{d}t\\&=\frac{1}{2}\boldsymbol{E}_0\times\boldsymbol{H}_0\cos(\varphi_E-\varphi_H)\\&=\frac{1}{2}\mathrm{Re}[\boldsymbol{E}\times\boldsymbol{H}^*]\end{aligned}$$

例题 2-10 在真空区域中时变磁场强度的瞬时值为 $\boldsymbol{H}(y,t)=\boldsymbol{e}_x\cos(\omega t-k_y y)$，试着：

(1) 利用复数形式的麦克斯韦方程组求出电场强度的复矢量；

(2) 求坡印廷矢量的平均值。

【解】 (1) 已知磁场强度的瞬时表示式，可以求出其复矢量为

$$\dot{\boldsymbol{H}}(y)=\boldsymbol{e}_x\mathrm{e}^{-\mathrm{j}k_y y}$$

由真空中的复数形式的麦克斯韦方程组：$\nabla\times\dot{\boldsymbol{H}}=\mathrm{j}\omega\varepsilon_0\dot{\boldsymbol{E}}$ 可以得到

$$\dot{\boldsymbol{E}}=\frac{\nabla\times\dot{\boldsymbol{H}}}{\mathrm{j}\omega\varepsilon_0}=\frac{1}{\mathrm{j}\omega\varepsilon_0}\left(\boldsymbol{e}_y\frac{\partial H_x}{\partial z}-\boldsymbol{e}_z\frac{\partial H_x}{\partial y}\right)=-\frac{1}{\mathrm{j}\omega\varepsilon_0}\boldsymbol{e}_z\frac{\partial H_x}{\partial y}=120\pi\boldsymbol{e}_z\mathrm{e}^{-\mathrm{j}k_y y}$$

(2) 磁场强度的共轭为 $\dot{\boldsymbol{H}}^* = \boldsymbol{e}_x e^{jk_y y}$，所以得到平均坡印廷矢量

$$\boldsymbol{P}_{av} = \frac{1}{2}\mathrm{Re}[\dot{\boldsymbol{E}} \times \dot{\boldsymbol{H}}^*] = \boldsymbol{e}_y 60\pi$$

例题 2-11　已知空间时变电磁场中的矢量磁位 $\boldsymbol{A} = \boldsymbol{e}_x A_m \cos(\omega t - kz)$，其中 A_m 和 k 为常数，试求：(1)磁场强度；(2)电场强度；(3)瞬时坡印廷矢量。

【解】　(1) 已知矢量磁位：$\boldsymbol{B} = \nabla \times \boldsymbol{A} = \boldsymbol{e}_y \dfrac{\partial A_x}{\partial z} = k\boldsymbol{e}_y A_m \sin(\omega t - kz)$

磁场强度为：$\boldsymbol{H} = \boldsymbol{A}/\mu = \boldsymbol{e}_y \dfrac{k}{\mu} A_m \sin(\omega t - kz)$

(2) 根据洛伦兹条件 $\mu\varepsilon \dfrac{\partial \phi}{\partial t} + \nabla \cdot \boldsymbol{A} = 0$，且满足 $\nabla \cdot \boldsymbol{A} = 0$，所以

$$\mu\varepsilon \frac{\partial \phi}{\partial t} = 0$$

得到 $\phi = C$ (常数)，所以电场强度为

$$\boldsymbol{E} = -\nabla\phi - \frac{\partial \boldsymbol{A}}{\partial t} = -\frac{\partial \boldsymbol{A}}{\partial t} = \boldsymbol{e}_x \omega A_m \sin(\omega t - kz)$$

(3) 瞬时坡印廷矢量

$$\boldsymbol{P} = \boldsymbol{E} \times \boldsymbol{H} = \boldsymbol{e}_x \omega A_m \sin(\omega t - kz) \times \boldsymbol{e}_y \frac{k}{\mu} A_m \sin(\omega t - kz)$$

$$= \boldsymbol{e}_z \frac{\omega k}{\mu} A_m^2 \sin^2(\omega t - kz)$$

第3章

静态电磁场

静电场、恒定电流产生的电场和磁场都不随时间变化，因此统称为静态电磁场。静态电磁场是时变电磁场的特例和简化，同时也是电磁场理论的重要组成部分。静态电磁场中关于电场、磁场的基本方程、基本特性和基本规律为时变电磁场的分析提供了基础，由静态电磁场方法求得的电容、电感、电阻、电导可近似用于高频电路分析。本章主要内容包括静电场、恒定电流的电场和磁场。

3.1 思维导图

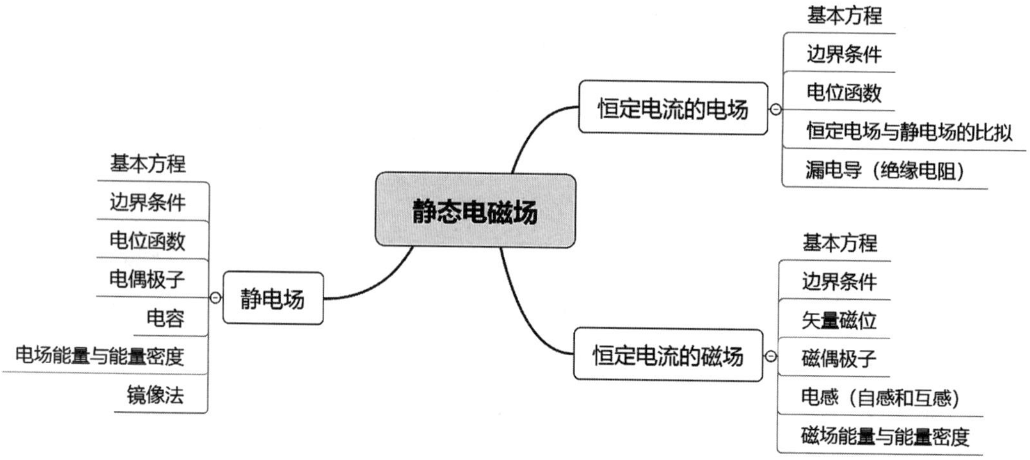

3.2 内容提要

3.2.1 静电场

电荷周围存在电场，电场对静止或运动的电荷有作用力，这是电场最基本的特性。

电荷静止，所以不存在电流，也不产生磁场。描述静电场的基本物理量是电场强度 $\boldsymbol{E}$；有媒质存在时，引入辅助量——电位移矢量 $\boldsymbol{D}$。

(一) 基本方程

1. 微分形式

$$\nabla\times\boldsymbol{E}=\mathbf{0}$$

$$\nabla\cdot\boldsymbol{D}=\rho_f$$

2. 积分形式

$$\oint_l \boldsymbol{E}\cdot d\boldsymbol{l}=0$$

$$\oiint_S \boldsymbol{D}\cdot d\boldsymbol{S}=q$$

(二) 边界条件

1. 矢量形式

$$\boldsymbol{e}_n\times(\boldsymbol{E}_1-\boldsymbol{E}_2)=\mathbf{0}$$

$$\boldsymbol{e}_n\cdot(\boldsymbol{D}_1-\boldsymbol{D}_2)=\boldsymbol{\rho}_{Sf}$$

2. 标量形式

$$E_{1t}=E_{2t}$$

$$D_{1n}-D_{2n}=\rho_{Sf}$$

在跨越分界面时，电场强度的切向分量始终是连续的。只有当分界面上没有自由面电荷时，电位移矢量的法向分量是连续的，否则不连续。

3. 两种特殊情况

(1) 媒质 1 是理想介质，媒质 2 是理想导体

$$E_{1t}=0$$

$$D_{1n}=\rho_{Sf}$$

理想导体表面电场与理想导体表面垂直，理想导体表面有自由面电荷 ρ_{Sf}。

(2) 媒质 1 是理想介质，媒质 2 是理想介质

$$E_{1t}=E_{2t}$$

$$D_{1n}=D_{2n}$$

两种介质的分界面无自由电荷，$\rho_{Sf}=0$。

(三) 电位函数

1. 电位和电场强度之间的关系

$$\boldsymbol{E}=-\nabla\phi$$

单位是 V(伏特)。

2. 电位差和电场强度之间的关系

$$U_{PQ}=\int_P^Q \boldsymbol{E}\cdot \mathrm{d}\boldsymbol{l}$$

3. 无界空间中,孤立点电荷的电位分布为(取无穷远处为零电位参考点)

$$\phi(\boldsymbol{r})=\frac{q}{4\pi\varepsilon_0}\frac{1}{|\boldsymbol{r}-\boldsymbol{r}'|}$$

4. 体分布、面分布、线分布电荷的电位函数表达式

$$\phi(\boldsymbol{r})=\frac{1}{4\pi\varepsilon_0}\iiint_V \frac{\rho_f(\boldsymbol{r}')}{|\boldsymbol{r}-\boldsymbol{r}'|}\mathrm{d}V'$$

$$\phi(\boldsymbol{r})=\frac{1}{4\pi\varepsilon_0}\iint_S \frac{\rho_{Sf}(\boldsymbol{r}')}{|\boldsymbol{r}-\boldsymbol{r}'|}\mathrm{d}S'$$

$$\phi(\boldsymbol{r})=\frac{1}{4\pi\varepsilon_0}\int_l \frac{\rho_l(\boldsymbol{r}')}{|\boldsymbol{r}-\boldsymbol{r}'|}\mathrm{d}l'$$

5. 边值关系

(1) 在不同媒质分界面上,电位函数连续:

$$\phi_1=\phi_2$$

(2) 电位的法向导数满足边界条件:

$$\varepsilon_2\frac{\partial\phi_2}{\partial n}-\varepsilon_1\frac{\partial\phi_1}{\partial n}=\rho_{Sf}$$

(3) 特殊情况

假设导体为媒质 2,导体表面的面电荷密度为

$$-\varepsilon_1\frac{\partial\phi_1}{\partial n}=\rho_{Sf}$$

6. 电偶极子(图 3-1)

(1) 电偶极矩

$$\boldsymbol{p}=q\boldsymbol{l}$$

其中,$\boldsymbol{l}$ 由负电荷指向正电荷。

(2) 电位

$$\phi=\frac{\boldsymbol{p}\cdot\boldsymbol{e}_r}{4\pi\varepsilon r^2}$$

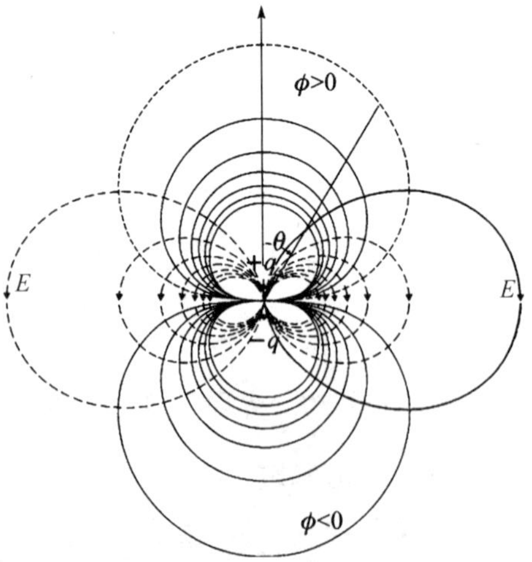

图 3-1 电偶极子的电力线和等位线

（3）远区电场表达式

$$\boldsymbol{E}=-\nabla\phi=\frac{p}{4\pi\varepsilon r^3}(\boldsymbol{e}_r 2\cos\theta+\boldsymbol{e}_\theta\sin\theta)$$

（四）电容

1. 定义

$$C=\frac{Q}{|\phi_1-\phi_2|}$$

电容的单位为 F(法拉)。

2. 半径为 *a* 的导体球的电容

$$C=4\pi\varepsilon a$$

孤立导体的电容与导体的几何形状、尺寸及周围介质的特性有关。

（五）电场能量

1. 用场量表示

$$W_e=\frac{1}{2}\iiint_V \boldsymbol{D}\cdot\boldsymbol{E}\,\mathrm{d}V=\frac{1}{2}\iiint_V \varepsilon E^2\,\mathrm{d}V\ (\mathrm{J})$$

2. 用电荷和电位函数表示

$$W_e=\frac{1}{2}\iiint_V \rho_f\phi\,\mathrm{d}V\ (\mathrm{J})$$

$$W_e=\frac{1}{2}\iint_S \rho_{Sf}\phi\,\mathrm{d}S\ (\mathrm{J})$$

$$W_e=\frac{1}{2}\int_l \rho_l\phi\,\mathrm{d}l\ (\mathrm{J})$$

$$W_e=\frac{1}{2}\sum_{i=1}^{N}Q_i\phi_i\,(\mathrm{J})$$

（六）镜像法

1. 依据

唯一性定理：满足给定边界条件的泊松方程或拉普拉斯方程的解是唯一的。只要解既满足泊松方程或拉普拉斯方程，又满足给定的边界条件，这个解就是所求问题的解。

2. 镜像电荷的引入原则

满足原有的边界条件。引入镜像电荷后，镜像电荷处在研究区域之外，并不改变研究区域内泊松方程或拉普拉斯方程的形式。

3. 平面导体与点电荷

镜像电荷的电量：等于原有电荷电量。

镜像电荷的位置：分界面另一侧同等距离处。

3.2.2 恒定电流的电场

电荷处于电场中受到电场力的作用而引起电荷的宏观定向运动。电荷的流动形成电流，在导电媒质中电荷流动形成传导电流，在真空或气体中流动形成运流电流。当电荷流动不随时间变化即电流不随时间变化时，这个电流就称为恒定电流，其相应的电场称为恒定电流电场，或称为恒定电场。

（一）基本方程

1. 微分形式

$$\nabla\times \boldsymbol{E}=\boldsymbol{0}$$

$$\nabla\cdot \boldsymbol{J}_f=0$$

方程表明，在导电媒质内不包括局外场，恒流电场的电场强度是无旋的，而电流密度是无散的。

2. 积分形式

$$\oint_l \boldsymbol{E}\cdot \mathrm{d}\boldsymbol{l}=0$$

$$\oiint_S \boldsymbol{J}_f\cdot \mathrm{d}\boldsymbol{S}=0$$

3. 本构关系

$$\boldsymbol{J}_f=\sigma\boldsymbol{E}\ (\mathrm{A/m^2})$$

其中，σ 是媒质的宏观本构参数，称为电导率，单位为 S/m(西门子/米)。

（二）边界条件

1. 矢量形式

$$\boldsymbol{e}_n\times(\boldsymbol{E}_1-\boldsymbol{E}_2)=\boldsymbol{0}$$

$$\boldsymbol{e}_n\cdot(\boldsymbol{J}_{f_1}-\boldsymbol{J}_{f_2})=0$$

2. 标量形式

$$E_{1t}=E_{2t}$$

$$J_{f_{1n}}=J_{f_{2n}}$$

（三）电位函数

1. 电位和电场强度之间的关系

$$\boldsymbol{E}=-\nabla\phi$$

单位是 V(伏特)。

2. 电位差和电场强度之间的关系

$$U_{PQ}=\int_{P}^{Q}\boldsymbol{E}\cdot \mathrm{d}\boldsymbol{l}$$

3. 边值关系

(1) 在不同媒质分界面上，电位函数连续。

$$\phi_1=\phi_2$$

(2) 电位的法向导数满足边界条件：

$$\sigma_1\frac{\partial\phi_1}{\partial n}=\sigma_2\frac{\partial\phi_2}{\partial n}$$

(四) 恒定电场与静电场的比较

表 3-1　恒流电场与静电场的比较

比较项目	导电媒质中的恒定电场	理想介质中的静电场
基本方程	$\nabla\times\boldsymbol{E}=\boldsymbol{0}$ $\nabla\cdot\boldsymbol{J}_f=0$	$\nabla\times\boldsymbol{E}=\boldsymbol{0}$ $\nabla\cdot\boldsymbol{D}=0$
本构关系	$\boldsymbol{J}_f=\sigma\boldsymbol{E}$	$\boldsymbol{D}=\varepsilon\boldsymbol{E}$
边界条件	$\boldsymbol{e}_n\times(\boldsymbol{E}_1-\boldsymbol{E}_2)=\boldsymbol{0}$ $\boldsymbol{e}_n\cdot(\boldsymbol{J}_{f_1}-\boldsymbol{J}_{f_2})=0$	$\boldsymbol{e}_n\times(\boldsymbol{E}_1-\boldsymbol{E}_2)=\boldsymbol{0}$ $\boldsymbol{e}_n\cdot(\boldsymbol{D}_1-\boldsymbol{D}_2)=\rho_{Sf}$
电位函数满足的方程及边界条件	$\nabla^2\phi=0$ $\phi_1=\phi_2$ $\sigma_1\frac{\partial\phi_1}{\partial n}=\sigma_2\frac{\partial\phi_2}{\partial n}$	$\nabla^2\phi=0$ $\phi_1=\phi_2$ $\varepsilon_1\frac{\partial\phi_1}{\partial n}=\varepsilon_2\frac{\partial\phi_2}{\partial n}$
常用物理量之间的关系	$I=\oint_S\boldsymbol{J}_f\cdot\mathrm{d}\boldsymbol{S}$ $U=\int_l\boldsymbol{E}\cdot\mathrm{d}\boldsymbol{l}$ $G=\frac{I}{U}$	$Q=\oint_S\boldsymbol{D}\cdot\mathrm{d}\boldsymbol{S}$ $U=\int_l\boldsymbol{E}\cdot\mathrm{d}\boldsymbol{l}$ $C=\frac{Q}{U}$
对偶量	电场强度 $\boldsymbol{E}$ 电流密度 $\boldsymbol{J}_f$ 电导率 σ 电位函数 ϕ 电位差 U 电流 I 电导 G	电场强度 $\boldsymbol{E}$ 电位移矢量 $\boldsymbol{D}$ 介电常数 ε 电位函数 ϕ 电位差 U 电量 Q 电容 C

（五）绝缘电阻

1. 直接积分法

$$R=\int_l \frac{\mathrm{d}l}{\sigma S}$$

其中，$\mathrm{d}l$ 为沿电流方向的长度元，S 为长度元上垂直电流方向的面积，可能为变量。

2. 定义计算法

$$R=\frac{U}{I}$$

对于平行板电容器、同轴线、同心球等形状规则的问题，求解过程如下：

假设电流强度为 I，$J_f=\dfrac{I}{S}\Rightarrow E=\dfrac{J_f}{\sigma}\Rightarrow U=\int_l \boldsymbol{E}\cdot \mathrm{d}\boldsymbol{l}\Rightarrow R=\dfrac{U}{I}$

假设电位差为 U，$U=\int_l \boldsymbol{E}\cdot \mathrm{d}\boldsymbol{l}\Rightarrow \boldsymbol{J}_f=\sigma\boldsymbol{E}\Rightarrow I=\oint_S \boldsymbol{J}_f\cdot \mathrm{d}\boldsymbol{S}\Rightarrow R=\dfrac{U}{I}$

3. 静电比拟法

对于结构相同的两个导体组成的系统，两导体之间填充的媒质，其介电常数为 ε、电导率为 σ，该双导体系统的电容为 C，导体之间的漏电导为 G。

$$R=\frac{1}{G}=\frac{\varepsilon}{C\sigma}$$

3.2.3 恒定电流的磁场

当导体中通有电流时，在导体周围的媒质中，存在电场和磁场。当电流为恒定电流时，它周围的磁场也是不随时间变化的，这种磁场称为恒定电流的磁场（简称恒定磁场），恒定磁场与静电场是对偶的，所以又称为静磁场。

（一）基本方程

1. 微分形式

$$\nabla\times\boldsymbol{H}=\boldsymbol{J}_f$$
$$\nabla\cdot\boldsymbol{B}=0$$

2. 积分形式

$$\oint_l \boldsymbol{H}\cdot \mathrm{d}\boldsymbol{l}=I$$
$$\oint_S \boldsymbol{B}\cdot \mathrm{d}\boldsymbol{S}=0$$

3. 本构关系

$$\boldsymbol{B}=\mu\boldsymbol{H}$$

其中，μ 是媒质的磁导率，真空或空气的磁导率：$\mu_0=4\pi\times10^{-7}$ H/m。

(二) 边界条件

1. 矢量形式

$$\boldsymbol{e}_n\times(\boldsymbol{H}_1-\boldsymbol{H}_2)=\boldsymbol{J}_{Sf}$$

$$\boldsymbol{e}_n\cdot(\boldsymbol{B}_1-\boldsymbol{B}_2)=0$$

2. 标量形式

$$H_{1t}-H_{2t}=J_{Sf}$$

$$B_{1n}-B_{2n}=0$$

(三) 矢量磁位

1. 定义

$$\boldsymbol{B}=\nabla\times\boldsymbol{A}$$

又称为磁矢位(矢位、矢势)，其国际单位为韦伯/米(Wb/m)。

2. 数学表达式

$$\boldsymbol{A}(\boldsymbol{r})=\frac{\mu_0}{4\pi}\iiint_{V'}\frac{\boldsymbol{J}_f(\boldsymbol{r}')}{|\boldsymbol{r}-\boldsymbol{r}'|}\mathrm{d}V'$$

$$\boldsymbol{A}(\boldsymbol{r})=\frac{\mu_0}{4\pi}\iint_{S'}\frac{\boldsymbol{J}_{Sf}(\boldsymbol{r}')}{|\boldsymbol{r}-\boldsymbol{r}'|}\mathrm{d}S'$$

$$\boldsymbol{A}(\boldsymbol{r})=\frac{\mu_0}{4\pi}\int_l\frac{I}{|\boldsymbol{r}-\boldsymbol{r}'|}\mathrm{d}\boldsymbol{l}'$$

3. 磁偶极子

(1) 磁偶极矩

$$\boldsymbol{p}_m=I\boldsymbol{S}$$

(2) 磁矢位

$$\boldsymbol{A}(\boldsymbol{r})=\frac{\mu_0}{4\pi}\int_l\frac{I}{|\boldsymbol{r}-\boldsymbol{r}'|}\mathrm{d}\boldsymbol{l}'$$

(3) 磁感应强度矢量

$$\boldsymbol{B}=\frac{\mu_0\boldsymbol{p}_m}{4\pi r^3}(\boldsymbol{e}_r2\cos\theta+\boldsymbol{e}_\theta\sin\theta)$$

(四) 电感

1. 定义

$$L=\frac{\Psi}{I}(\mathrm{H})$$

2. 磁通

$$\Phi=\iint_S \boldsymbol{B}\cdot \mathrm{d}\boldsymbol{S}$$

3. 磁链

$$\Psi=n\Phi=n\iint_S \boldsymbol{B}\cdot \mathrm{d}\boldsymbol{S}$$

其中,n 是线圈匝数。

4. 自感

$$L=L_i+L_o$$

(1) 内自感

$$L_i=\frac{\Psi_i}{I'}(\mathrm{H})$$

其中,Ψ_i 为穿过导线内部的磁链,I' 为交链的导线电流。

(2) 外自感

$$L_o=\frac{\Psi_o}{I}(\mathrm{H})$$

其中,Ψ_o 为穿过导线外部的磁链,I 为交链的导线电流。

5. 互感

$$M_{12}=\frac{\Psi_{12}}{I_1}$$

$$M_{21}=\frac{\Psi_{21}}{I_2}$$

$$M_{12}=M_{21}$$

(五) 磁场能量

1. 磁场能量密度

$$w_m=\frac{1}{2}\mu H^2$$

2. 用场量表示磁场能量

$$W_m=\iiint_V \frac{1}{2}\boldsymbol{B}\cdot \boldsymbol{H}\mathrm{d}V=\iiint_V \frac{1}{2}\mu H^2\mathrm{d}V$$

3. 用电感表示磁场能量

$$W_m=\frac{1}{2}LI^2$$

3.3　重难点知识

3.3.1　静电场

1. 电位函数

静电场的性质由电场强度矢量描述，同时也可以引入电位函数间接描述，电位函数是求解电磁场问题的辅助函数。

(1) 掌握电位与电场强度矢量之间的关系

$$\boldsymbol{E}=-\nabla\phi$$

从静电场基本方程出发，利用矢量恒等式，可以得到这个关系式。

(2) 理解电位的物理意义

电位的梯度是一个矢量，其方向表示电位增加的方向，而电场的方向是从正电荷指向负电荷，刚好与之相反。

(3) 会计算电位函数

取无穷远处为零电位参考点，孤立点电荷的电位分布

$$\phi(\boldsymbol{r})=\frac{q}{4\pi\varepsilon_0}\frac{1}{|\boldsymbol{r}-\boldsymbol{r}'|}$$

体分布、面分布、线分布电荷的电位分布

$$\phi(\boldsymbol{r})=\frac{1}{4\pi\varepsilon_0}\iiint_{V'}\frac{\rho_f(\boldsymbol{r}')}{|\boldsymbol{r}-\boldsymbol{r}'|}\mathrm{d}V'$$

$$\phi(\boldsymbol{r})=\frac{1}{4\pi\varepsilon_0}\iint_{S'}\frac{\rho_{sf}(\boldsymbol{r}')}{|\boldsymbol{r}-\boldsymbol{r}'|}\mathrm{d}S'$$

$$\phi(\boldsymbol{r})=\frac{1}{4\pi\varepsilon_0}\int_{l}\frac{\rho_l(\boldsymbol{r}')}{|\boldsymbol{r}-\boldsymbol{r}'|}\mathrm{d}l'$$

电偶极子的电位分布

$$\phi(\boldsymbol{r})=\frac{\boldsymbol{p}\cdot(\boldsymbol{r}-\boldsymbol{r}')}{4\pi\varepsilon|\boldsymbol{r}-\boldsymbol{r}'|^3}$$

电偶极子电场的计算是静电场理论的典型应用，同时也为研究天线辐射问题打下基础。

2. 静电场的能量

静电场中有没有能量，关键是看它能否对物体做功。由于静电场能对处于其中的静止或运动电荷做功，所以说静电场是有能量的。

(1) 会用场量表示和计算静电场能量

$$W_e=\frac{1}{2}\iiint_V \boldsymbol{D}\cdot\boldsymbol{E}\,\mathrm{d}V=\frac{1}{2}\iiint_V \varepsilon E^2\,\mathrm{d}V\ (\mathrm{J})$$

(2) 会用电荷和电位函数表示和计算静电场能量

$$W_e=\frac{1}{2}\iiint_V \rho_f\phi\,\mathrm{d}V\ (\mathrm{J})$$

$$W_e=\frac{1}{2}\iint_S \rho_{Sf}\phi\,\mathrm{d}S\ (\mathrm{J})$$

$$W_e=\frac{1}{2}\int_l \rho_l\phi\,\mathrm{d}V\ (\mathrm{J})$$

$$W_e=\frac{1}{2}\sum_{i=1}^{N}Q_i\phi_i\,(\mathrm{J})$$

3. 电容

(1) 理解电容的定义

$$C=\frac{Q}{|\phi_1-\phi_2|}$$

(2) 会计算电容

计算步骤：

① 对于给定的几何形状，选取一个合适的坐标系；

② 假设两个导体的电荷分别为$+Q$和$-Q$；

③ 根据边界条件、高斯定理或其他关系，求解出用电荷表示的电场强度；

④ 求出两个导体之间的电位差；

⑤ 通过电容的定义，计算得到电容C。

(3)半径为a的导体球的电容

$$C=4\pi\varepsilon a$$

电容表征的是导体的基本属性，与导体的几何形状、尺寸及周围介质的特性有关，与电压和电荷量无关。

3.3.2　恒定电流的电场

绝缘电阻(漏电导)

(1) 理解绝缘电阻的定义

$$R=\frac{U}{I}$$

(2) 会计算绝缘电阻

① 电阻的计算公式

$$R=\int_{l}\frac{\mathrm{d}l}{\sigma S}$$

其中，$\mathrm{d}l$ 为沿电流方向的长度元，S 为长度元上垂直电流方向的面积，可能为变量。

② 定义计算法

对于平行板电容器、同轴线、同心球等形状规则的问题，求解过程如下：

假设电流强度为 I，$J_f=\frac{I}{S}\Rightarrow E=\frac{J_f}{\sigma}\Rightarrow U=\int_{l}\boldsymbol{E}\cdot\mathrm{d}\boldsymbol{l}\Rightarrow R=\frac{U}{I}$

假设电位差为 U，$U=\int_{l}\boldsymbol{E}\cdot\mathrm{d}\boldsymbol{l}\Rightarrow\boldsymbol{J}_f=\sigma\boldsymbol{E}\Rightarrow I=\oiint_{S}\boldsymbol{J}_f\cdot\mathrm{d}\boldsymbol{s}\Rightarrow R=\frac{U}{I}$

③ 静电比拟法

通过求解相同结构的电容，利用静电比拟法，可以求出

$$R=\frac{1}{G}=\frac{\varepsilon}{C\sigma}$$

3.3.3　恒定电流的磁场

1. 矢量磁位

(1) 掌握矢量磁位与磁感应强度之间的关系

$$\boldsymbol{B}=\nabla\times\boldsymbol{A}$$

从恒定磁场的基本方程出发，依据矢量恒等式，可以得到这个关系式。

(2) 理解矢量磁位的物理意义

矢量磁位是求解电磁场问题的一个辅助函数，本身没有任何物理意义。

(3) 会计算矢量磁位

体电流分布、面电流分布和细导线情况下，矢量磁位的分布

$$\boldsymbol{A}(\boldsymbol{r})=\frac{\mu_0}{4\pi}\iiint_{V'}\frac{\boldsymbol{J}_f(\boldsymbol{r}')}{|\boldsymbol{r}-\boldsymbol{r}'|}\mathrm{d}V'$$

$$\boldsymbol{A}(\boldsymbol{r})=\frac{\mu_0}{4\pi}\iint_{S'}\frac{\boldsymbol{J}_{sf}(\boldsymbol{r}')}{|\boldsymbol{r}-\boldsymbol{r}'|}\mathrm{d}\boldsymbol{S}'$$

$$\boldsymbol{A}(\boldsymbol{r})=\frac{\mu_0}{4\pi}\int_{l'}\frac{I}{|\boldsymbol{r}-\boldsymbol{r}'|}\mathrm{d}\boldsymbol{l}'$$

磁偶极子的矢量磁位分布

$$\boldsymbol{A}(\boldsymbol{r})=\frac{\mu_0}{4\pi}\int_{l}\frac{I}{|\boldsymbol{r}-\boldsymbol{r}'|}\mathrm{d}\boldsymbol{l}'$$

2. 电感

(1) 会计算内自感和外自感

$$L_i=\frac{\Psi_i}{I'}$$

$$L_o=\frac{\Psi_o}{I}$$

$$L=L_i+L_o$$

(2) 理解电感的物理意义

电感与电容、电导、电阻一样，都是导体的基本属性、电路的基本参数，只与导体系统的形状、尺寸、相对位置以及周围媒质有关，而与所加的电压、电流、电荷等物理量无关。

3. 恒定磁场的能量

由于磁场能够对处于场中的运动电荷或电流做功，所以磁场是具有能量的。

(1) 会用场量表示和计算磁场能量

$$W_m=\iiint_V\frac{1}{2}\boldsymbol{B}\cdot\boldsymbol{H}\mathrm{d}V=\iiint_V\frac{1}{2}\mu H^2\mathrm{d}V$$

(2) 会用电感表示和计算磁场能量

$$W_m=\frac{1}{2}LI^2$$

3.4 典型例题解析

例题 3-1 已知两个点电荷 $q_1=8\times10^{-6}$ C 和 $q_2=-16\times10^{-6}$ C，两者相距 20 cm，求距离它们都是 20 cm 的 P 点的强度 $\boldsymbol{E}_P$。

【解】 解题思路：采用直角坐标系，使得两个点电荷位于 x 轴上，关于原点 O 对称，P 点位于 y 轴上(如图 3-2 所示)。静电场是由两个点电荷产生，根据电场强度定义和叠加原理，可以得出点电荷组在 P 点的场强。

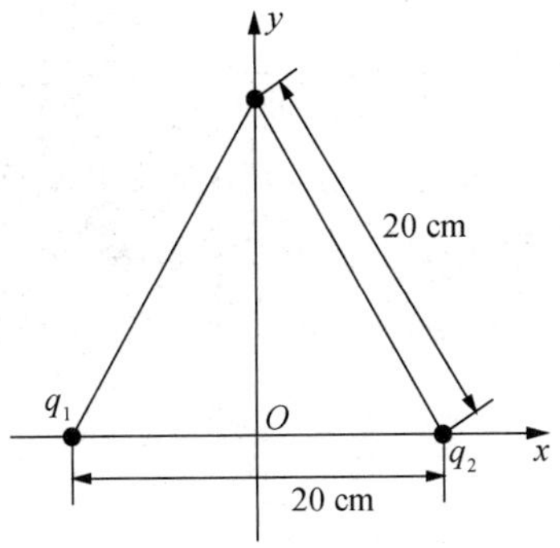

图 3-2　例题 3-1 图

设 P 点的电场强度为 $\boldsymbol{E}_P$，则：

$$\boldsymbol{E}_P=\frac{1}{4\pi\varepsilon}\sum\frac{q_n(\boldsymbol{r}-\boldsymbol{r}'_n)}{|\boldsymbol{r}-\boldsymbol{r}'_n|^3}$$

$$=\frac{1}{4\pi\varepsilon}\left[\frac{q_1(\boldsymbol{r}-\boldsymbol{r}'_1)}{|\boldsymbol{r}-\boldsymbol{r}'_1|^3}+\frac{q_2(\boldsymbol{r}-\boldsymbol{r}'_2)}{|\boldsymbol{r}-\boldsymbol{r}'_2|^3}\right]$$

$$=\frac{1}{4\pi\varepsilon}\left[\frac{8\times10^{-6}(0.1\boldsymbol{e}_x+0.1\times\sqrt{3}\boldsymbol{e}_y)}{(0.2)^3}+\frac{-16\times10^{-6}(-0.1\boldsymbol{e}_x+0.1\times\sqrt{3}\boldsymbol{e}_y)}{(0.2)^3}\right]$$

$$=\frac{1}{4\pi\varepsilon}(3\times10^{-3}\boldsymbol{e}_x-\sqrt{3}\times10^{-3}\boldsymbol{e}_y)$$

其中，$\boldsymbol{r}-\boldsymbol{r}'_1=(0.1\times\sqrt{3}\boldsymbol{e}_y)-(-0.1\boldsymbol{e}_x)=0.1\boldsymbol{e}_x+0.1\times\sqrt{3}\boldsymbol{e}_y$

$\boldsymbol{r}-\boldsymbol{r}'_2=(0.1\times\sqrt{3}\boldsymbol{e}_y)-(0.1\boldsymbol{e}_x)=-0.1\boldsymbol{e}_x+0.1\times\sqrt{3}\boldsymbol{e}_y$

例题 3-2　如图 3-3 所示，在半径为 a 的一个半圆弧线上均匀分布有电荷 q，求圆心处的电场强度。

【解】　解题思路：电荷满足连续分布，先求出电荷微元 $\mathrm{d}q$ 产生的电场 $\mathrm{d}E$，然后再进行积分，得到电荷 q 产生的电场 $\boldsymbol{E}$。

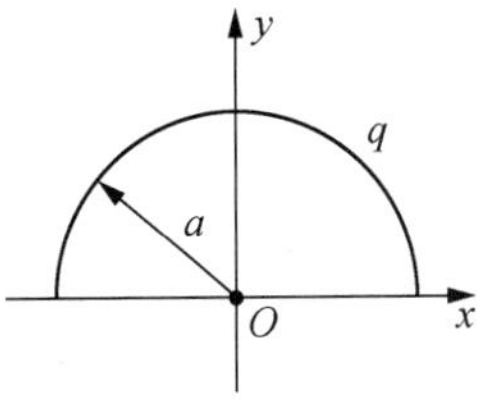

图 3-3　例题 3-2 图

设在半圆弧上取 $\mathrm{d}\theta$ 对应的弧长是 $\mathrm{d}l$，上面的电荷为 $\mathrm{d}q$，电荷与圆心的连线与 x 轴的夹角为 θ，则沿 $-y$ 方向产生的电场为：

$$\mathrm{d}E=\frac{1}{4\pi\varepsilon}\frac{\mathrm{d}q}{a^2}\sin\theta$$

因为电荷是均匀分布在半圆上，所以

$$\mathrm{d}q=\frac{q}{\pi a}\mathrm{d}l=\frac{q}{\pi a}a\,\mathrm{d}\theta=\frac{q}{\pi}\mathrm{d}\theta$$

$$E=\int_0^{\pi}\frac{1}{4\pi\varepsilon}\frac{q}{\pi a^2}\sin\theta\,\mathrm{d}\theta=\frac{q}{2\pi^2a^2\varepsilon}$$

$$\boldsymbol{E}=-\boldsymbol{e}_y\frac{q}{2\pi^2a^2\varepsilon}$$

例题 3-3 一个点电荷的电位是 $\phi=\dfrac{q}{4\pi\varepsilon_0 r}$，$r=\sqrt{x^2+y^2+z^2}$。试用直角坐标系和球坐标系的电位梯度公式 $\boldsymbol{E}=-\nabla\phi$，求电场强度 $\boldsymbol{E}$ 的表示式，并证明 $\nabla\times\boldsymbol{E}=\boldsymbol{0}$。

【证明】 解题思路：根据第 1 章矢量分析中梯度的计算式，对标量函数电位进行梯度运算，得到两种不同坐标系下电场强度 $\boldsymbol{E}$ 的表达式，再对电场强度 $\boldsymbol{E}$ 求旋度运算。求解过程中注意矢径的表示。

$$
\begin{aligned}
\boldsymbol{E} &= -\nabla\phi \\
&= -\left(\boldsymbol{e}_x\frac{\partial}{\partial x}+\boldsymbol{e}_y\frac{\partial}{\partial y}+\boldsymbol{e}_z\frac{\partial}{\partial z}\right)\frac{q}{4\pi\varepsilon_0\sqrt{x^2+y^2+z^2}} \\
&= -\frac{q}{4\pi\varepsilon_0}\left(\boldsymbol{e}_x\frac{\partial}{\partial x}+\boldsymbol{e}_y\frac{\partial}{\partial y}+\boldsymbol{e}_z\frac{\partial}{\partial z}\right)(\sqrt{x^2+y^2+z^2})^{\frac{1}{2}} \\
&= -\frac{q}{4\pi\varepsilon_0}(\boldsymbol{e}_x x+\boldsymbol{e}_y y+\boldsymbol{e}_z z)(x^2+y^2+z^2)^{-\frac{3}{2}} \\
&= -\frac{q}{4\pi\varepsilon_0}\frac{\boldsymbol{r}}{r^3}
\end{aligned}
$$

$$
\begin{aligned}
\boldsymbol{E} &= -\nabla\phi \\
&= -\left(\boldsymbol{e}_r\frac{\partial}{\partial r}+\boldsymbol{e}_\theta\frac{\partial}{r\partial\theta}+\boldsymbol{e}_\varphi\frac{\partial}{r\sin\theta\partial\varphi}\right)\frac{q}{4\pi\varepsilon_0 r} \\
&= -\left(\boldsymbol{e}_r\frac{\partial}{\partial r}\right)\frac{q}{4\pi\varepsilon_0} \\
&= -\boldsymbol{e}_r\frac{q}{4\pi\varepsilon_0}\frac{1}{r^2}
\end{aligned}
$$

$$
\begin{aligned}
\nabla\times\boldsymbol{E}\big|_{r\neq0} &= \frac{1}{r^2\sin\theta}\begin{vmatrix}\boldsymbol{e}_r & \boldsymbol{e}_\theta & \boldsymbol{e}_\varphi \\ \dfrac{\partial}{\partial r} & \dfrac{\partial}{\partial\theta} & \dfrac{\partial}{\partial\varphi} \\ E_r & rE_\theta & r\sin\theta E_\varphi\end{vmatrix} \\
&= \frac{1}{r^2\sin\theta}\begin{vmatrix}\boldsymbol{e}_r & \boldsymbol{e}_\theta & \boldsymbol{e}_\varphi \\ \dfrac{\partial}{\partial r} & \dfrac{\partial}{\partial\theta} & \dfrac{\partial}{\partial\varphi} \\ \dfrac{q}{4\pi\varepsilon_0}\dfrac{1}{r^2} & 0 & 0\end{vmatrix} \\
&= \boldsymbol{0}
\end{aligned}
$$

因为 $\nabla\times\boldsymbol{E}\,|_{r\neq0}=\mathbf{0}$，要证明 $\nabla\times\boldsymbol{E}=\mathbf{0}$ 关键是证明 $\nabla\times\boldsymbol{E}\,|_{r=0}=\mathbf{0}$，用旋度的定义计算，由于对称性，可取 S 为 xOy 平面上的圆，圆心位于坐标原点，半径为 r：

$$\iint_S(\nabla\times\boldsymbol{E})\cdot\mathrm{d}\boldsymbol{S}=\oint_l\boldsymbol{E}\cdot\mathrm{d}\boldsymbol{l}=\oint_l\boldsymbol{E}\cdot(\boldsymbol{e}_r\mathrm{d}r+r\boldsymbol{e}_\varphi\mathrm{d}\varphi+r\sin\theta\boldsymbol{e}_\theta\mathrm{d}\theta)$$

$$\iint_S(\nabla\times\boldsymbol{E})\cdot\mathrm{d}\boldsymbol{S}=\int_0^{2\pi}\boldsymbol{E}\cdot(r\boldsymbol{e}_\varphi\mathrm{d}\varphi)=0$$

$$(\nabla\times\boldsymbol{E})_{r\to0}=\frac{\oint_l\boldsymbol{E}\cdot\mathrm{d}\boldsymbol{l}}{S}=\frac{0}{\pi r^2}=0$$

$$\nabla\times\boldsymbol{E}=\mathbf{0}$$

例题 3-4　如图 3-4 所示，设长为 $2a$ 的均匀分布的直线电荷与 y 轴重合，中点在原点，线电荷密度是 ρ_l (C/m)。试证明在 xOy 平面上任一点 $P(x,\ y)$ 的电位是 $\phi=\dfrac{\rho_l}{4\pi\varepsilon_0}\ln\dfrac{\sqrt{x^2+(y-a)^2}-(y-a)}{\sqrt{x^2+(y+a)^2}-(y+a)}$ (V)。

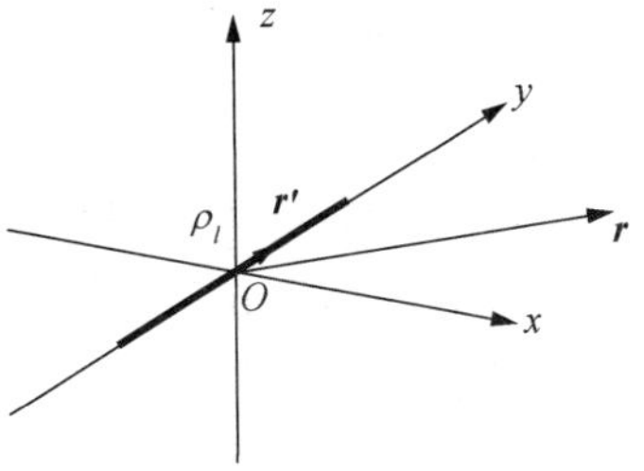

图 3-4　例题 3-4 图

【证明】　解题思路：对于线分布电荷，应用叠加原理，通过积分的方法可以得到它们的电位函数。采用直角坐标系，直线电荷与 y 轴重合，中点在原点。

$$\phi=\frac{1}{4\pi\varepsilon_0}\int_{l'}\frac{1}{|\boldsymbol{r}-\boldsymbol{r}'|}\rho_l\mathrm{d}l'=\frac{1}{4\pi\varepsilon_0}\int_{-a}^{a}\frac{1}{\sqrt{x^2+(y-y')^2}}\rho_l\mathrm{d}y'$$

$$=\frac{\rho_l}{4\pi\varepsilon_0}\int_{-a}^{a}\frac{1}{\sqrt{x^2+(y-t)^2}}\mathrm{d}t=\frac{\rho_l}{4\pi\varepsilon_0}\int_{-a}^{a}\frac{1}{\sqrt{x^2+(t-y)^2}}\mathrm{d}t$$

$$=\frac{\rho_l}{4\pi\varepsilon_0}\int_{-a-y}^{a-y}\frac{1}{\sqrt{x^2+T^2}}\mathrm{d}T=\frac{\rho_l}{4\pi\varepsilon_0}\ln(T+\sqrt{T^2+x^2})\Big|_{-a-y}^{a-y}$$

$$=\frac{\rho_l}{4\pi\varepsilon_0}\ln\frac{\sqrt{x^2+(y-a)^2}-(y-a)}{\sqrt{x^2+(y+a)^2}-(y+a)}\ (\mathrm{V})$$

例题 3-5　在球坐标系中，已知 $r>a$ 的区域的电场强度是：$E_r=\dfrac{2A\cos\theta}{r^3}$，$E_\theta=\dfrac{A\sin\theta}{r^3}$，$E_\varphi=0$，其中 a 和 A 都是常数，求此区域内（介电常数为 ε_0）的体电荷密度。

【解】　解题思路：根据静电场的基本方程 $\nabla\cdot\boldsymbol{D}=\rho_f$ 以及本构关系 $\boldsymbol{D}=\varepsilon\boldsymbol{E}$，可以得到 $\rho_f=\varepsilon_0\nabla\cdot\boldsymbol{E}$，在球坐标系下，对电场强度 $\boldsymbol{E}$ 求散度，进而可以得到体电荷密度。

$$\begin{aligned}\nabla\cdot \boldsymbol{E}&=\frac{1}{r^2\sin\theta}\left[\frac{\partial}{\partial r}(r^2\sin\theta E_r)+\frac{\partial}{\partial\theta}(r\sin\theta E_\theta)+\frac{\partial}{\partial\varphi}(rE_\varphi)\right]\\&=\frac{1}{r^2\sin\theta}\left[\frac{\partial}{\partial r}\left(r^2\sin\theta\,\frac{2A\cos\theta}{r^3}\right)+\frac{\partial}{\partial\theta}\left(r\sin\theta\,\frac{A\sin\theta}{r^3}\right)\right]\\&=\frac{1}{r^2\sin\theta}\left[\frac{\partial}{\partial r}\left(\sin\theta\,\frac{2A\cos\theta}{r}\right)+\frac{\partial}{\partial\theta}\left(\frac{A\sin^2\theta}{r^2}\right)\right]\\&=\frac{1}{r^2\sin\theta}\left[-\frac{2A\sin\theta\cos\theta}{r^2}+\frac{2A\sin\theta\cos\theta}{r^2}\right]\\&=0\end{aligned}$$

$$\rho_f=\nabla\cdot \boldsymbol{D}=\varepsilon_0\,\nabla\cdot \boldsymbol{E}=0$$

例题 3-6 半径为 a(m)的球内充满体电荷密度为 ρ_f (C/m^3)的电荷。已知球内外的电场强度是 $E_r=\begin{cases}r^3+Ar^2 & (r\leqslant a)\\(a^5+Aa^4)r^{-2} & (r>a)\end{cases}$，求体电荷密度 ρ_f（全部空间的介电常数都是 ε_0）。

【解】 解题思路：根据静电场的基本方程 $\nabla\cdot \boldsymbol{D}=\rho_f$ 以及本构关系 $\boldsymbol{D}=\varepsilon\boldsymbol{E}$，可以得到 $\rho_f=\varepsilon_0\,\nabla\cdot \boldsymbol{E}$，在球坐标系下，对电场强度 $\boldsymbol{E}$ 求散度，进而可以得到体电荷密度。注意，球内外电场分布不一样。

当 $r\leqslant a$ 时，

$$\begin{aligned}\nabla\cdot \boldsymbol{E}&=\frac{1}{r^2\sin\theta}\left[\frac{\partial}{\partial r}(r^2\sin\theta E_r)+\frac{\partial}{\partial\theta}(r\sin\theta E_\theta)+\frac{\partial}{\partial\varphi}(rE_\varphi)\right]\\&=\frac{1}{r^2\sin\theta}\left\{\frac{\partial}{\partial r}[r^2\sin\theta(r^3+Ar^2)]\right\}\\&=\frac{1}{r^2\sin\theta}\left\{\frac{\partial}{\partial r}[\sin\theta(r^5+Ar^4)]\right\}\\&=\frac{1}{r^2\sin\theta}\sin\theta(5r^4+4Ar^3)\\&=5r^2+4Ar\end{aligned}$$

当 $r>a$ 时，

$$\begin{aligned}\nabla\cdot \boldsymbol{E}&=\frac{1}{r^2\sin\theta}\left\{\frac{\partial}{\partial r}[r^2\sin\theta(a^5+Aa^4)r^{-2}]\right\}=\frac{1}{r^2\sin\theta}\left\{\frac{\partial}{\partial r}[\sin\theta(a^5+Aa^4)]\right\}\\&=0\end{aligned}$$

$$\nabla\cdot \boldsymbol{E}=\begin{cases}5r^2+4Ar & (r\leqslant a)\\0 & (r>a)\end{cases}$$

$$\rho_f=\begin{cases}\varepsilon_0(5r^2+4Ar) & (r\leqslant a)\\0 & (r>a)\end{cases}$$

例题 3-7　已知在圆柱形区域 $0<\rho<a$ 内的电场强度 $\boldsymbol{E}=\boldsymbol{e}_\rho \dfrac{E_0\rho^3}{a^3}$（$E_0$ 是常数），在此区域外的 $\boldsymbol{E}=0$，求体电荷密度 ρ_f。

【解】　解题思路：根据静电场的基本方程 $\nabla\cdot\boldsymbol{D}=\rho_f$ 以及本构关系 $\boldsymbol{D}=\varepsilon\boldsymbol{E}$，可以得到 $\rho_f=\varepsilon_0\nabla\cdot\boldsymbol{E}$，在圆柱坐标系下，对电场强度 $\boldsymbol{E}$ 求散度，进而可以得到体电荷密度。注意，圆柱内外电场分布不一样。

$$\begin{aligned}\nabla\cdot\boldsymbol{E}&=\frac{1}{\rho}\frac{\partial}{\partial\rho}(\rho E_\rho)+\frac{1}{\rho}\frac{\partial}{\partial\varphi}E_\varphi+\frac{\partial}{\partial z}E_z\\&=\frac{1}{\rho}\frac{\partial}{\partial\rho}\left(\rho\frac{E_0\rho^3}{a^3}\right)=\frac{4E_0\rho^2}{a^3}\end{aligned}$$

$$\nabla\cdot\boldsymbol{E}=\begin{cases}\dfrac{4E_0\rho^2}{a^3} & (0<\rho<a)\\ 0 & (\rho\geqslant a)\end{cases}$$

$$\rho_f=\begin{cases}\dfrac{4\varepsilon_0E_0}{a^3}\rho^2 & (0<\rho<a)\\ 0 & (\rho\geqslant a)\end{cases}$$

例题 3-8　如图 3-5 所示，在真空中的 4 个无限大平行平面上分别均匀地分布着面密度为 ρ_{S1}，ρ_{S2}，ρ_{S3}，ρ_{S4} 的电荷，求各区域中的电场强度。如果 $\sum_{i=1}^{4}\rho_{Si}=0$ 结果又如何？

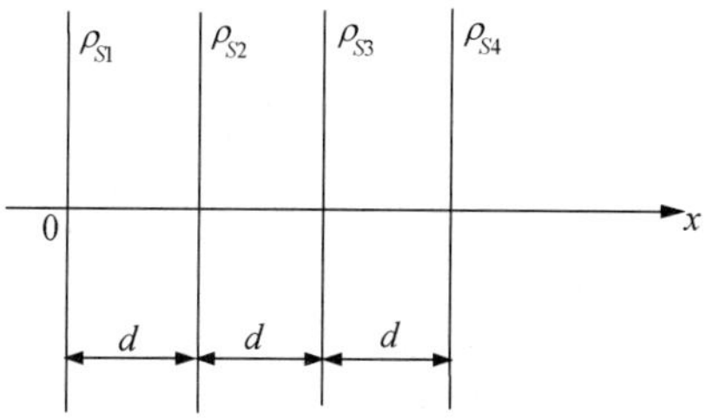

图 3-5　例题 3-8 图

【解】　解题思路：根据静电场的边界条件 $\boldsymbol{e}_n\cdot(\boldsymbol{D}_1-\boldsymbol{D}_2)=\rho_{Sf}$ 以及本构关系 $\boldsymbol{D}=\varepsilon\boldsymbol{E}$，可以得到 $\rho_{S1}=\boldsymbol{e}_n\cdot(\varepsilon_0\boldsymbol{E}_1-\varepsilon_0\boldsymbol{E}_2)$，在直角坐标系下（如图 3-6），可以求得各区域中的电场强度 $\boldsymbol{E}$。

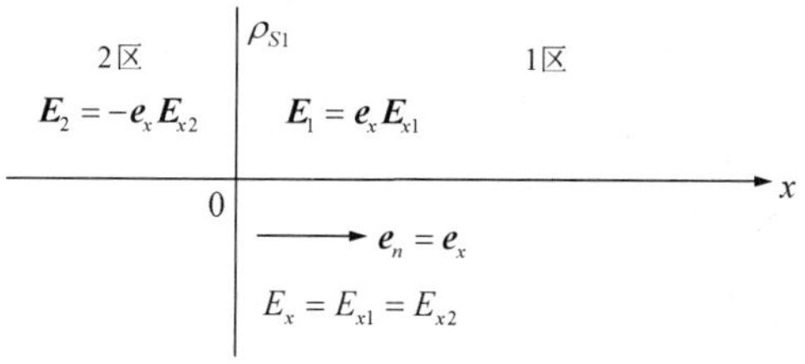

图 3-6　例题 3-8 解图

利用边界条件求 ρ_{S1} 产生的场：

$$\begin{aligned}\rho_{S1}&=\boldsymbol{e}_n\cdot(\varepsilon_0\boldsymbol{E}_1-\varepsilon_0\boldsymbol{E}_2)=\boldsymbol{e}_x\cdot[\boldsymbol{e}_x\varepsilon_0E_{x1}-(-\boldsymbol{e}_x)\varepsilon_0E_{x2}]\\&=2\varepsilon_0E_x\end{aligned}$$

$$E_x=\frac{\rho_{S1}}{2\varepsilon_0}$$

$$\Rightarrow \boldsymbol{E}_{\rho_{S1}}=\begin{cases}\boldsymbol{e}_x\dfrac{\rho_{S1}}{2\varepsilon_0} & x>0\\ -\boldsymbol{e}_x\dfrac{\rho_{S1}}{2\varepsilon_0} & x<0\end{cases}$$

同理,可求出 $\boldsymbol{E}_{\rho_{S2}}$, $\boldsymbol{E}_{\rho_{S3}}$, $\boldsymbol{E}_{\rho_{S4}}$:

$$\boldsymbol{E}_{\rho_{S2}}=\begin{cases}\boldsymbol{e}_x\dfrac{\rho_{S2}}{2\varepsilon_0} & x>d\\ -\boldsymbol{e}_x\dfrac{\rho_{S2}}{2\varepsilon_0} & x<d\end{cases}\quad \boldsymbol{E}_{\rho_{S3}}=\begin{cases}\boldsymbol{e}_x\dfrac{\rho_{S3}}{2\varepsilon_0} & x>2d\\ -\boldsymbol{e}_x\dfrac{\rho_{S3}}{2\varepsilon_0} & x<2d\end{cases}\quad \boldsymbol{E}_{\rho_{S4}}=\begin{cases}\boldsymbol{e}_x\dfrac{\rho_{S4}}{2\varepsilon_0} & x>3d\\ -\boldsymbol{e}_x\dfrac{\rho_{S4}}{2\varepsilon_0} & x<3d\end{cases}$$

合成场为:

$$\boldsymbol{E}_{\rho_{S2}}=\begin{cases}\boldsymbol{e}_x\dfrac{1}{2\varepsilon_0}(-\rho_{S1}-\rho_{S2}-\rho_{S3}-\rho_{S4}) & x<0\\ \boldsymbol{e}_x\dfrac{1}{2\varepsilon_0}(+\rho_{S1}-\rho_{S2}-\rho_{S3}-\rho_{S4}) & 0<x<d\\ \boldsymbol{e}_x\dfrac{1}{2\varepsilon_0}(+\rho_{S1}+\rho_{S2}-\rho_{S3}-\rho_{S4}) & d<x<2d\\ \boldsymbol{e}_x\dfrac{1}{2\varepsilon_0}(+\rho_{S1}+\rho_{S2}+\rho_{S3}-\rho_{S4}) & 2d<x<3d\\ \boldsymbol{e}_x\dfrac{1}{2\varepsilon_0}(+\rho_{S1}+\rho_{S2}+\rho_{S3}+\rho_{S4}) & x>3d\end{cases}$$

若 $\sum_{i=1}^{4}\rho_{Si}=0$, 则:

$$\boldsymbol{E}_{\rho_{S2}}=\begin{cases}\boldsymbol{e}_x\dfrac{\sum_{i=1}^{4}\rho_{Si}}{2\varepsilon_0}=0 & x<0\\ \boldsymbol{e}_x\dfrac{\rho_{S1}}{\varepsilon_0} & 0<x<d\\ \boldsymbol{e}_x\dfrac{\rho_{S1}+\rho_{S2}}{\varepsilon_0}=-\boldsymbol{e}_x\dfrac{\rho_{S3}+\rho_{S4}}{\varepsilon_0} & d<x<2d\\ \boldsymbol{e}_x\dfrac{-\rho_{S4}}{\varepsilon_0} & 2d<x<3d\\ -\boldsymbol{e}_x\dfrac{\sum_{i=1}^{4}\rho_{Si}}{2\varepsilon_0}=0 & x>3d\end{cases}$$

例题 3-9 同轴线的截面如图 3-7 所示，设外导体电位 $\varphi=0$，内导体电位 $\varphi=U_0$。试求：

(1) 内外导体间任一点的 $\boldsymbol{E}$ 和 φ；

(2) $\rho=b$ 处的面电荷密度。

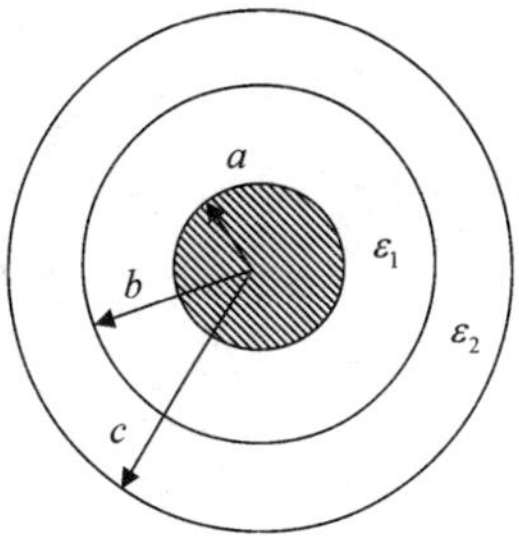

图 3-7 例题 3-9 图

【解】 解题思路：同轴线内单位导体电量为 ρ_1，用高斯定理求解，先求 $\boldsymbol{D}$，选用圆柱坐标系，同轴线的轴线 U_{PQ} 在 z 轴上，高斯面选同心的柱面。由本构关系 $\boldsymbol{D}=\varepsilon\boldsymbol{E}$，求得 $\boldsymbol{E}$。然后由两点之间的电位差 $U_{PQ}=\int_P^Q \boldsymbol{E}\cdot \mathrm{d}\boldsymbol{l}$，得到内外导体间任一点的电位 φ。根据静电场的边界条件 $\boldsymbol{e}_n\cdot(\boldsymbol{D}_1-\boldsymbol{D}_2)=\rho_{Sf}$ 以及本构关系 $\boldsymbol{D}=\varepsilon\boldsymbol{E}$，可以得到 $\rho_{S1}=\boldsymbol{e}_n\cdot(\varepsilon_0\boldsymbol{E}_1-\varepsilon_0\boldsymbol{E}_2)$。

(1)

$$\oiint_S \boldsymbol{D}\cdot \mathrm{d}\boldsymbol{S}=\iiint_V \rho \mathrm{d}V=\rho_l$$

$$\oiint_S D_\rho \boldsymbol{e}_\rho\cdot \mathrm{d}\boldsymbol{S}=\rho_l$$

$$2\pi\rho D_\rho=\rho_l \Rightarrow D_\rho=\frac{\rho_l}{2\pi\rho}\Rightarrow \boldsymbol{D}=\boldsymbol{e}_\rho \frac{\rho_l}{2\pi\rho}\Rightarrow \boldsymbol{E}=\begin{cases}\boldsymbol{e}_\rho \dfrac{\rho_l}{2\pi\varepsilon_1\rho} & (a<\rho<b)\\[2ex] \boldsymbol{e}_\rho \dfrac{\rho_l}{2\pi\varepsilon_2\rho} & (b<\rho<c)\end{cases}$$

$$\varphi(a)=-\int_{\rho=c}^{a}\boldsymbol{E}\cdot \mathrm{d}\boldsymbol{l}=U_0$$

$$-\int_{\rho=c}^{b}\boldsymbol{E}\cdot \mathrm{d}\boldsymbol{l}-\int_{\rho=b}^{a}\boldsymbol{E}\cdot \mathrm{d}\boldsymbol{l}=U_0$$

$$-\int_{\rho=c}^{b}\boldsymbol{e}_\rho \frac{\rho_l}{2\pi\varepsilon_2\rho}\cdot \boldsymbol{e}_\rho \mathrm{d}\rho-\int_{\rho=b}^{a}\boldsymbol{e}_\rho \frac{\rho_l}{2\pi\varepsilon_1\rho}\cdot \boldsymbol{e}_\rho \mathrm{d}\rho=U_0$$

$$-\int_{\rho=c}^{b}\frac{\rho_l}{2\pi\varepsilon_2\rho}\mathrm{d}\rho-\int_{\rho=b}^{a}\frac{\rho_l}{2\pi\varepsilon_1\rho}\mathrm{d}\rho=U_0$$

$$\frac{\rho_l}{2\pi\varepsilon_2}\ln\frac{c}{b}+\frac{\rho_l}{2\pi\varepsilon_1}\ln\frac{b}{a}=U_0$$

$$\rho_l=\frac{2\pi\varepsilon_1\varepsilon_2 U_0}{\varepsilon_1\ln\dfrac{c}{b}+\varepsilon_2\ln\dfrac{b}{a}}$$

$$\boldsymbol{E}=\begin{cases}\boldsymbol{e}_\rho \dfrac{\varepsilon_2 U_0}{\left(\varepsilon_1\ln\dfrac{c}{b}+\varepsilon_2\ln\dfrac{b}{a}\right)\rho} & (a<\rho<b)\\[4ex] \boldsymbol{e}_\rho \dfrac{\varepsilon_1 U_0}{\left(\varepsilon_1\ln\dfrac{c}{b}+\varepsilon_2\ln\dfrac{b}{a}\right)\rho} & (b<\rho<c)\end{cases}$$

$$\varphi_2=-\int_{\rho=c}^{\rho}\boldsymbol{E}\cdot d\boldsymbol{l}=-\int_{\rho=c}^{\rho}\boldsymbol{e}_\rho\frac{\varepsilon_1U_0}{\left(\varepsilon_1\ln\dfrac{c}{b}+\varepsilon_2\ln\dfrac{b}{a}\right)\rho}\cdot\boldsymbol{e}_\rho d\rho$$

$$=\frac{\varepsilon_1U_0}{\left(\varepsilon_1\ln\dfrac{c}{b}+\varepsilon_2\ln\dfrac{b}{a}\right)}\ln\frac{c}{\rho}\quad(b<\rho<c)$$

$$\varphi_1=-\int_{\rho=c}^{\rho}\boldsymbol{E}\cdot d\boldsymbol{l}=-\int_{\rho=c}^{b}\boldsymbol{e}_\rho\frac{\varepsilon_1U_0}{\left(\varepsilon_1\ln\dfrac{c}{b}+\varepsilon_2\ln\dfrac{b}{a}\right)\rho}\cdot\boldsymbol{e}_\rho d\rho-\int_{\rho=b}^{\rho}\boldsymbol{e}_\rho\frac{\varepsilon_2U_0}{\left(\varepsilon_1\ln\dfrac{c}{b}+\varepsilon_2\ln\dfrac{b}{a}\right)\rho}\cdot\boldsymbol{e}_\rho d\rho$$

$$=\frac{\varepsilon_1U_0}{\left(\varepsilon_1\ln\dfrac{c}{b}+\varepsilon_2\ln\dfrac{b}{a}\right)}\ln\frac{c}{b}+\frac{\varepsilon_2U_0}{\left(\varepsilon_1\ln\dfrac{c}{b}+\varepsilon_2\ln\dfrac{b}{a}\right)\rho}\ln\frac{b}{\rho}\quad(a<\rho<b)$$

(2)

$$\rho_{S(\text{bound})}\big|_{\rho=b}=\boldsymbol{e}_n\cdot(\varepsilon_0\boldsymbol{E}_1-\varepsilon_0\boldsymbol{E}_2)$$

$$=-\boldsymbol{e}_\rho\cdot\left[\varepsilon_0\boldsymbol{e}_\rho\frac{\varepsilon_2U_0}{\left(\varepsilon_1\ln\dfrac{c}{b}+\varepsilon_2\ln\dfrac{b}{a}\right)\rho}-\varepsilon_0\boldsymbol{e}_\rho\frac{\varepsilon_1U_0}{\left(\varepsilon_1\ln\dfrac{c}{b}+\varepsilon_2\ln\dfrac{b}{a}\right)\rho}\right]$$

$$=-\varepsilon_0\frac{\varepsilon_2U_0}{\left(\varepsilon_1\ln\dfrac{c}{b}+\varepsilon_2\ln\dfrac{b}{a}\right)\rho}+\varepsilon_0\frac{\varepsilon_1U_0}{\left(\varepsilon_1\ln\dfrac{c}{b}+\varepsilon_2\ln\dfrac{b}{a}\right)\rho}\Bigg|_{\rho=b}$$

$$=\frac{\varepsilon_0U_0(\varepsilon_1-\varepsilon_2)}{\left(\varepsilon_1\ln\dfrac{c}{b}+\varepsilon_2\ln\dfrac{b}{a}\right)b}(\text{C/m}^2)$$

例题 3-10 电场中有一个半径为 a 的圆柱体。已知圆柱内、外的电位函数 ϕ_1 和 ϕ_2（用圆柱坐标表示）分别是：$\phi_1=0\quad(\rho\leqslant a)$，$\phi_2=A\left(\rho-\dfrac{a^2}{\rho}\right)\cos\varphi\quad(\rho>a)$，$A$ 是常数。试求：

（1）圆柱表面的面电荷密度 ρ_{Sf}（C/m^2）；

（2）圆柱面内、外的电场强度 $\boldsymbol{E}_1$ 和 $\boldsymbol{E}_2$。

【解】 解题思路：根据静电场中在不同媒质分界面上，电位函数满足 $\rho_{sf}=\varepsilon_2\dfrac{\partial\phi_2}{\partial n}-\varepsilon_1\dfrac{\partial\phi_1}{\partial n}$ 的边界条件，可以得到圆柱表面的面电荷密度。通过电位函数与电场强度之间的关系 $\boldsymbol{E}=-\nabla\phi$，可以得到电场强度 $\boldsymbol{E}$。

（1）圆柱表面的面电荷密度 ρ_{Sf}

$$\rho_{Sf}\big|_{\rho=a}=\varepsilon_1\frac{\partial\phi_1}{\partial\rho}-\varepsilon_2\frac{\partial\phi_2}{\partial\rho}=-\varepsilon_2\frac{\partial}{\partial\rho}\left[A\left(\rho-\frac{a^2}{\rho}\right)\cos\varphi\right]$$

$$=-\varepsilon_2A\left(1+\frac{a^2}{\rho^2}\right)\cos\varphi\Big|_{\rho=a}=-2\varepsilon_2A\cos\varphi$$

(2) 圆柱面内、外的电场强度 $\boldsymbol{E}_1$ 和 $\boldsymbol{E}_2$

$$\boldsymbol{E}_1 = -\nabla\phi_1 = 0 \quad (\rho \leqslant a)$$

$$\boldsymbol{E}_2 = -\nabla\phi_2 = -\left(\boldsymbol{e}_\rho \frac{\partial}{\partial\rho} + \boldsymbol{e}_\varphi \frac{\partial}{\rho\partial\varphi} + \boldsymbol{e}_z \frac{\partial}{\partial z}\right)\left[A\left(\rho - \frac{a^2}{\rho}\right)\cos\varphi\right]$$

$$= -\boldsymbol{e}_\rho A\left(1 + \frac{a^2}{\rho^2}\right)\cos\varphi + \boldsymbol{e}_\varphi A\left(1 - \frac{a^2}{\rho^2}\right)\sin\varphi \quad (\rho \geqslant a)$$

例题 3-11　同心导体球壳，半径分别为 a 和 $b(b>a)$，在 $a<r<b(b>a)$ 中充满介电常数为 ε 的电介质。设外球电位为 0，内球电位为 U_0，由 $\nabla^2\varphi=0$ 求解内外球间的 φ 和 $\boldsymbol{E}$。

【解】　解题思路：采用球坐标系，根据静电场中电位的拉普拉斯方程 $\nabla^2\varphi=0$，求出内外球间的电位 φ，满足边界条件 $\varphi(a)=U_0$ 和 $\varphi(b)=0$，确定待定系数，得到电位 φ 的表达式，通过电位函数与电场强度之间的关系 $\boldsymbol{E}=-\nabla\phi$，可以得到电场强度 $\boldsymbol{E}$。

$$\nabla^2 = \frac{\partial}{r^2\partial r}\left(r^2\frac{\partial}{\partial r}\right) + \frac{1}{(r\sin\theta)^2}\left[\sin\theta\frac{\partial}{\partial\theta}\left(\sin\theta\frac{\partial}{\partial\theta}\right) + \frac{\partial^2}{\partial\varphi^2}\right]$$

$\varphi(r, \theta, \varphi)=\varphi(r)$，仅是 r 的函数。

$$\nabla^2\varphi = \frac{\mathrm{d}}{r^2\mathrm{d}r}\left(r^2\frac{\mathrm{d}}{\mathrm{d}r}\right)\varphi = 0$$

$$\left(r^2\frac{\mathrm{d}}{\mathrm{d}r}\right)\varphi = C_1$$

$$\frac{\mathrm{d}\varphi}{\mathrm{d}r} = \frac{C_1}{r^2}$$

$$\varphi = -\frac{C_1}{r} + C_2$$

利用边界条件求待定常数：

$$\varphi(a) = -\frac{C_1}{a} + C_2 = U_0$$

$$\varphi(b) = -\frac{C_1}{b} + C_2 = 0$$

$$\Rightarrow C_1 = \frac{U_0}{\left(\frac{1}{b} - \frac{1}{a}\right)} = \frac{abU_0}{(a-b)} \qquad C_2 = \frac{aU_0}{(a-b)}$$

$$\varphi = -\frac{1}{r}\frac{abU_0}{(a-b)} + \frac{aU_0}{(a-b)} = \frac{aU_0}{(a-b)}\left(1 - \frac{b}{r}\right)$$

$$\boldsymbol{E}_1 = -\nabla\varphi = -\frac{\partial}{\partial r}\varphi = \frac{aU_0}{(b-a)}\left(\frac{b}{r^2}\right)\boldsymbol{e}_r$$

例题 3-12 两平行传输线的直径 $d=3.26$ mm，两线的轴线之间的距离 $D=0.5$ m，架设在地面上空很高处，因而大地影响可以不考虑。试求传输线每千米长的电容。

【解】 解题思路：在工程应用中，常用的平行双导线属于双导体系统，由于传输线的长度远大于双导线之间的距离，所以它们建立的电场是平行平面场，与轴向参数无关，所以只需要计算传输线单位长度的电容（分布电容）。根据平行双导线电容的计算公式：

$$C_0=\frac{\pi\varepsilon_0}{\ln\frac{2D-d}{d}}\approx\frac{\pi\varepsilon_0}{\ln\frac{2D}{d}}\ (\text{F/m})$$

其中，ε_0 为真空中的介电常数 $\left(\frac{1}{36\pi}\times10^{-9}\ \text{F/m}\right)$，得：

$$C_0=\frac{\pi\frac{1}{36\pi}\times10^{-9}}{\ln\frac{1\,000-3.26}{3.26}}\approx0.004\,850\times10^{-9}(\text{F/m})$$

$$C_0=4.850\times10^{-9}(\text{F/km})=4.850\ (\text{pF/km})$$

例题 3-13 一同心球壳电容器，内壳半径 r_1，外壳半径 r_2，球壳间充满介电常数为 ε 的电介质。试求：

(1) 电容器的电容 C；

(2) 设 r_1 和 r_2 都很大，而且 $r_2-r_1=d$ 很小时，在同心球壳电容器的两极板上取一面积 A，由(1)的计算结果推导平行板电容器的电容公式。

【解】 解题思路：电容器的电容可以按如下步骤求解：

① 对于给定的几何形状，选取合适的坐标系；

② 假设两个导体的电荷分别为 $+Q$ 和 $-Q$；

③ 根据边界条件、高斯定理或其他关系，求解出用 Q 表示的电场强度 $\boldsymbol{E}$；

④ 从带 $-Q$ 的导体到带 $+Q$ 的导体对电场强度 $\boldsymbol{E}$ 进行线积分，从而求出电位差 U；

⑤ 计算比值 Q/U，最后得到 C。

(1) 用球坐标系。设内导体电量为 Q，则

$$\oint\!\!\!\oint_S \boldsymbol{D}\cdot\mathrm{d}\boldsymbol{S}=Q$$

$$\oint\!\!\!\oint_S \boldsymbol{D}\cdot\mathrm{d}\boldsymbol{S}=\int_{\theta=0}^{\pi}\int_{\varphi=0}^{2\pi}(\boldsymbol{e}_rD_r)\cdot(\boldsymbol{e}_rr^2\sin\theta\,\mathrm{d}\theta\,\mathrm{d}\varphi)=D_rr^2\int_{\theta=0}^{\pi}\int_{\varphi=0}^{2\pi}\sin\theta\,\mathrm{d}\theta\,\mathrm{d}\varphi=4\pi r^2D_r$$

$$D_r=\frac{Q}{4\pi r^2}\quad E_r=\frac{Q}{4\pi\varepsilon r^2}$$

$$U=-\int_{r_2}^{r_1}(\boldsymbol{e}_rE_r)\cdot(\boldsymbol{e}_r\mathrm{d}r)=-\int_{r_2}^{r_1}\frac{Q}{4\pi\varepsilon r^2}\mathrm{d}r=\frac{Q}{4\pi\varepsilon r_1}-\frac{Q}{4\pi\varepsilon r_2}$$

$$C=\frac{Q}{U}=\frac{Q}{\dfrac{Q}{4\pi\varepsilon r_1}-\dfrac{Q}{4\pi\varepsilon r_2}}=\frac{4\pi\varepsilon r_1 r_2}{r_2-r_1}$$

(2)

$$r_0 \doteq r_2 \doteq r$$

$$r_2-r_1=d$$

$$C=\frac{4\pi\varepsilon r_1 r_2}{r_2-r_1}\doteq\frac{4\pi\varepsilon rr}{d}=\frac{\varepsilon 4\pi r^2}{d}=\frac{\varepsilon A}{d}$$

这与平板电容公式一致。

例题 3-14　双层介质绝缘的同轴电缆如图 3-8 所示。设 $a=1.5$ mm，$b=3.5$ mm，$c=5$ mm，$\varepsilon_1=3\varepsilon_0$，$\varepsilon_2=6\varepsilon_0$。试求：

(1) 每千米长同轴电缆的电容；

(2) 若内外导体间加上 500 V 的电压,求每千米同轴电缆的储能。

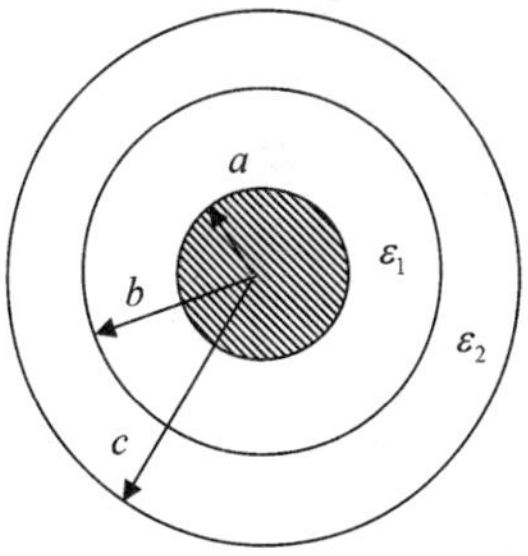

图 3-8　例题 3-14 图

【解】　解题思路：假设内外导体之间的电压为 U_0，先求出同轴电缆双层介质区域的电场强度 $\boldsymbol{E}_1$ 和 $\boldsymbol{E}_2$，再根据内外导体之间电位 $U_0=\int_a^b \boldsymbol{E}_1\cdot \mathrm{d}\boldsymbol{l}+\int_b^c \boldsymbol{E}_2\cdot \mathrm{d}\boldsymbol{l}$，得到电量和电压之间的关系，由两个导体之间电容的定义式 $C=Q/U$，可以得到电容。代入电场能量的表达式 $W=\frac{1}{2}CU^2$ 中即可得到储能。

设同轴电缆内每米导体电量为 ρ_l，则

$$\boldsymbol{E}_1=\boldsymbol{e}_\rho\frac{\rho_l}{2\pi\varepsilon_1\rho},\quad \boldsymbol{E}_2=\boldsymbol{e}_\rho\frac{\rho_l}{2\pi\varepsilon_2\rho}$$

$$U_0=\int_a^b \boldsymbol{E}_1\cdot \mathrm{d}\boldsymbol{l}+\int_b^c \boldsymbol{E}_2\cdot \mathrm{d}\boldsymbol{l}$$

$$\rho_l=\frac{U_0}{\dfrac{1}{2\pi\varepsilon_2}\ln\dfrac{c}{b}+\dfrac{1}{2\pi\varepsilon_1}\ln\dfrac{b}{a}}=\frac{2\pi\varepsilon_1\varepsilon_2 U_0}{\varepsilon_1\ln\dfrac{c}{b}+\varepsilon_2\ln\dfrac{b}{a}}$$

$$C_0=\frac{\rho_l}{U_0}=\frac{2\pi\varepsilon_1\varepsilon_2}{\varepsilon_1\ln\dfrac{c}{b}+\varepsilon_2\ln\dfrac{b}{a}}=\frac{2\pi\cdot 3\varepsilon_0\cdot 6\varepsilon_0}{3\varepsilon_0\ln\dfrac{5}{3.5}+6\varepsilon_0\ln\dfrac{3.5}{1.5}}=1.625\times 10^{-10}\,(\mathrm{F/m})$$

$$C=C_0\times 1\,000=1.625\times 10^{-7}\,(\mathrm{F/km})=1.625\times 10^{5}\,(\mathrm{pF/km})$$

$$W=\frac{1}{2}CU^2=\frac{1}{2}\times 1.625\times 10^{-7}\times 500^2=2.031\times 10^{-2}\,(\mathrm{J/km})$$

例题 3-15 如图 3-9 所示，同心导体球的内径为 a，外球壳的内、外半径分别为 b 和 c，内外球间被介电常数为 ε 的介质所充满。设球内带电荷 Q_1，外球壳带电荷 Q_2。试求：

(1) 求各区域中的电场能量密度及电场的总能量；

(2) 若用导线将内、外球连起来，(1)的结果又如何？

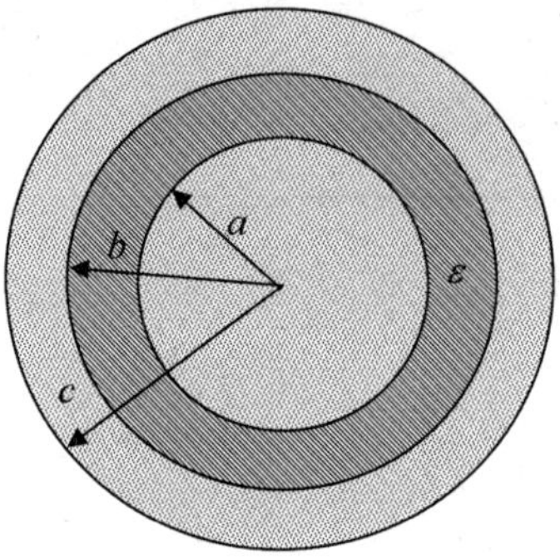

图 3-9 例题 3-15 图

【解】 解题思路：利用高斯定理，可以计算出各区域中的电场强度 $\boldsymbol{E}$，然后通过 $w_e=\dfrac{1}{2}\varepsilon|\boldsymbol{E}|^2$ 得到电场能量密度。

(1)

$$\boldsymbol{E}=\begin{cases}0 & r\leqslant a\\ \dfrac{Q_1}{4\pi\varepsilon r^2} & a<r\leqslant b\\ 0 & b<r\leqslant c\\ \dfrac{Q_1+Q_2}{4\pi\varepsilon_0 r^2} & r>c\end{cases}$$

$$w_e=\frac{1}{2}\varepsilon\ |\boldsymbol{E}|^2$$

$$w_e=\begin{cases}0 & r\leqslant a\\ \dfrac{Q_1^2}{32\pi^2\varepsilon r^4} & a<r\leqslant b\\ 0 & b<r\leqslant c\\ \dfrac{(Q_1+Q_2)^2}{32\pi^2\varepsilon_0 r^4} & r>c\end{cases}$$

$$\begin{aligned}W_e&=\int_{r=a}^{b}\int_{\varphi=0}^{2\pi}\int_{\theta=0}^{\pi}\frac{Q_1^2}{32\pi^2\varepsilon r^4}r^2\sin\theta\,\mathrm{d}r\,\mathrm{d}\theta\,\mathrm{d}\varphi+\int_{r=c}^{\infty}\int_{\varphi=0}^{2\pi}\int_{\theta=0}^{\pi}\frac{(Q_1+Q_2)^2}{32\pi^2\varepsilon_0 r^4}r^2\sin\theta\,\mathrm{d}r\,\mathrm{d}\theta\,\mathrm{d}\varphi\\ &=\int_{r=a}^{b}\frac{Q_1^2}{8\pi\varepsilon r^2}\mathrm{d}r+\int_{r=c}^{\infty}\frac{(Q_1+Q_2)^2}{8\pi\varepsilon_0 r^2}\mathrm{d}r\\ &=\frac{Q_1^2}{8\pi\varepsilon}\left(\frac{1}{a}-\frac{1}{b}\right)+\frac{(Q_1+Q_2)^2}{8\pi\varepsilon_0 c}\end{aligned}$$

(2)

$$w_e=\frac{1}{2}\varepsilon\ |\boldsymbol{E}|^2$$

$$w_e=\begin{cases}0 & r\leqslant c\\ \dfrac{(Q_1+Q_2)^2}{32\pi^2\varepsilon_0 r^4} & r>c\end{cases}$$

$$W_e = \int_{r=c}^{\infty}\int_{\varphi=0}^{2\pi}\int_{\theta=0}^{\pi} \frac{(Q_1+Q_2)^2}{32\pi^2\varepsilon_0 r^4} r^2 \sin\theta \, \mathrm{d}r \, \mathrm{d}\theta \, \mathrm{d}\varphi$$

$$= \int_{r=c}^{\infty} \frac{(Q_1+Q_2)^2}{8\pi\varepsilon_0 r^2} \mathrm{d}r$$

$$= \frac{(Q_1+Q_2)^2}{8\pi\varepsilon_0 c}$$

例题 3-16　双偶极子如图 3-10 所示。试证明远离双偶极子的点 $P(r,\theta,0)$ 上的电位表示式是 $\phi = \dfrac{qls\sin\theta\cos\theta}{2\pi\varepsilon r^4}$　$(r \gg l,\ r \gg s)$。

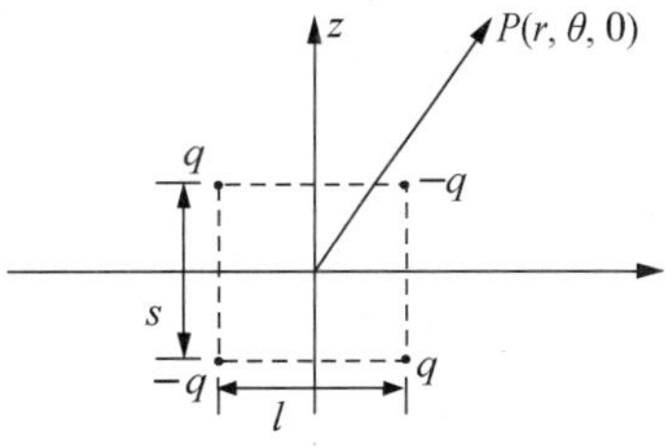

图 3-10　例题 3-16 图

【解】　解题思路：如图 3-11 和图 3-12 所示，根据电偶极子模型，在直角坐标系中，位于 z 轴上的电偶极子的电位是：$\phi_1 = \dfrac{\boldsymbol{p}\cdot\boldsymbol{e}_r}{4\pi\varepsilon r^2} = \dfrac{qs\cos\theta}{4\pi\varepsilon r^2}$，双偶极子可以等效为两个电偶极子，通过叠加原理，得到所要求的电位。

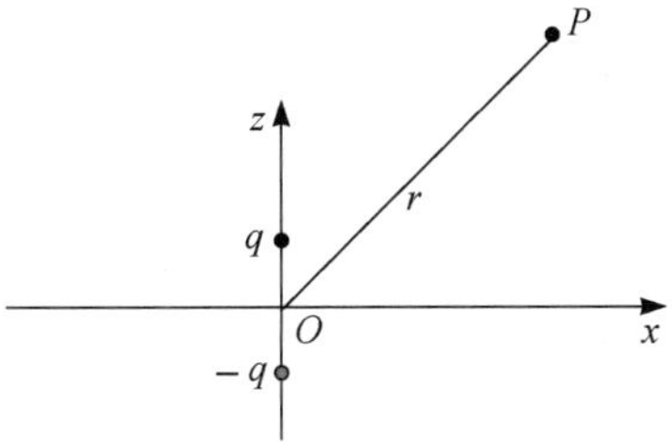

图 3-11　例题 3-16 解图(一)

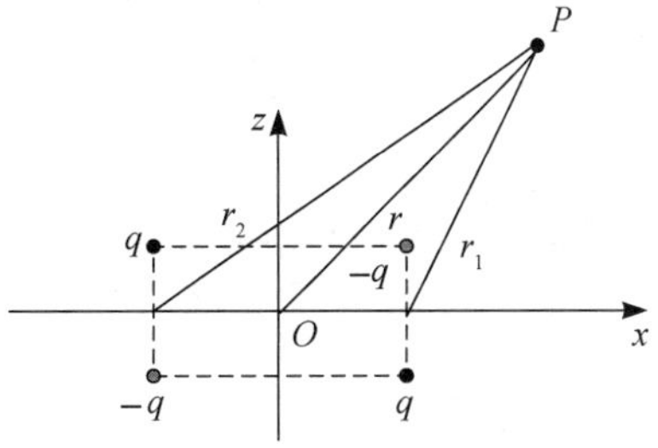

图 3-12　例题 3-16 解图(二)

双偶极子的电位为：

$$\phi = \frac{qs\cos\theta}{4\pi\varepsilon r_2^2} - \frac{qs\cos\theta}{4\pi\varepsilon r_1^2} \approx \frac{qs\cos\theta}{4\pi\varepsilon}\left(\frac{1}{r_2^2} - \frac{1}{r_1^2}\right)$$

$$\approx \frac{qs\cos\theta}{4\pi\varepsilon}\frac{r_1^2 - r_2^2}{r^4} \approx \frac{qs\cos\theta}{4\pi\varepsilon}\frac{2l\sin\theta}{r^4} = \frac{qls\sin\theta\cos\theta}{2\pi\varepsilon r^4}$$

例题 3-17　自由空间中，两根互相平行、相距为 d 的无限长带电细导线，其上均匀分布电荷分别为 ρ_l、$-\rho_l$，求空间任意一点的电场强度和电位分布。

【解】　解题思路：截面如图 3-13 所示，ρ_l 产生的电场以 ρ_l 所在位置为中心，呈放射状分布。可以通过高斯定理求解，以 ρ_l 为轴线做一柱面，半径为 R，长度为 L。

$$\oint\!\!\!\oint_S \boldsymbol{D}\cdot \mathrm{d}\boldsymbol{S} = \rho_l L$$

$$\oint\!\!\!\oint_S \boldsymbol{D}\cdot \mathrm{d}\boldsymbol{S} = \varepsilon_0 E 2\pi R L = \rho_l L$$

$$E=\frac{\rho_l}{2\pi\varepsilon_0 R}$$

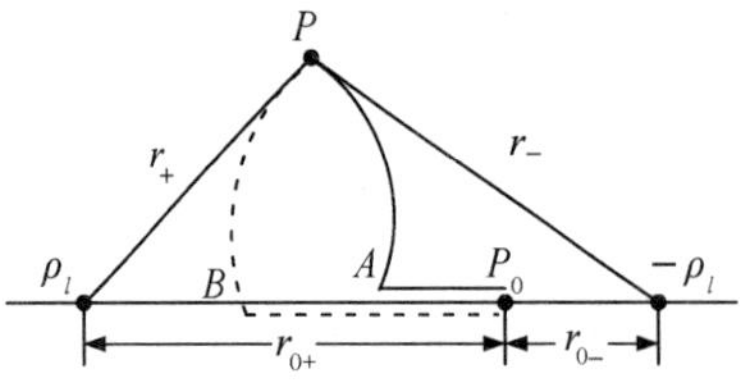

图 3-13　例题 3-17 解图(一)

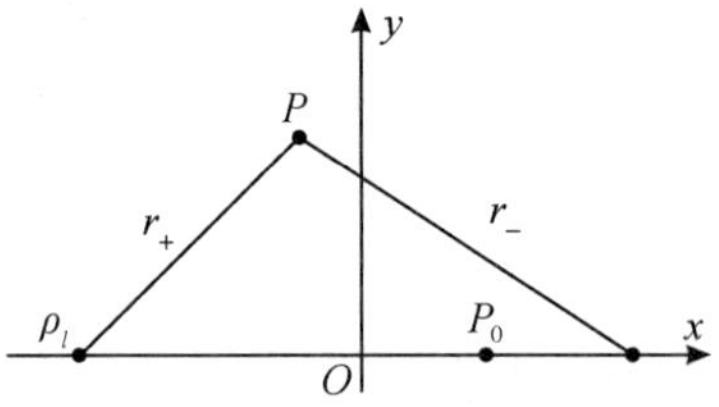

图 3-14　例题 3-17 解图(二)

以 P_0 为电位参考点，ρ_l 产生的电位是 ϕ_+，其积分路径是 PAP_0，其中 $\overset{\frown}{PA}$ 段积分路径与 ρ_l 产生的电场相垂直，积分结果是 0，所以

$$\phi_+=\int_A^{P_0}\boldsymbol{E}\cdot\mathrm{d}\boldsymbol{l}=\int_{r_+}^{r_{0+}}\frac{\rho_l}{2\pi\varepsilon_0 R}\mathrm{d}R=\frac{\rho_l}{2\pi\varepsilon_0}\ln\frac{r_{0+}}{r_+}$$

$-\rho_l$ 产生的电位是 ϕ_-，有：

$$\phi_-=\int_B^{P_0}\boldsymbol{E}\cdot\mathrm{d}\boldsymbol{l}=\int_{r_-}^{r_{0-}}\frac{-\rho_l}{2\pi\varepsilon_0 R}\mathrm{d}R=-\frac{\rho_l}{2\pi\varepsilon_0}\ln\frac{r_{0-}}{r_-}$$

P 点的电位是：$\phi=\phi_++\phi_-=\frac{\rho_l}{2\pi\varepsilon_0}\ln\frac{r_{0+}}{r_+}-\frac{\rho_l}{2\pi\varepsilon_0}\ln\frac{r_{0-}}{r_-}$

以两个线电荷中心为坐标原点，建立坐标系，如图 3-14 所示，并且以原点为电位参考点，可把电位改写为

$$\phi=\frac{\rho_l}{2\pi\varepsilon_0}\ln\frac{\sqrt{\left(\frac{d}{2}-x\right)^2+y^2}}{\sqrt{\left(\frac{d}{2}+x\right)^2+y^2}}$$

进而计算电场强度为

$$\boldsymbol{E}=-\nabla\phi=-\boldsymbol{e}_x\frac{\rho_l}{2\pi\varepsilon_0}\left[\frac{\frac{d}{2}-x}{\left(\frac{d}{2}-x\right)^2+y^2}+\frac{\frac{d}{2}+x}{\left(\frac{d}{2}+x\right)^2+y^2}\right]$$
$$+\boldsymbol{e}_y\frac{\rho_l}{2\pi\varepsilon_0}\left[\frac{y}{\left(\frac{d}{2}-x\right)^2+y^2}-\frac{y}{\left(\frac{d}{2}+x\right)^2+y^2}\right]$$

例题 3-18　设 $x<0$ 的区域为空气，$x>0$ 的区域为电介质，电介质的介电常数为 $2\varepsilon_0$。如果空气中的电场强度 $\boldsymbol{E}_1=4\boldsymbol{e}_x+5\boldsymbol{e}_y+6\boldsymbol{e}_z$(V/m)，求电介质中的电场强度 $\boldsymbol{E}_2$。

【解】　解题思路：根据边界条件，电场切向分量连续，所以 $E_{2y}=5$，$E_{2z}=6$。因为是理想介质，没有自由面电荷，电位移矢量法向分量连续，所以 $\varepsilon E_{2x}=\varepsilon_0 E_{1x}$

$$E_{2x}=\frac{1}{2}\times 4=2$$

$$\boldsymbol{E}_2=2\boldsymbol{e}_x+5\boldsymbol{e}_y+6\boldsymbol{e}_z\ (\mathrm{V/m})$$

例题 3-19　如图 3-15 所示，两根相距 d 的无限长直导线，通过的电流分别为 I，$-I$，试求：空间任一点的磁场强度、磁感应强度及矢量磁位。

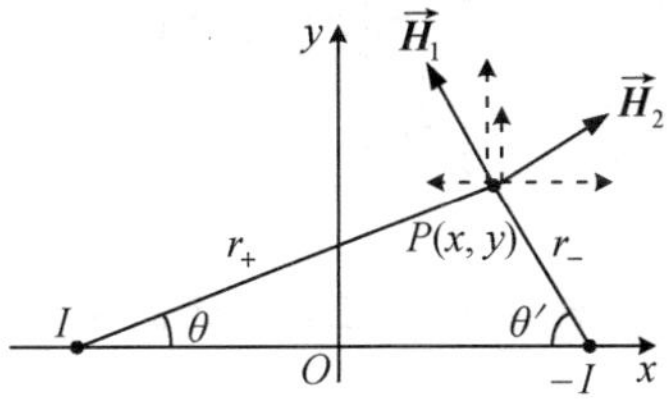

图 3-15　例题 3-19 图

【解】　解题思路：根据安培环路定律，左边单根导线在 P 点的磁场强度为 $\boldsymbol{H}_1$，有：

$$\oint_l \boldsymbol{H}_1\cdot \mathrm{d}\boldsymbol{l}=I$$

$$|\boldsymbol{H}_1|=\frac{I}{2\pi r_+}$$

其 x 分量、y 分量分别为：

$$H_{1x}=-\frac{I}{2\pi r_+}\sin\theta=-\frac{I}{2\pi r_+}\frac{y}{r_+}=-\frac{I}{2\pi}\frac{y}{r_+^2}$$

$$H_{1y}=\frac{I}{2\pi r_+}\cos\theta=\frac{I}{2\pi r_+}\frac{\frac{d}{2}+x}{r_+}=\frac{I}{2\pi}\frac{\frac{d}{2}+x}{r_+^2}$$

相应的右边单根导线产生的磁场强度的两个分量分别为：

$$H_{2x}=\frac{I}{2\pi r_-}\sin\theta'=\frac{I}{2\pi r_-}\frac{y}{r_-}=\frac{I}{2\pi}\frac{y}{r_-^2}$$

$$H_{2y}=\frac{I}{2\pi r_-}\cos\theta'=\frac{I}{2\pi r_-}\frac{\frac{d}{2}-x}{r_-}=\frac{I}{2\pi}\frac{\frac{d}{2}-x}{r_-^2}$$

所以，磁感应强度的 x，y 分量分别为：

$$B_x=\frac{\mu_0 I}{2\pi}\left[\frac{-y}{\left(x+\frac{d}{2}\right)^2+y^2}+\frac{y}{\left(x-\frac{d}{2}\right)^2+y^2}\right]$$

$$B_y = \frac{\mu_0 I}{2\pi}\left[\frac{\frac{d}{2}+x}{\left(x+\frac{d}{2}\right)^2+y^2}+\frac{\frac{d}{2}-x}{\left(x-\frac{d}{2}\right)^2+y^2}\right]$$

矢量磁位的计算：可以看出磁矢位只有 z 方向分量，而且与 z 值无关，即为平行平面场，计算 $z=0$ 位置处的磁矢位即可。

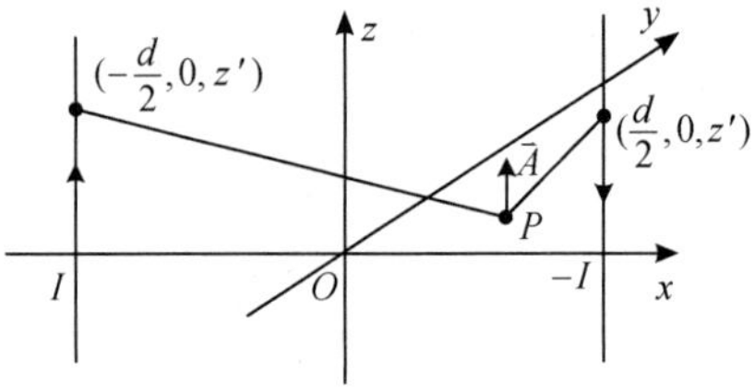

图 3-16　例题 3-19 解图

如图 3-16 所示，在左右两个电流上取对称的两个电流单元，在 $P(x,\ y,\ 0)$ 点产生的磁矢位是：

$$\mathrm{d}\boldsymbol{A} = \boldsymbol{e}_z\frac{\mu_0}{4\pi}\left[\frac{I\mathrm{d}z'}{\sqrt{\left(\frac{d}{2}+x\right)^2+y^2+z'^2}}-\frac{I\mathrm{d}z'}{\sqrt{\left(x-\frac{d}{2}\right)^2+y^2+z'^2}}\right]$$

$$\boldsymbol{A} = \int_{-\infty}^{\infty}\mathrm{d}\boldsymbol{A} = 2\int_{-\infty}^{\infty}\mathrm{d}\boldsymbol{A} = \frac{\boldsymbol{e}_z\mu_0 I}{2\pi}\int_0^{\infty}\left[\frac{\mathrm{d}z}{\sqrt{\left(x+\frac{d}{2}\right)^2+y^2+z'^2}}-\frac{\mathrm{d}z}{\sqrt{\left(x-\frac{d}{2}\right)^2+y^2+z'^2}}\right]$$

$$= \frac{\boldsymbol{e}_z\mu_0 I}{2\pi}\left[\ln\left(z'+\sqrt{\left(x+\frac{d}{2}\right)^2+y^2+z'^2}\right)-\ln\left(z'+\sqrt{\left(x-\frac{d}{2}\right)^2+y^2+z'^2}\right)\right]\Bigg|_0^{\infty}$$

$$= \frac{\boldsymbol{e}_z\mu_0 I}{4\pi}\ln\frac{\left(x-\frac{d}{2}\right)^2+y^2}{\left(x+\frac{d}{2}\right)^2+y^2}$$

例题 3-20　如图 3-17 所示，无限长圆柱导体内部开有一个不同轴的圆柱形空腔，导体中通过的电流 $I=10$ A，求各部分的磁感应强度。

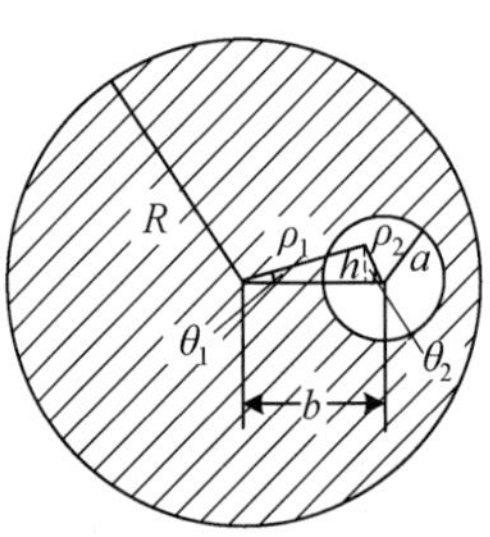

图 3-17　例题 3-20 图

【解】　解题思路：导体部分的电流密度是 $J=\dfrac{I}{\pi(R^2-a^2)}$，假设空腔内有两个电流：一个是 J，一个是 $-J$。这样空间任意一点的磁场就是一个电流密度是 J 的大圆柱产生的磁场强度 $\boldsymbol{H}_1$ 和电流密度是 $-J$ 的小圆柱产生的磁场 $\boldsymbol{H}_2$ 的和。

根据安培环路定律，有：

$$\oint \boldsymbol{H}_1 \cdot \mathrm{d}\boldsymbol{l} = 2\pi\rho_1 \boldsymbol{H}_1 = J\pi\rho_1^2$$

所以：

$$H_1 = \begin{cases} \dfrac{J\rho_1}{2} & (\rho_1 \leqslant R) \\ \dfrac{JR}{2} & (\rho_1 > R) \end{cases}$$

同理，

$$H_2 = \begin{cases} \dfrac{J\rho_2}{2} & (\rho_2 \leqslant a) \\ \dfrac{Ja}{2} & (\rho_2 > a) \end{cases}$$

在空腔内磁感应强度为：

$$\begin{aligned} \boldsymbol{B} &= \boldsymbol{B}_1 + \boldsymbol{B}_2 = \boldsymbol{e}_x (B_{2x} - B_{1x}) + \boldsymbol{e}_y (B_{1y} + B_{2y}) \\ &= \boldsymbol{e}_x \frac{\mu_0 J}{2}\left(\rho_2 \frac{h}{\rho_2} - \rho_1 \frac{h}{\rho_1}\right) + \boldsymbol{e}_y \frac{\mu_0 J}{2}\left(\rho_1 \frac{x_1}{\rho_1} + \rho_2 \frac{x_2}{\rho_2}\right) \\ &= \boldsymbol{e}_y \frac{\mu_0 J}{2} b \\ &= \boldsymbol{e}_y \frac{10\mu_0}{2\pi(R^2 - a^2)} \quad (\mathrm{T}) \end{aligned}$$

例题 3-21　球形电容器内、外极板的半径分别为 a、b，其间媒质的电导率为 σ。当外加电压为 U_0 时，求功率损耗并计算电阻。

【解】　解题思路：先求电阻，可采用积分法，由于球形电容器具有对称关系，也可以假设内极板通过媒质到外极板的电流为 I，依次利用以下公式求解：$J_f = \dfrac{I}{S}$，$E = \dfrac{J_f}{\sigma}$，$U = \int_l \boldsymbol{E} \cdot \mathrm{d}\boldsymbol{l}$，$R = \dfrac{U}{I}$。最后利用焦耳定律求出功率损耗。

解法一：积分法

$$R = \int \frac{\mathrm{d}l}{\sigma S} = \int_a^b \frac{\mathrm{d}r}{\sigma 4\pi r^2} = -\frac{1}{\sigma 4\pi} \frac{1}{r}\bigg|_{r=a}^{b} = \frac{1}{4\pi\sigma}\left(\frac{1}{a} - \frac{1}{b}\right) \ (\Omega)$$

解法二：假设从内向外的传导电流为 I，则传导电流密度为

$$\boldsymbol{J}_f = \frac{I}{4\pi r^2}\boldsymbol{e}_r, \quad \boldsymbol{E} = \frac{I}{4\pi r^2 \sigma}\boldsymbol{e}_r$$

$$U_0 = \int_a^b \boldsymbol{E} \cdot \mathrm{d}\boldsymbol{l} = \int_a^b \frac{I}{\sigma 4\pi r^2}\boldsymbol{e}_r \cdot \boldsymbol{e}_r \mathrm{d}r = -\frac{I}{\sigma 4\pi}\frac{1}{r}\bigg|_{r=a}^{b} = \frac{I}{4\pi\sigma}\left(\frac{1}{a} - \frac{1}{b}\right)$$

$$R=\frac{U_0}{I}=\frac{1}{4\pi\sigma}\left(\frac{1}{a}-\frac{1}{b}\right)\ (\Omega)$$

由于漏电导所引起的功率损耗，利用焦耳定律计算：

$$P=\frac{U_0^2}{R}=4\pi\sigma U_0^2\left(\frac{ab}{b-a}\right)\ (\mathrm{W})$$

例题 3-22 一个 z 方向的无限长电流，其分布为 $\boldsymbol{J}_z=r^2+4r\ (r\leqslant a)$。求磁感应强度 $\boldsymbol{B}$。

【解】 解题思路：采用圆柱坐标系，利用安培环路定律求其磁感应强度 $\boldsymbol{B}$。

$$\oint_l \boldsymbol{H}\cdot \mathrm{d}\boldsymbol{l}=\iint_S \boldsymbol{J}_f\cdot \mathrm{d}\boldsymbol{S}$$

$$2\pi r H_\varphi=I_{\text{总}}$$

$$B_\varphi=\mu_0\frac{I_{\text{总}}}{2\pi r}$$

当 $r\leqslant a$ 时

$$I_{\text{总}}=\iint_S \boldsymbol{J}_f\cdot \mathrm{d}\boldsymbol{S}=\int_{r=0}^{r}\int_{\varphi=0}^{2\pi}(r^2+4r)r\,\mathrm{d}r\,\mathrm{d}\varphi=2\pi\int_{r=0}^{r}(r^3+4r^2)\mathrm{d}r=2\pi\left(\frac{r^4}{4}+\frac{4r^3}{3}\right)$$

当 $r>a$ 时

$$I_{\text{总}}=2\pi\left(\frac{a^4}{4}+\frac{4a^3}{3}\right)$$

$$\boldsymbol{B}=B_\varphi\boldsymbol{e}_\varphi$$

$$B_\varphi=\mu_0\frac{I_{\text{总}}}{2\pi r}=\begin{cases}\mu_0\left(\dfrac{r^3}{4}+\dfrac{4r^2}{3}\right) & r\leqslant a\\[2ex] \dfrac{\mu_0}{r}\left(\dfrac{a^4}{4}+\dfrac{4a^3}{3}\right) & r>a\end{cases}$$

例题 3-23 如图 3-18 所示，在内导体半径为 a、外导体半径为 b 的同轴线内外导体之间加有交流电压 $u=U_0\sin\omega t$（ω 较小）。内外导体中分别有大小相等、方向相反的交流电流 $I=I_0\sin(\omega t+\phi_0)$。试求：

（1）同轴线内外导体之间的电场强度、磁场强度；

（2）能流密度的瞬时值和平均值，以及总的传输功率。

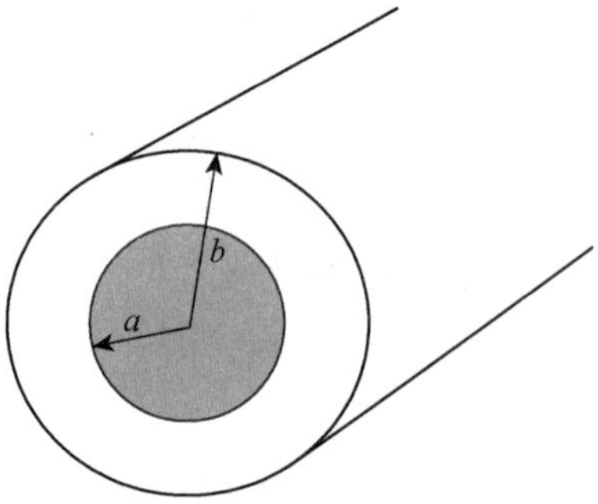

图 3-18 例题 3-23 图

【解】 解题思路：

① 电磁场纵向分布相同，所以可以取一单位长度同轴线分析。

② 由于结构上的对称性，电磁场的分布也具有对

称性，以同轴线中心轴为 z 轴建立圆柱坐标系，电磁场的分布与 φ 角无关。

③ 电荷分布在导体表面，且沿圆周均匀分布。

(1) 假设内导体外表面上分布的面电荷密度为 ρ_S，根据高斯定律 $\oiint_S \boldsymbol{D} \cdot \mathrm{d}\boldsymbol{S} = q$，取以中心轴为轴的圆柱面。

$$D_\rho \cdot 2\pi\rho \cdot 1 = q$$

$$D_\rho = \frac{q}{2\pi\rho}, \quad E_\rho = \frac{q}{2\pi\varepsilon\rho}$$

$$\int_l \boldsymbol{E} \cdot \mathrm{d}\boldsymbol{l} = u$$

$$\int_a^b E_\rho \mathrm{d}\rho = u$$

$$\frac{q}{2\pi\varepsilon}\ln\frac{b}{a} = U_0 \sin\omega t$$

$$q = \frac{2\pi\varepsilon U_0 \sin\omega t}{\ln\frac{b}{a}}$$

$$E_\rho = \frac{2\pi\varepsilon U_0 \sin\omega t}{\ln\frac{b}{a}} \cdot \frac{1}{2\pi\varepsilon\rho} = \frac{U_0 \sin\omega t}{\rho\ln\frac{b}{a}}$$

$$\boldsymbol{E} = \boldsymbol{e}_\rho \frac{U_0 \sin\omega t}{\rho\ln\frac{b}{a}}$$

(2) 利用安培环路定律

$$\oint_l \boldsymbol{H} \cdot \mathrm{d}\boldsymbol{l} = I, \quad H_\varphi \cdot 2\pi\rho = I$$

$$H_\varphi = \frac{I_0 \sin(\omega t + \phi_0)}{2\pi\rho}$$

$$\boldsymbol{H} = \boldsymbol{e}_\varphi \frac{I_0 \sin(\omega t + \phi_0)}{2\pi\rho}$$

$$\boldsymbol{p} = \boldsymbol{E} \times \boldsymbol{H} = \boldsymbol{e}_z \frac{U_0 I_0}{4\pi\rho^2 \ln\frac{b}{a}}[\cos\phi_0 - \cos(2\omega t + \phi_0)]$$

$$\dot{\boldsymbol{E}} = \boldsymbol{e}_\rho \frac{U_0 \mathrm{e}^{-\mathrm{j}\frac{\pi}{2}}}{\rho\ln\frac{b}{a}} \quad \dot{\boldsymbol{H}} = \boldsymbol{e}_\varphi \frac{I_0 \mathrm{e}^{\mathrm{j}\phi_0 - \mathrm{j}\frac{\pi}{2}}}{2\pi\rho}$$

则 $\boldsymbol{p}_{\mathrm{av}} = \frac{1}{2}\mathrm{Re}[\dot{\boldsymbol{E}} \times \dot{\boldsymbol{H}}^*] = \boldsymbol{e}_z \frac{U_0 I_0 \cos\phi_0}{4\pi\rho^2 \ln\frac{b}{a}}$

同轴线所传输的总功率 P，为平均坡印廷矢量在其截面上的积分，即

$$P=\iint_S \boldsymbol{p}_{av}\cdot \boldsymbol{e}_z \mathrm{d}S=\iint_S \frac{U_0 I_0\cos\phi_0}{4\pi\rho^2\ln\dfrac{b}{a}}\mathrm{d}s=\int_a^b \frac{U_0 I_0\cos\phi_0}{4\pi\rho^2\ln\dfrac{b}{a}}\cdot 2\pi\rho\,\mathrm{d}\rho=\frac{1}{2}U_0 I_0\cos\phi_0$$

例题 3-24 求一个半径为 b，体电荷密度为 ρ_f 的均匀电荷球的电场能量。

【解】 解题思路：首先建立如图 3-19 所示的球坐标系，假设电荷球外部和内部的电位函数分别为 ϕ_1 和 ϕ_2。根据题意，由于电荷球的电荷分布是球对称的，因此我们可以采用高斯定理来求电场强度 $\boldsymbol{E}_1$ 和 $\boldsymbol{E}_2$，然后再进行径向的线积分求解 ϕ_1 和 ϕ_2。

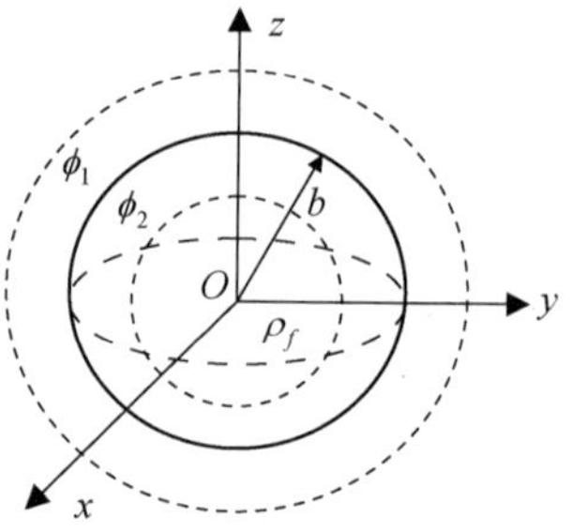

图 3-19 例题 3-24 图

在电荷球区域内外的电场强度，根据高斯定律可分别表示为：

$$\boldsymbol{E}_1=\boldsymbol{e}_r\frac{\rho_f b^3}{3\varepsilon_0 r^2}\quad (r>b)$$

$$\boldsymbol{E}_2=\boldsymbol{e}_r\frac{\rho_f}{3\varepsilon_0}r\quad (0\leqslant r\leqslant b)$$

解法一：应用电位函数求解。

电荷球内部的电位函数可表示为：

$$\begin{aligned}\phi_2&=-\left[\int_\infty^b \boldsymbol{E}_1\cdot \mathrm{d}\boldsymbol{l}+\int_b^r \boldsymbol{E}_2\cdot \mathrm{d}\boldsymbol{l}\right]\\&=-\left[\int_\infty^b \frac{\rho_f b^3}{3\varepsilon_0 r^2}\mathrm{d}r+\int_b^r \frac{\rho_f r}{3\varepsilon_0}\mathrm{d}r\right]\\&=\frac{\rho_f}{3\varepsilon_0}\left(\frac{3}{2}b^2-\frac{1}{2}r^2\right)\end{aligned}$$

可得：

$$W_e=\frac{1}{2}\iiint_{V'}\rho_f\phi_2\mathrm{d}V'=\frac{\rho_f}{2}\int_0^b \frac{\rho_f}{3\varepsilon_0}\left(\frac{3}{2}b^2-\frac{1}{2}r^2\right)4\pi r^2\mathrm{d}r=\frac{4\pi\rho_f^2 b^5}{15\varepsilon_0}$$

解法二：应用场量求解。

假设存储在球内外的能量分别为 W_{e2} 和 W_{e1}：

$$W_{e2}=\frac{1}{2}\iiint_V \varepsilon_0 E_2^2\mathrm{d}V=\frac{1}{2}\int_0^b \varepsilon_0\left(\frac{\rho_f}{3\varepsilon_0}r\right)^2 4\pi r^2\mathrm{d}r=\frac{2\pi\rho_f^2 b^5}{45\varepsilon_0}$$

$$W_{e1}=\frac{1}{2}\iiint_V \varepsilon_0 E_1^2\mathrm{d}V=\frac{1}{2}\int_b^\infty \varepsilon_0\left(\frac{\rho_f b^3}{3\varepsilon_0 r^2}\right)^2 4\pi r^2\mathrm{d}r=\frac{2\pi\rho_f^2 b^5}{9\varepsilon_0}$$

所以，球内外的总静电能量为：

$$W_e = W_{e1} + W_{e2} = \frac{4\pi\rho_f^2 b^5}{15\varepsilon_0}$$

例题 3-25　一扇形电阻片的电导率为 σ，厚度为 d，如图 3-20 所示。试求：

(1) 沿厚度方向的电阻；

(2) 两圆弧间的电阻。

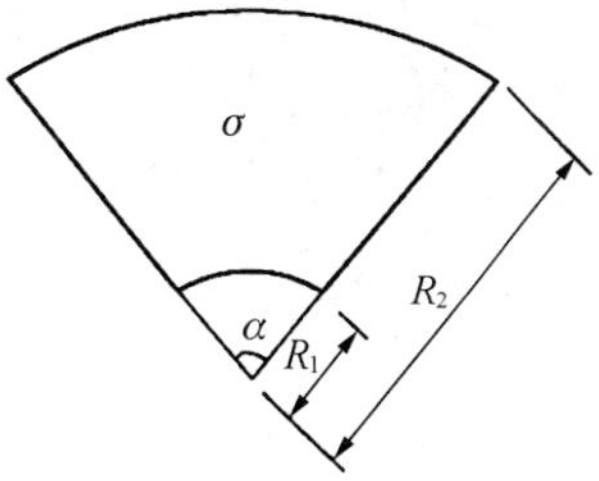

图 3-20　例题 3-25 图

【解】 解题思路：求电阻的三种方法：

① 积分法

根据电阻的定义：$R = \int_l \frac{\mathrm{d}l}{\sigma S}$

其中，$\mathrm{d}l$ 为沿电流方向的长度元，S 为长度元上垂直电流方向的面积，S 可能为变量。

② 计算法

利用公式 $R = \frac{U}{I}$ 对于平行板电容器、同轴线、同心球等形状规则的问题，求解过程如下：

假设电流强度为 I，$J_f = \frac{I}{S} \Rightarrow E = \frac{J_f}{\sigma} \Rightarrow U = \int_l \boldsymbol{E} \cdot \mathrm{d}\boldsymbol{l} \Rightarrow R = \frac{U}{I}$

假设电压差为 U，$U = \int_l \boldsymbol{E} \cdot \mathrm{d}\boldsymbol{l} \Rightarrow \boldsymbol{J}_f = \sigma \boldsymbol{E} \Rightarrow I = \iint_S \boldsymbol{J}_f \cdot \mathrm{d}\boldsymbol{S} \Rightarrow R = \frac{U}{I}$

③ 静电比拟法

通过求解相同结构的电容，利用静电比拟法，$R = \frac{1}{G} = \frac{\varepsilon}{C\sigma}$

(1) 假设厚度方向两极板间电压为 U

$$\int_0^d \boldsymbol{E} \cdot \mathrm{d}\boldsymbol{l} = U$$

$$E = \frac{U}{d}$$

$$J_f = \sigma E = \frac{\sigma U}{d}$$

$$I = \iint_S \boldsymbol{J}_f \cdot \mathrm{d}\boldsymbol{S} = \frac{\sigma U}{d} S$$

$$S = \frac{1}{2} R_2 (R_2 \alpha) - \frac{1}{2} R_1 (R_1 \alpha) = \frac{1}{2} \alpha (R_2^2 - R_1^2)$$

$$I = \frac{\sigma U}{d} \cdot \frac{1}{2} \alpha (R_2^2 - R_1^2)$$

$$R = \frac{U}{I} = \frac{2d}{\sigma\alpha (R_2^2 - R_1^2)}$$

(2) $$R=\int_l \frac{\mathrm{d}l}{\sigma S}=\int_{R_1}^{R_2}\frac{\mathrm{d}R}{\sigma R\alpha d}=\frac{1}{\sigma\alpha d}\ln\frac{R_2}{R_1}$$

例题 3-26 如图 3-21 所示,当接地器埋藏不深时,可近似用半球形接地器代替半径为 a 的球形导体,求接地器的接地电阻。

【解】 解题思路:接地电阻是指接地器在无穷远处的大地电阻,因为当远离电极处,电流通过的面积很大,而接地时附近流过的面积很小,所以接地器电阻主要在接地球附近。图中半球的电导为均匀导体球电导的一半。

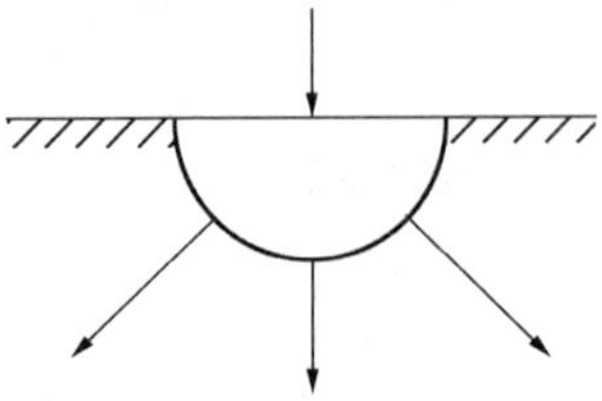

图 3-21 例题 3-26 图

$$C=\frac{\oint_S \varepsilon \boldsymbol{E}\cdot \mathrm{d}\boldsymbol{S}}{-\int_{\infty}^{a}\boldsymbol{E}\cdot \mathrm{d}\boldsymbol{l}}=\frac{\varepsilon \dfrac{q}{4\pi\varepsilon_0 a^2}2\pi a^2}{-\dfrac{q}{4\pi\varepsilon_0}\left(-\dfrac{1}{r}\right)\Big|_{\infty}^{a}}=2\pi\varepsilon a$$

$$R=\frac{\varepsilon}{\sigma}\frac{1}{C}=\frac{1}{2\pi\sigma a}\ (\Omega)$$

对于埋地较深的球,其接地电阻是上述半球的一半。

例题 3-27 如图 3-22 所示,一半径为 a 的无限长圆柱形导体内的电流密度 $\boldsymbol{J}_f=\boldsymbol{e}_z J_0\rho$,($\rho$ 为柱坐标变量,J_0 为常数),设圆柱内、外的磁导率都是 μ_0,试应用安培环路定律计算圆柱内、外任一点的磁感应强度矢量 $\boldsymbol{B}$。

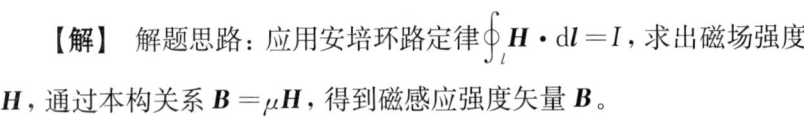

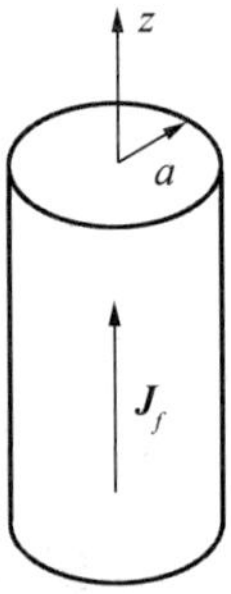

图 3-22 例题 3-27 图

【解】 解题思路:应用安培环路定律 $\oint_l \boldsymbol{H}\cdot \mathrm{d}\boldsymbol{l}=I$,求出磁场强度 $\boldsymbol{H}$,通过本构关系 $\boldsymbol{B}=\mu\boldsymbol{H}$,得到磁感应强度矢量 $\boldsymbol{B}$。

(1) 当 $\rho\leqslant a$ 时,

$$\oint_l \boldsymbol{H}\cdot \mathrm{d}\boldsymbol{l}=I=\iint_S \boldsymbol{J}_f\cdot \mathrm{d}\boldsymbol{S}=\int_0^{\rho}J_0\rho\cdot 2\pi\rho\,\mathrm{d}\rho=\frac{2}{3}\pi J_0\rho^3$$

$\boldsymbol{H}$ 具有轴对称性,$\boldsymbol{H}$ 与 $\mathrm{d}\boldsymbol{l}$ 同向,且在同一圆周上大小相等。

$$H\cdot 2\pi\rho=\frac{2}{3}\pi J_0\rho^3$$

$$H=\frac{1}{3}J_0\rho^2$$

$$\boldsymbol{H}=\frac{1}{3}J_0\rho^2\boldsymbol{e}_{\varphi}$$

$$\boldsymbol{B}=\mu\boldsymbol{H}=\frac{\mu_0}{3}J_0\rho^2\boldsymbol{e}_{\varphi}$$

(2) 当 $\rho>a$ 时,

$$\oint_l \boldsymbol{H}\cdot \mathrm{d}\boldsymbol{l}=I=\int_0^a J_0\rho\cdot 2\pi\rho\,\mathrm{d}\rho=\frac{2}{3}\pi J_0 a^3$$

$$H\cdot 2\pi\rho=\frac{2}{3}\pi J_0 a^3$$

$$H=\frac{1}{3}J_0\frac{a^3}{\rho}$$

$$\boldsymbol{B}=\mu\boldsymbol{H}=\frac{\mu_0}{3\rho}J_0 a^3\boldsymbol{e}_\varphi$$

例题 3-28　如图 3-23 所示，两根平行导线的直径均为 d，两导线的轴线间距离是 D，导线和周围空间媒质的磁导率都是 μ_0，在 $d\ll D$ 的条件下，求两导线单位长度的总自感。

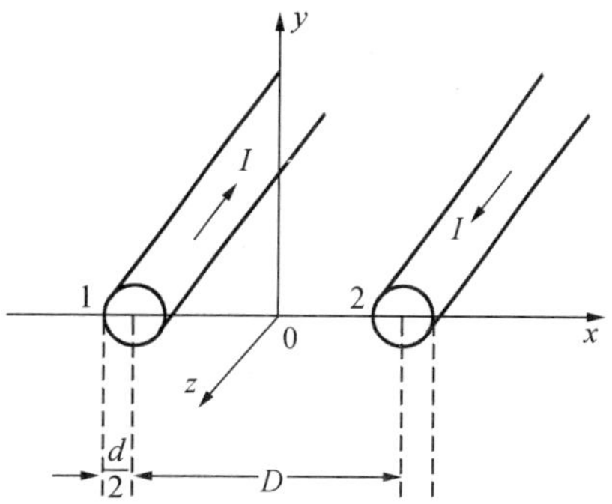

图 3-23　例题 3-28 图

【解】　解题思路：总自感 $L=L_i+L_o$，其中，内自感 $L_i=L_{i1}+L_{i2}$，外自感 $L_o=\dfrac{\Psi_o}{I}$。

(1) 计算 L_i

设平行双导线中通有电流 I，因为 $d\ll D$，两导线中的电流无相互影响，可看成电流均匀分布在导体截面。

利用安培环路定律 $\oint_l \boldsymbol{H}\cdot\mathrm{d}\boldsymbol{l}=I$，由对称性，在导线内部：

$$H\cdot 2\pi\rho=\frac{\pi\rho^2}{\pi a^2}I=\frac{\pi\rho^2}{\pi\dfrac{d^2}{4}}I=\frac{4\rho^2}{d^2}I$$

$$H=\frac{2\rho I}{\pi d^2}$$

$$B=\frac{2\mu_0 I\rho}{\pi d^2}$$

$$\mathrm{d}\phi=B\mathrm{d}S=B\mathrm{d}\rho=\frac{2\mu_0 I\rho}{\pi d^2}\mathrm{d}\rho$$

$$\mathrm{d}\Psi=\frac{4\rho^2}{d^2}\mathrm{d}\phi=\frac{8\mu_0 I\rho^3}{\pi d^4}\mathrm{d}\rho$$

$$\Psi=\int_0^{\frac{d}{2}}\frac{8\mu_0 I\rho^3}{\pi d^4}\mathrm{d}\rho=\frac{\mu_0 I}{8\pi}$$

导线 1 单位长度的内自感为 $L_{i1}=\dfrac{\Psi}{I}=\dfrac{\mu_0}{8\pi}$(H/m)

同理，导线 2 单位长度的内自感为 $L_{i2}=\dfrac{\mu_0}{8\pi}(\mathrm{H/m})$

$$L_i=L_{i1}+L_{i2}=\frac{\mu_0}{4\pi}(\mathrm{H/m})$$

(2) 计算 L_o

在计算外自感 L_o 时，设电流集中在两导线的轴线上，在单位长度平行双导线构成平面上的任一点，利用安培环路定律，可求出其磁感应强度 $\boldsymbol{B}=\boldsymbol{B}_1+\boldsymbol{B}_2$。

$$\oint_{l_1}\boldsymbol{H}_1\cdot \mathrm{d}\boldsymbol{l}_1=I$$

$$H_1=\frac{I}{2\pi\rho_1}$$

$$\oint_{l_2}\boldsymbol{H}_2\cdot \mathrm{d}\boldsymbol{l}_2=I$$

$$H_2=\frac{I}{2\pi\rho_2}$$

而 $\rho_1+\rho_2=D$

$$B=\frac{\mu_0 I}{2\pi\rho}+\frac{\mu_0 I}{2\pi(D-\rho)}=\frac{\mu_0 I}{2\pi}\frac{D}{\rho(D-\rho)}$$

$$\mathrm{d}\phi=B\mathrm{d}S=\frac{\mu_0 I}{2\pi}\frac{D}{\rho(D-\rho)}\mathrm{d}\rho$$

$$\mathrm{d}\Psi=\mathrm{d}\phi$$

$$\begin{aligned}\Psi&=\int_{\frac{d}{2}}^{D-\frac{d}{2}}\frac{\mu_0 I}{2\pi}\frac{D}{\rho(D-\rho)}\mathrm{d}\rho\\&=\frac{\mu_0 I}{2\pi}\int_{\frac{d}{2}}^{D-\frac{d}{2}}\left(\frac{1}{\rho}+\frac{1}{D-\rho}\right)\mathrm{d}\rho\\&=\frac{\mu_0 I}{2\pi}\left[\ln\left(D-\frac{d}{2}\right)-\ln\frac{d}{2}+\ln\left(D-\frac{d}{2}\right)-\ln\frac{d}{2}\right]\\&=\frac{\mu_0 I}{\pi}\ln\frac{2D-d}{d}\end{aligned}$$

$$L_o=\frac{\mu_0}{\pi}\ln\frac{2D-d}{d}$$

当 $d\ll D$ 时，$L_o\approx\dfrac{\mu_0}{\pi}\ln\dfrac{2D}{d}(\mathrm{H/m})$

则总自感 $L=L_i+L_o=\dfrac{\mu_0}{4\pi}+\dfrac{\mu_0}{\pi}\ln\dfrac{2D}{d}(\mathrm{H/m})$

第4章

均匀平面波的传播、反射与折射

均匀平面电磁波是分析复杂电磁波的基础。当均匀平面电磁波在空间传播时，不仅需要考虑电磁波传播特性，还需要考虑电磁波在不同媒质分界面的反射与折射。本章内容包括均匀平面波在理想介质中的传播特性、电磁波的极化、有耗媒质中的传播特性及电磁波的反射与折射规律。

4.1 思维导图

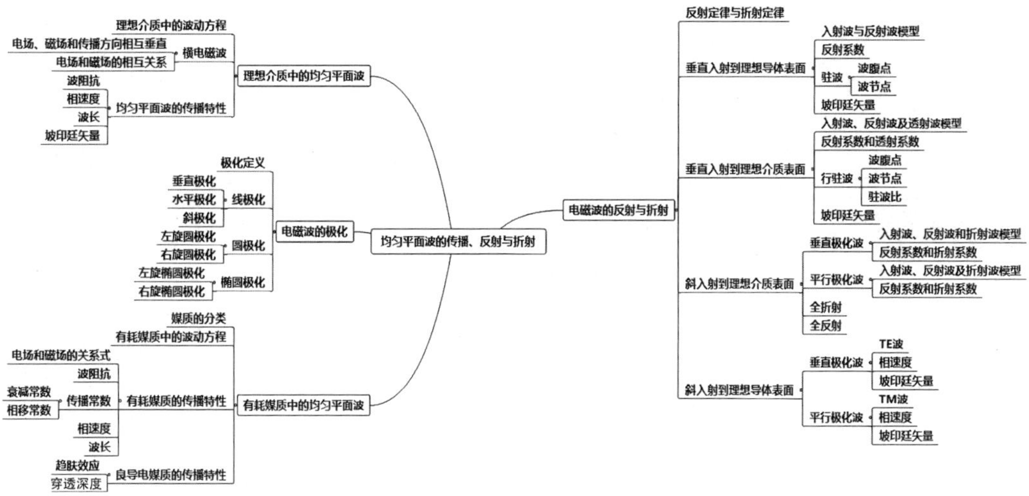

4.2 内容提要

4.2.1 理想介质中的均匀平面波

在传播方向上没有电磁场分量，这样的电磁波称为横电磁波(TEM波)。

1. 电场强度、磁场强度和传播方向三者满足矢量关系式

$$\dot{\boldsymbol{H}}=\frac{1}{\eta}\boldsymbol{e}_z\times\dot{\boldsymbol{E}}$$

电场强度 $\dot{\boldsymbol{E}}$、磁场强度 $\dot{\boldsymbol{H}}$ 和传播方向 $\boldsymbol{e}_z$ 相互垂直，满足右手螺旋关系。

2. 电场和磁场表达式

假定均匀平面波沿着 $+z$ 方向传播，电场强度始终沿着 x 方向振动

$$\dot{\boldsymbol{E}}=\boldsymbol{e}_x E_x \mathrm{e}^{-\mathrm{j}kz+\mathrm{j}\varphi_x}$$

相应的磁场强度为

$$\dot{\boldsymbol{H}}=\boldsymbol{e}_y\frac{E_x}{\eta}\mathrm{e}^{-\mathrm{j}kz+\mathrm{j}\varphi_x}$$

瞬时表达式为

$$\boldsymbol{E}=\boldsymbol{e}_x E_x\cos(\omega t-kz+\varphi_x)$$

$$\boldsymbol{H}=\boldsymbol{e}_y\frac{E_x}{\eta}\cos(\omega t-kz+\varphi_x)$$

3. 传播特性

(1) 场强的振幅分布和相位分布

理想介质均匀平面波的场强振幅是个常数，沿着传播方向不发生衰减。电场和磁场的相位相同，沿着传播方向连续滞后。

(2) 相速度

$$v_p=\frac{\mathrm{d}z}{\mathrm{d}t}=\frac{\omega}{k}=\frac{\omega}{\omega\sqrt{\mu\varepsilon}}=\frac{1}{\sqrt{\mu\varepsilon}}$$

对于自由空间(真空)，其相速度为

$$v_p=\frac{\mathrm{d}z}{\mathrm{d}t}=\frac{1}{\sqrt{\mu_0\varepsilon_0}}=3\times10^8\ (\mathrm{m/s})$$

(3) 波长

波长是指电磁波在一个周期内，以相速度 v_p 行走的距离

$$\lambda=v_p T=\frac{1}{\sqrt{\mu\varepsilon}}T=\frac{1}{f\sqrt{\mu\varepsilon}}=\frac{2\pi}{\omega\sqrt{\mu\varepsilon}}=\frac{2\pi}{k}$$

由此可见，同一频率的电磁波，在不同媒质中传播时，其波长是不同的，通常小于真空中的波长。

(4) 平均坡印廷矢量

$$\boldsymbol{P}_{\mathrm{av}}=\frac{1}{2}\mathrm{Re}[\dot{\boldsymbol{E}}\times\dot{\boldsymbol{H}}^*]=\frac{1}{2\eta}\boldsymbol{e}_z\ |\boldsymbol{E}|^2=\frac{1}{2\eta}\boldsymbol{e}_z E_x^2$$

式中，$\boldsymbol{e}_z$ 表示电磁波的能量传递方向，与电磁波的传播方向一致，其大小为实数功率。

4.2.2　电磁波的极化

电磁波的极化是指电磁波在传播过程中，在空间给定点上电场矢量随时间变化的方式，这在光学上称为偏振。这种变化方式常用电场强度矢量的端点随时间变化的轨迹来描述。通常电磁波的极化可以分为线极化、圆极化和椭圆极化三种，如图 4-1 所示。

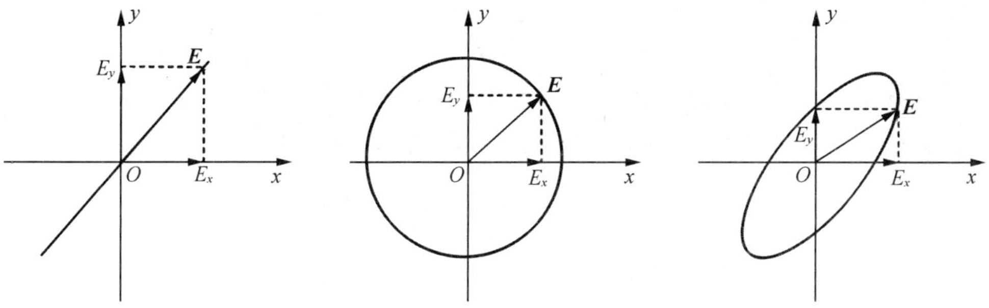

图 4-1　电磁波的极化形式

1. 椭圆极化

均匀平面电磁波的电场强度通常有两个分量，其瞬时值是

$$\begin{cases} E_x(z,\ t)=E_1\cos(\omega t-kz+\varphi_x) \\ E_y(z,\ t)=E_2\cos(\omega t-kz+\varphi_y) \end{cases}$$

通过化简后得到轨迹方程

$$\left(\frac{E_x}{E_1}\right)^2-2\left(\frac{E_x}{E_1}\right)\left(\frac{E_y}{E_2}\right)\cos(\varphi_y-\varphi_x)+\left(\frac{E_y}{E_2}\right)^2=\sin^2(\varphi_y-\varphi_x)$$

上式为电场强度两个分量满足的椭圆方程，说明电场在 xOy 平面上扫过的轨迹是一个椭圆，这样的电磁波称为椭圆极化波。

如图 4-2(a)所示，若令 $\Delta\varphi=\varphi_y-\varphi_x$，当 $\Delta\varphi=\varphi_y-\varphi_x<0$ 时，平面电磁波称为右旋椭圆极化波。

如图 4-2(b)所示，当 $\Delta\varphi=\varphi_y-\varphi_x>0$ 时，平面电磁波称为左旋椭圆极化波。

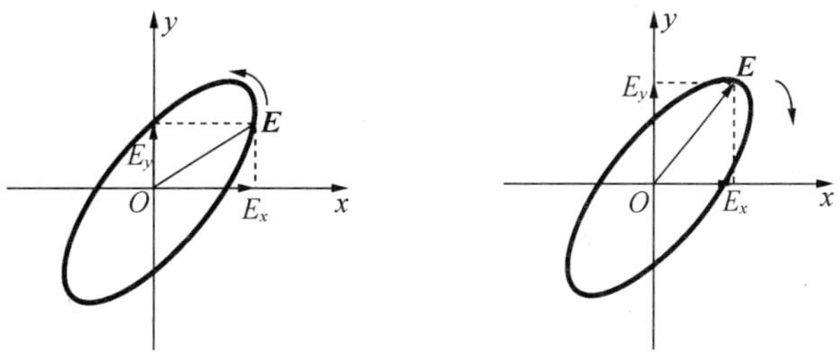

图 4-2　椭圆极化波电场的旋向

2. 线极化

当 $\Delta\varphi=\varphi_y-\varphi_x=0$ 时，椭圆方程蜕化为直线方程

$$\frac{E_x}{E_1}-\frac{E_y}{E_2}=0$$

当 $\Delta\varphi=\varphi_y-\varphi_x=\pi$ 时，椭圆方程蜕化为直线方程

$$\frac{E_x}{E_1}+\frac{E_y}{E_2}=0$$

这样的平面电磁波称为线极化波，如图 4-3(a)(b)所示。如果电场矢量只在与地面平行的方向上变化，称为水平极化波。如果与地面垂直，称为垂直极化波。

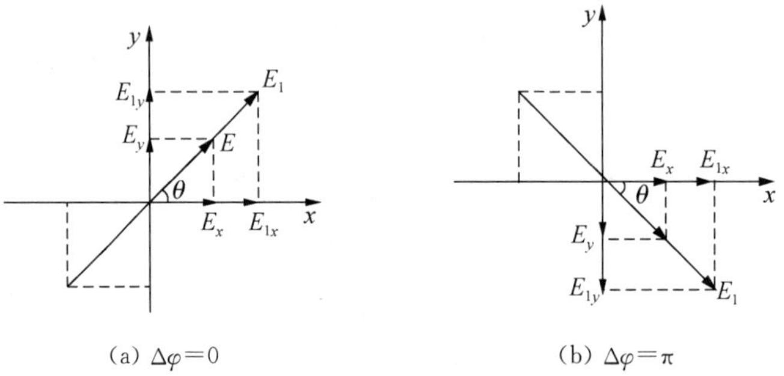

图 4-3　线极化电场的振动方向

3. 圆极化

当 $E_1=E_2$，$\Delta\varphi=\varphi_y-\varphi_x=\pm\frac{\pi}{2}$ 时，椭圆方程变成圆方程，因而成为圆极化波。

$$\left(\frac{E_x}{E_1}\right)^2+\left(\frac{E_y}{E_2}\right)^2=1$$

(1) 当 $\Delta\varphi=\varphi_y-\varphi_x=\frac{\pi}{2}$，这种圆极化称为左旋圆极化，如图 4-4(a)所示。

(2) 当 $\Delta\varphi=\varphi_y-\varphi_x=-\frac{\pi}{2}$，这种圆极化称为右旋圆极化，如图 4-4(b)所示。

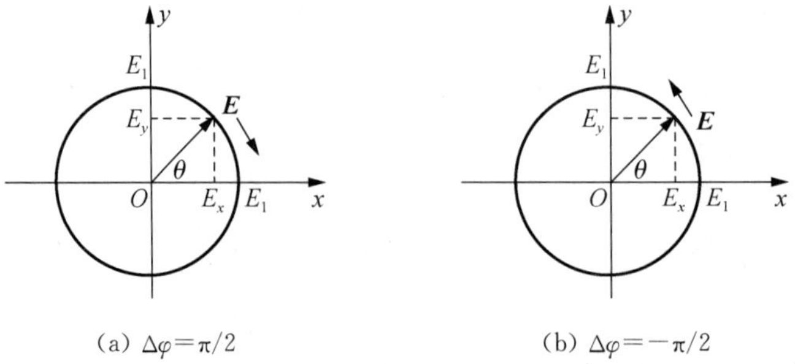

图 4-4　圆极化波电场的旋向

4.2.3　有耗媒质中的均匀平面波

1. 有耗媒质的麦克斯韦方程组

在线性有耗媒质中(如导电媒质中)，简谐变化的电磁场满足的微分方程为

$$\left.\begin{aligned}&\nabla\times\dot{\boldsymbol{H}}=\sigma\dot{\boldsymbol{E}}+\mathrm{j}\omega\varepsilon\dot{\boldsymbol{E}}\\&\nabla\times\dot{\boldsymbol{E}}=-\mathrm{j}\omega\mu\dot{\boldsymbol{H}}\\&\nabla\cdot\dot{\boldsymbol{H}}=0\\&\nabla\cdot\dot{\boldsymbol{E}}=0\end{aligned}\right\}$$

引入复介电常数，即

$$\tilde{\varepsilon}=\varepsilon-\mathrm{j}\,\frac{\sigma}{\omega}$$

2. 电磁场分量的表达式

$$\left.\begin{aligned}&\dot{\boldsymbol{E}}=\tilde{\eta}\dot{\boldsymbol{H}}\times\boldsymbol{e}_z\\&\dot{\boldsymbol{H}}=\frac{1}{\tilde{\eta}}\boldsymbol{e}_z\times\dot{\boldsymbol{E}}\end{aligned}\right\}$$

式中 $\tilde{\eta}$ 称为有耗媒质中的波阻抗，满足

$$\tilde{\eta}=\frac{\gamma}{\mathrm{j}\omega\tilde{\varepsilon}}=\sqrt{\frac{\mu}{\tilde{\varepsilon}}}$$

电磁波在有耗媒质中传播时，有耗媒质中的传播常数 γ 为复数，令 $\gamma=\alpha+\mathrm{j}\beta$

$$\left.\begin{aligned}&\dot{E}_x=E_1\mathrm{e}^{-\gamma z}=E_1\mathrm{e}^{-\alpha z}\mathrm{e}^{-\mathrm{j}\beta z}\\&\dot{H}_y=\frac{E_1}{\tilde{\eta}}\mathrm{e}^{-\gamma z}=\frac{E_1}{\tilde{\eta}}\mathrm{e}^{-\alpha z}\mathrm{e}^{-\mathrm{j}\beta z}\end{aligned}\right\}$$

如果 $\tilde{\eta}=|\tilde{\eta}|\mathrm{e}^{\mathrm{j}\varphi}$，上式的瞬时表示式为

$$\left.\begin{aligned}&\dot{E}_x=E_1\mathrm{e}^{-\alpha z}\cos(\omega t-\beta z)\\&\dot{H}_y=\frac{E_1}{|\tilde{\eta}|}\mathrm{e}^{-\alpha z}\cos(\omega t-\beta z-\varphi)\end{aligned}\right\}$$

上式中 φ 是波阻抗的相角，也是电场和磁场的相位差，电磁波在有耗媒质传播，在传播方向上，波的振幅是按指数规律衰减的。

3. 良导体中的传播特性

在良导电媒质中，$\sigma/\omega\varepsilon\gg100$，衰减常数、相移常数和波阻抗分别为：

$$\alpha\approx\left(\frac{1}{2}\omega\mu\sigma\right)^{\frac{1}{2}}、\beta\approx\left(\frac{1}{2}\omega\mu\sigma\right)^{\frac{1}{2}}、\tilde{\eta}\approx\left(\frac{1}{2}\,\frac{\omega\mu}{\sigma}\right)^{\frac{1}{2}}(1+\mathrm{j})$$

(1) 电磁波的相速度为

$$v_p=\frac{\omega}{\beta}=\left(\frac{2\omega}{\mu\sigma}\right)^{\frac{1}{2}}$$

(2) 电磁波的波长为

$$\lambda=\frac{v_p}{f}=2\pi\left(\frac{2}{\omega\mu\sigma}\right)^{\frac{1}{2}}$$

由以上两个式子可知,相速与 $\sqrt{\omega}$ 成正比,说明良导电媒质是一种色散媒质,而且 σ 越大,相速越小。

(3) 趋肤效应和穿透深度

在良导电媒质中,电导率在 10^7 的数量级,衰减常数很大,电磁波只存在于良导体表面,这种现象称为趋肤效应。工程应用中,常用穿透深度 δ 表示趋肤效应的程度,它等于电磁波场强的振幅衰减到表面值的 1/e 所经过的距离,即

$$\delta=\frac{1}{\alpha}$$

根据穿透深度 δ 的定义,电磁波在有耗媒质中的衰减与距离 l 的关系是

$$l=-\delta\ln\frac{E_1}{E_0}$$

上式中 E_0 为初始电场强度的值,当考察点的电场强度 E_1 与初始电场强度之比为 10^{-6} 时,$l=13.8\delta$,也就是说经过 13.8 个穿透深度,电场强度的振幅就衰减到原表面值的百万分之一。

4.2.4 均匀平面波的反射与折射

(一) 反射定律和折射定律

取入射平面作为直角坐标系 xOz 平面,这样入射波的电场只有 y 分量,它的传播方向是 $\boldsymbol{e}_i$,如果入射波的入射线与 x 轴的夹角是 θ_i,则反射线与 x 轴的夹角是 θ_r,折射线与 $-x$ 轴的夹角是 θ_t。

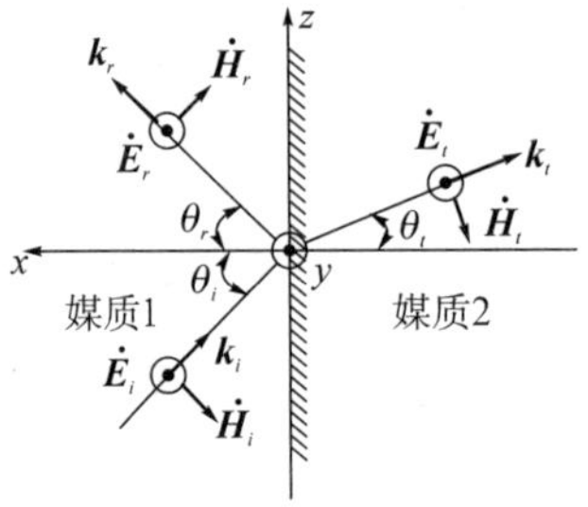

图 4-5 电磁波的反射与折射

反射定律：　　　　　　$\theta_i = \theta_r$

折射定律：　　　　$n_1 \sin\theta_i = n_2 \sin\theta_t$

(二) 均匀平面波垂直入射到理想导体表面

电磁波垂直入射到理想导体表面时，根据电磁波的反射定律和折射定律，必然满足 $\theta_i = \theta_r = \theta_t = 0$，并在理想介质中形成驻波，如图 4-6 所示。

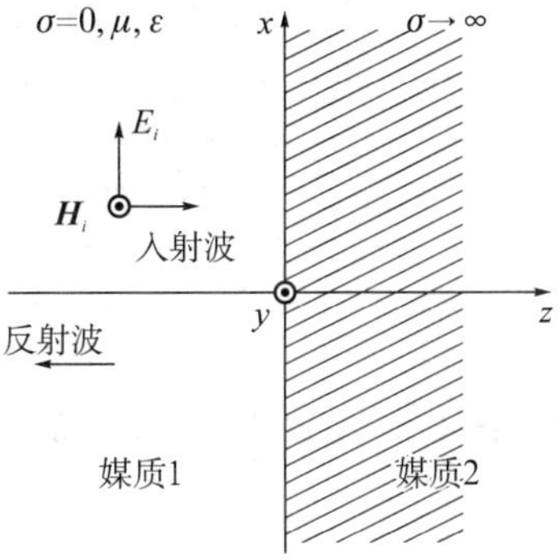

图 4-6　均匀平面波垂直入射到理想导体表面

1. 理想介质中的场

$$\begin{cases} \dot{E}_x = -2\mathrm{j}\dot{E}_1 \sin\beta_1 z \\ \dot{H}_y = \dfrac{2\dot{E}_1}{\eta}\cos\beta_1 z \end{cases}$$

2. 波腹与波节

电场的振幅为 $|\dot{E}_x| = |2E_{1m}\sin\beta_1 z|$，磁场强度的振幅为 $|\dot{H}_x| = \left|\dfrac{2E_{1m}}{\eta}\cos\beta_1 z\right|$。

(1) 电场波节点

当 $\beta_1 z = -n\pi (n = 0, 1, 2, \cdots)$，即 $z = -\dfrac{n}{2}\lambda$ 时，电场强度的振幅等于零，而且这些零点的位置不随时间变化，称为电场的波节点。

(2) 电场波腹点

当 $\beta_1 z = -\left(m\pi + \dfrac{1}{2}\pi\right) (m = 0, 1, 2, \cdots)$，即 $z = -\left(\dfrac{m}{2} + \dfrac{1}{4}\lambda\right)$ 时，电场的振幅最大，称为电场的波腹点，磁场强度与电场强度正好相反。

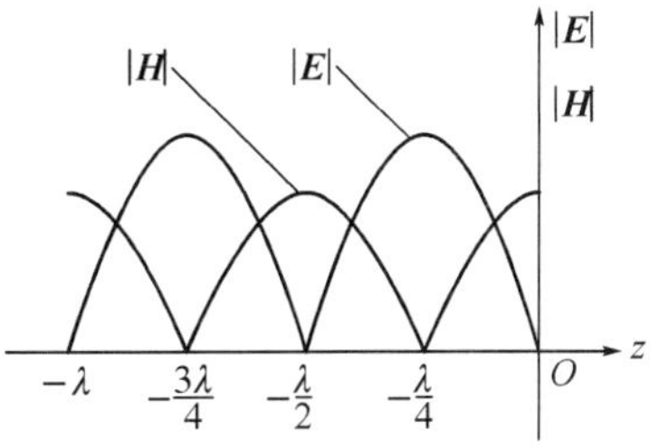

图 4-7　驻波的振幅分布图

如图 4-7 所示，两个相邻波节点之间的距离是 $\lambda/2$，相邻波节点和波腹点之间相距 $\lambda/4$。

3. 电场和磁场的相位分布

在两个相邻波节点之间，各点的电场（或磁场）强度的相位相同，只是在不同点有不同的振幅，而且每跨过一个波节点，电场（或磁场）改变一次正负号，也就是相位突变 π，如图 4-8 所示。

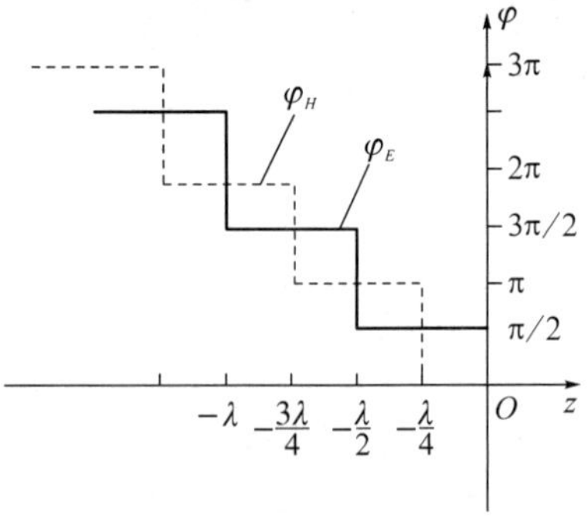

图 4-8 驻波的相位分布图

4. 坡印廷矢量

$$\boldsymbol{P}_{\mathrm{av}}=\frac{1}{2}\mathrm{Re}[\dot{\boldsymbol{E}}\times\dot{\boldsymbol{H}}^{*}]=\frac{1}{2}\mathrm{Re}\left[-\mathrm{j}\frac{4E_{1m}^{2}}{\eta_0}\sin\beta_1 z\cos\beta_1 z\boldsymbol{e}_z\right]=0$$

驻波所在空间任一点上只有电场能量和磁场能量的相互转换。

5. 表面电流

在理想导体表面上有感应电流存在，即

$$\dot{\boldsymbol{J}}_{\mathrm{sf}}=\boldsymbol{e}_n\times\dot{\boldsymbol{H}}\big|_{z=0}=-\boldsymbol{e}_z\times\boldsymbol{e}_y\frac{2\dot{E}_1}{\eta_0}=\frac{2\dot{E}_1}{\eta_0}\boldsymbol{e}_x$$

（三）垂直入射到理想介质表面

当均匀平面波垂直入射到理想介质表面时，反射角和折射角同样满足 $\theta_i=\theta_r=\theta_t=0$。其参考模型如图 4-9 所示。

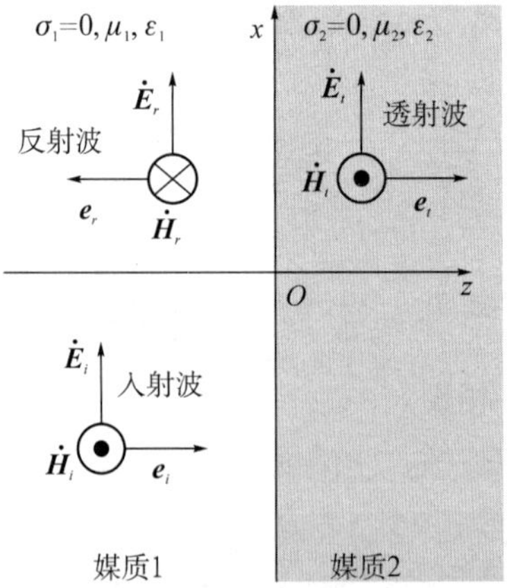

图 4-9 平面波对理想介质的垂直入射

1. 反射系数和折射系数

定义反射系数 $\varGamma$，即反射波的复振幅与入射波的复振幅之比，反映了反射波振幅相对入射波振幅的变化。

$$\varGamma=\frac{\dot{E}_2}{\dot{E}_1}=\frac{\eta_2-\eta_1}{\eta_2+\eta_1}$$

定义透射系数 T，即透射波的复振幅与入射波的复振幅之比，反映了透射波振幅相对入射波振幅的变化情况。

$$T=\frac{\dot{E}_3}{\dot{E}_1}=\frac{2\eta_2}{\eta_2+\eta_1}$$

2. 媒质中的场表达式

媒质 1 中的电磁场分量可以表示为

$$\begin{cases}\dot{E}_{x1}=\dot{E}_1(\mathrm{e}^{-\mathrm{j}\beta_1 z}+\varGamma\,\mathrm{e}^{\mathrm{j}\beta_1 z})\\ \dot{H}_{y1}=\dfrac{\dot{E}_1}{\eta_1}(\mathrm{e}^{-\mathrm{j}\beta_1 z}-\varGamma\,\mathrm{e}^{\mathrm{j}\beta_1 z})\end{cases}$$

在媒质 2 中电磁场分量的表示式为

$$\begin{cases}\dot{E}_{x2}=\dot{E}_1 T\mathrm{e}^{-\mathrm{j}\beta_2 z}\\ \dot{H}_{y2}=\dfrac{\dot{E}_1 T}{\eta_2}\mathrm{e}^{-\mathrm{j}\beta_2 z}\end{cases}$$

3. 波腹和波节

媒质 1 中，电磁波为行驻波，电场强度和磁场强度的模为

$$|\dot{E}_{x1}|=|\dot{E}_1|(1+\varGamma^2+2\varGamma\cos 2\beta_1 z)^{1/2}$$

$$|\dot{H}_{1x}|=\frac{|\dot{E}_1|}{\eta_1}(1+\varGamma^2-2\varGamma\cos 2\beta_1 z)^{1/2}$$

(1) 当 $0<\varGamma\leqslant 1$ 时，在 $z=-n\lambda/2\ (n=0,1,2,\cdots)$ 处电场振幅取得最大值，磁场取得最小值，即

$$|\dot{E}_{x1}|_{\max}=|\dot{E}_1|(1+\varGamma)$$

$$|\dot{H}_{x1}|_{\min}=\frac{|\dot{E}_1|}{\eta_1}(1-\varGamma)$$

(2) 当 $-1\leqslant\varGamma\leqslant 0$ 时，在 $z=-n\lambda/2\ (n=0,1,2,\cdots)$ 处电场振幅取得最小值，磁场取得最大值，即

$$|\dot{E}_{x1}|_{\min}=|\dot{E}_1|(1+\Gamma)$$

$$|\dot{H}_{x1}|_{\max}=\frac{|\dot{E}_1|}{\eta_1}(1-\Gamma)$$

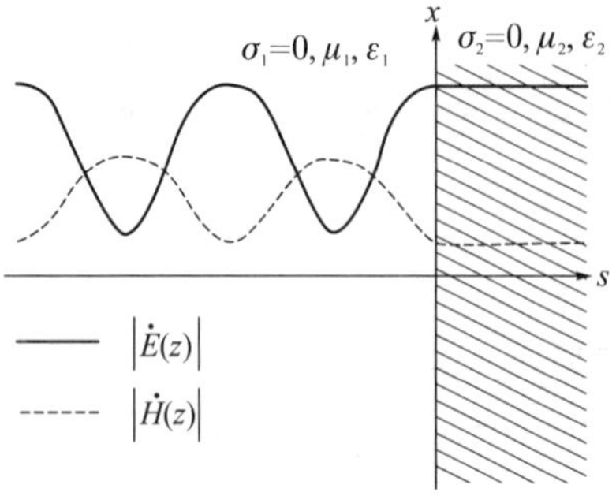

(a) $0<\Gamma\leqslant 1$

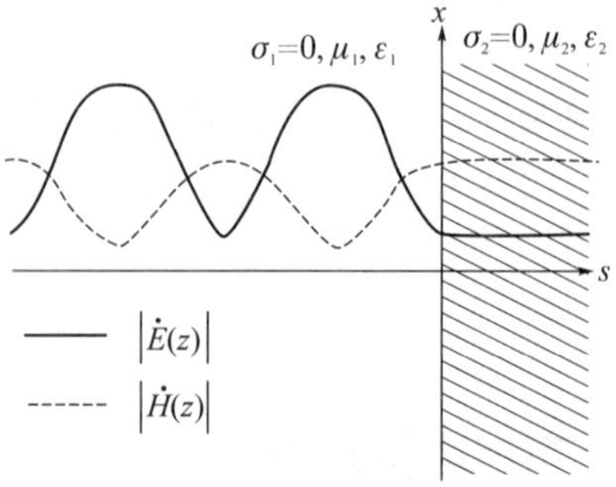

(b) $-1\leqslant\Gamma\leqslant 0$

图 4-10　垂直入射到理想介质表面的电场、磁场振幅分布图

4. 平均坡印廷矢量

媒质 1：

$$\boldsymbol{P}_{\mathrm{av1}}=\frac{1}{2}\mathrm{Re}[\dot{\boldsymbol{E}}_1\times\dot{\boldsymbol{H}}_1^*]=\frac{|\dot{E}_1|}{2\eta_1}(1-\Gamma^2)\boldsymbol{e}_z$$

媒质 2：

$$\boldsymbol{P}_{\mathrm{av2}}=\frac{1}{2}\mathrm{Re}[\dot{\boldsymbol{E}}_2\times\dot{\boldsymbol{H}}_2^*]=\frac{|\dot{E}_1|}{2\eta_2}T^2\boldsymbol{e}_z$$

反射波功率与透射波功率之和为

$$\frac{|\dot{E}_1|}{2\eta_1}\Gamma^2+\frac{|\dot{E}_1|}{2\eta_2}T^2=\frac{|\dot{E}_1|}{2\eta_1}$$

说明反射波功率和透射波功率之和等于入射波功率，满足能量守恒定律。

(四) 斜入射到理想介质表面

前文讲述了电磁波的反射与折射模型。为了便于分析任意均匀平面波入射，我们可以把入射波分解为两种线极化波：一种线极化波的电场与入射平面垂直，称之为垂直极化波；另外一种线极化波的电场与入射平面平行，称之为平行极化波。

1. 垂直极化波(图 4-11)

$$\Gamma_{\perp}=\frac{\eta_2\cos\theta_i-\eta_1\cos\theta_t}{\eta_2\cos\theta_i+\eta_1\cos\theta_t}\qquad T_{\perp}=\frac{2\eta_2\cos\theta_i}{\eta_2\cos\theta_i+\eta_1\cos\theta_t}$$

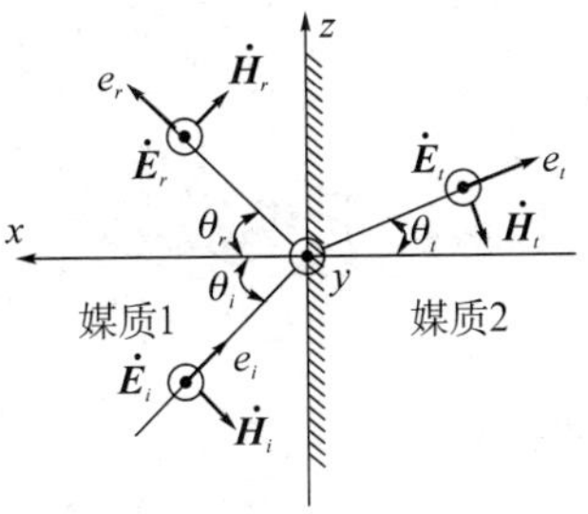

图 4-11　垂直极化波的斜入射

2. 平行极化波(图 4-12)

$$\Gamma_{/\!/}=\frac{\eta_1\cos\theta_i-\eta_2\cos\theta_t}{\eta_1\cos\theta_i+\eta_2\cos\theta_t},\quad T_{/\!/}=\frac{2\eta_2\cos\theta_i}{\eta_1\cos\theta_i+\eta_2\cos\theta_t}$$

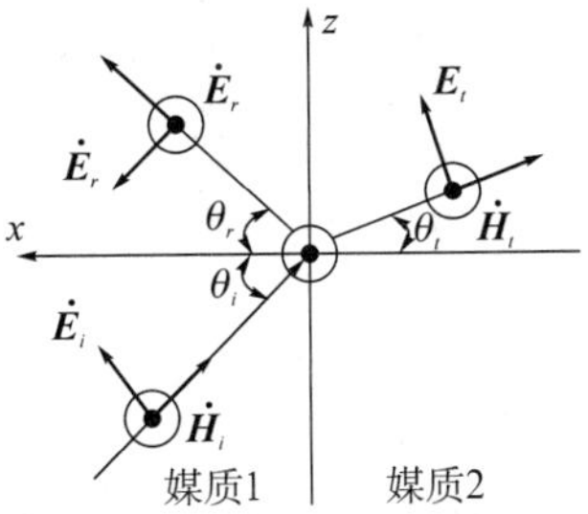

图 4-12　平行极化波的斜入射

3. 全折射

我们把发生全折射时的入射角称为布儒斯特角,记为 θ_b。

$$n^2\cos\theta_b-\sqrt{n^2-\sin^2\theta_b}=0$$

$$\theta_b=\arcsin\left(\sqrt{\frac{n^2}{n^2+1}}\right)=\arctan n$$

全折射现象只有在平行极化波的斜入射时才会发生,无论电磁波是从疏媒质到密媒质,还是密媒质到疏媒质,布儒斯特角总有实数解。平行极化波的反射除了有零反射角度外,相位在布儒斯特角时发生突变。

4. 全反射

如图 4-13 所示,当电磁波从密媒质斜入射到疏媒质中时,在一定条件下会发生全反射现象,入射角称为临界角,记为 θ_c,根据折射定律,得到

$$\sin\theta_c=\frac{n_2}{n_1}\sin\theta_2=\frac{n_2}{n_1}\sin 90^\circ=\frac{n_2}{n_1}$$

$$\theta_c=\arcsin\left(\frac{n_2}{n_1}\right)$$

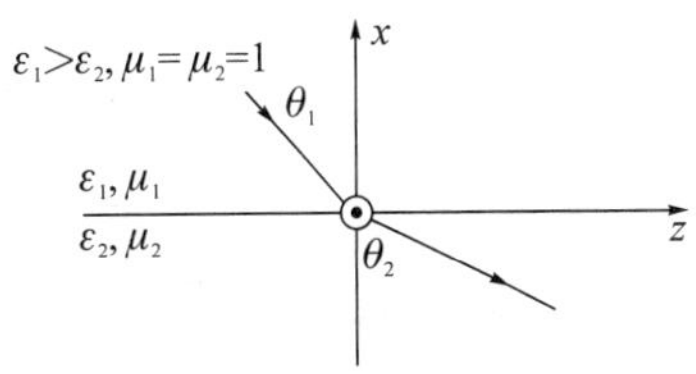

图 4-13　入射波在密媒质时,折射角大于入射角

4.3 重难点知识

4.3.1 理想介质中的均匀平面波

1. 理解波动方程及相位常数 k

$$\begin{cases}\nabla^2 \dot{\boldsymbol{E}}+k^2\dot{\boldsymbol{E}}=0\\ \nabla^2 \dot{\boldsymbol{H}}+k^2\dot{\boldsymbol{H}}=0\end{cases}$$

其中，k 称为相位常数，又称为波数，并满足 $k=\omega\sqrt{\mu\varepsilon}$。

2. 掌握均匀平面波的横电磁波特性

在电磁波的传播方向上（$+z$ 方向），$\dot{E}_z=0$，$\dot{H}_z=0$。均匀平面波在传播方向上没有电磁场分量，这样的电磁波称为横电磁波（TEM 波）

$$\dot{\boldsymbol{H}}=\frac{1}{\eta}\boldsymbol{e}_z\times\dot{\boldsymbol{E}}$$

电场强度 $\dot{\boldsymbol{E}}$、磁场强度 $\dot{\boldsymbol{H}}$ 和传播方向 $\boldsymbol{e}_z$ 相互垂直，满足右手螺旋关系，且

$$\eta=\frac{\dot{E}_x}{\dot{H}_y}=\sqrt{\frac{\mu}{\varepsilon}}$$

3. 熟练计算均匀平面波的传播特性

（1）相速度

$$v_p=\frac{\mathrm{d}z}{\mathrm{d}t}=\frac{1}{\sqrt{\mu\varepsilon}}$$

（2）波长

$$\lambda=\frac{2\pi}{k}$$

（3）平均坡印廷矢量

$$\boldsymbol{P}_{\mathrm{av}}=\frac{1}{2}\mathrm{Re}[\dot{\boldsymbol{E}}\times\dot{\boldsymbol{H}}^*]=\frac{1}{2\eta}\boldsymbol{e}_zE_x^2$$

4.3.2 电磁波的极化

1. 理解极化定义

电磁波的极化是指电磁波在传播过程中，在空间给定点上电场矢量随时间变化的方

式，其中要重点掌握电场矢量的振动方向随时间变化的三种方式，即椭圆极化、圆极化和线极化。

2. 能够判别极化的旋向

重点要掌握电磁波沿 $+z$ 轴方向传播时，圆极化旋向的判别方式。电场矢量的瞬时值是

$$\begin{cases} E_x(z,t)=E_1\cos(\omega t-kz+\varphi_x) \\ E_y(z,t)=E_2\cos(\omega t-kz+\varphi_y) \end{cases}$$

（1）左旋圆极化

条件：$\Delta\varphi=\varphi_y-\varphi_x=\dfrac{\pi}{2}$。

当时间 t 增加时，电场矢量的端点沿着顺时针方向旋转，即由相位超前的 E_y 分量朝着相位落后的 E_x 分量旋转，即电场矢量与 x 轴的夹角随时间的增加而减小。如果伸开左手，让拇指指向电磁波的传播方向，电场旋转方向就是另外 4 指旋转方向，这种圆极化称为左旋圆极化。

（2）右旋圆极化

条件：$\Delta\varphi=\varphi_y-\varphi_x=-\dfrac{\pi}{2}$。

当时间 t 增加时，电场矢量的端点沿着逆时针方向旋转，即由相位超前的 E_x 分量朝着相位落后的 E_y 分量旋转，即电场矢量与 x 轴的夹角随时间的增加而增大。如果右手伸开，让拇指指向电磁波的传播方向，电场旋转方向就是另外 4 指的旋转方向，这种圆极化称为右旋圆极化。

4.3.3　有耗媒质中的均匀平面波

1. 理解有耗媒质中的场方程及复介电常数

$$\begin{cases} \nabla\times\dot{\boldsymbol{H}}=\sigma\dot{\boldsymbol{E}}+\mathrm{j}\omega\varepsilon\dot{\boldsymbol{E}} \\ \nabla\times\dot{\boldsymbol{E}}=-\mathrm{j}\omega\mu\dot{\boldsymbol{H}} \\ \nabla\cdot\dot{\boldsymbol{H}}=0 \\ \nabla\cdot\dot{\boldsymbol{E}}=0 \end{cases}$$

引入复介电常数，$\tilde{\varepsilon}=\varepsilon-\mathrm{j}\dfrac{\sigma}{\omega}$

2. 能够理解传播常数的含义

传播常数 γ 为复数，令 $\gamma=\alpha+\mathrm{j}\beta$，由于 $\gamma^2=-\omega^2\mu\tilde{\varepsilon}$，所以得到

$$(\alpha+\mathrm{j}\beta)^2=-\omega^2\mu\tilde{\varepsilon}$$

解方程得到

$$\alpha=\left(\frac{\omega^{2}\mu\varepsilon}{2}\right)^{\frac{1}{2}}\left\{\left[1+\left(\frac{\sigma}{\omega\varepsilon}\right)^{2}\right]^{\frac{1}{2}}-1\right\}^{\frac{1}{2}}$$

$$\beta=\left(\frac{\omega^{2}\mu\varepsilon}{2}\right)^{\frac{1}{2}}\left\{\left[1+\left(\frac{\sigma}{\omega\varepsilon}\right)^{2}\right]^{\frac{1}{2}}+1\right\}^{\frac{1}{2}}$$

$$\tilde{\eta}\approx\left(\frac{\mu}{\varepsilon}\right)^{\frac{1}{2}}\left(1+\mathrm{j}\,\frac{\sigma}{2\omega\varepsilon}\right)$$

3. 掌握良导体的趋肤效应和穿透深度的计算

有耗媒质中的电磁场的解可以表示为

$$\begin{cases}\dot{E}_x=E_1\mathrm{e}^{-\gamma z}=E_1\mathrm{e}^{-\alpha z}\mathrm{e}^{-\mathrm{j}\beta z}\\ \dot{H}_y=\dfrac{E_1}{\tilde{\eta}}\mathrm{e}^{-\gamma z}=\dfrac{E_1}{\tilde{\eta}}\mathrm{e}^{-\alpha z}\mathrm{e}^{-\mathrm{j}\beta z}\end{cases}$$

由于

$$\alpha=\beta\approx\left(\frac{1}{2}\omega\mu\sigma\right)^{\frac{1}{2}}$$

良导体的电导率在 10^7 的数量级，衰减常数很大，因此电磁波只存在于良导体表面，这种现象称为趋肤效应。工程应用中，常用穿透深度 δ 表示趋肤效应的程度，它等于电磁波场强的振幅衰减到表面值的 1/e 所经过的距离，即

$$\mathrm{e}^{-\alpha\delta}=\frac{1}{\mathrm{e}}\quad 或\quad \delta=\frac{1}{\alpha}$$

4.3.4 均匀平面波的反射与折射

(一) 垂直入射到理想导体表面

1. 理解电磁场表达式

均匀平面波的电场强度的方向为 x 轴的正方向时，则沿 z 轴传播的均匀平面波的磁场为 $\dot{H}_y$ 分量，在均匀各向同性的媒质中的一般形式为

$$\begin{cases}\dot{E}_x=-2\mathrm{j}\dot{E}_1\sin\beta_1 z\\ \dot{H}_y=\dfrac{2\dot{E}_1}{\eta}\cos\beta_1 z\end{cases}\quad(驻波)$$

2. 掌握波节点和波腹点的计算

当 $\beta_1 z=-n\pi(n=0,\ 1,\ 2,\ \cdots)$，即 $z=-\dfrac{n}{2}\lambda$ 时，称为电场的波节点；当 $\beta_1 z=-\left(m\pi+\dfrac{1}{2}\pi\right)$ $(m=0,\ 1,\ 2,\ \cdots)$，即 $z=-\left(\dfrac{m}{2}+\dfrac{1}{4}\lambda\right)$ 时，称为电场的波腹点。

驻波是驻立不动的，只是一种振动，两个相邻波节点之间的距离是 $\lambda/2$，相邻波节点和波腹点之间相距 $\lambda/4$。

3. 理解表面电流分布

根据边界条件，在理想导体表面上有感应电流存在，即

$$\dot{\boldsymbol{J}}_{sf}=\boldsymbol{e}_n\times\dot{\boldsymbol{H}}\big|_{z=0}=\frac{2\dot{E}_1}{\eta_0}\boldsymbol{e}_x$$

(二) 垂直入射到理想介质表面

1. 能够熟练计算反射系数与透射系数

$$\varGamma=\frac{\eta_2-\eta_1}{\eta_2+\eta_1},\quad T=\frac{2\eta_2}{\eta_2+\eta_1}$$

其中，媒质 1 的波阻抗 $\eta_1=\sqrt{\dfrac{\mu_1}{\varepsilon_1}}$，媒质 2 的波阻抗 $\eta_2=\sqrt{\dfrac{\mu_2}{\varepsilon_2}}$。

2. 能够描述出媒质 1 和媒质 2 中的电磁场的表达式

入射波：
$$\begin{cases}\dot{E}_{ix}=\dot{E}_1\mathrm{e}^{-\mathrm{j}k_1z}\\ \dot{H}_{iy}=\dfrac{1}{\eta_1}\dot{E}_1\mathrm{e}^{-\mathrm{j}k_1z}\end{cases}$$

反射波：
$$\begin{cases}\dot{E}_x=\dot{E}_1\varGamma\,\mathrm{e}^{\mathrm{j}\beta z}\\ \dot{H}_y=-\dfrac{1}{\eta_1}\varGamma\,\dot{E}_1\mathrm{e}^{\mathrm{j}\beta z}\end{cases}$$

透射波：
$$\begin{cases}\dot{E}_{x2}=T\dot{E}_1\mathrm{e}^{-\mathrm{j}k_2z}\\ \dot{H}_{y2}=\dfrac{1}{\eta_2}T\dot{E}_1\mathrm{e}^{-\mathrm{j}k_2z}\end{cases}$$

3. 熟练计算媒质 1 中的波腹点和波节点

媒质 1 中的电磁波为行驻波，其电场强度的振幅为

$$|\dot{E}_{x1}|=|\dot{E}_1|(1+\varGamma^2+2\varGamma\cos 2\beta_1 z)^{1/2}$$

需要求出最大值和最小值，找到对应电场的波腹点和波节点。

(1) 当 $0<\varGamma\leqslant 1$ 时，在 $z=-n\lambda/2\ (n=0,1,2,\cdots)$ 处，电场振幅取得最大值，磁场取得最小值。

(2) 当 $-1\leqslant\varGamma\leqslant 0$ 时，在 $z=-n\lambda/2\ (n=0,1,2,\cdots)$ 处，电场振幅取得最小值，磁场取得最大值。

4. 熟练计算驻波比

$$\rho=\frac{E_{1\max}}{E_{1\min}}=\frac{1+|\varGamma|}{1-|\varGamma|}$$

驻波比反映了电场强度的起伏程度。

(1) $\rho=1$，$|\Gamma|=0$，行波；

(2) $\rho=\infty$，$|\Gamma|=1$，驻波；

(3) $1<\rho<\infty$，$|\Gamma|<1$，行驻波；

5. 熟练计算平均坡印廷矢量

能够熟练计算媒质 1 和媒质 2 中电磁波的平均坡印廷矢量。

媒质 1 中：
$$\boldsymbol{P}_{\mathrm{av}}=\frac{1}{2}\mathrm{Re}[\dot{\boldsymbol{E}}_1\times\dot{\boldsymbol{H}}_1^*]=\frac{|\dot{E}_1|}{2\eta_1}(1-\Gamma^2)\boldsymbol{e}_z$$

媒质 2 中：
$$\boldsymbol{P}_{\mathrm{av}}=\frac{1}{2}\mathrm{Re}[\dot{\boldsymbol{E}}_2\times\dot{\boldsymbol{H}}_2^*]=\frac{|\dot{\boldsymbol{E}}_1|}{2\eta_2}T^2\boldsymbol{e}_z$$

(三) 斜入射到理想介质表面

1. 能将任意方向入射的均匀平面波分解为垂直极化波和平行极化波(图 4-14)

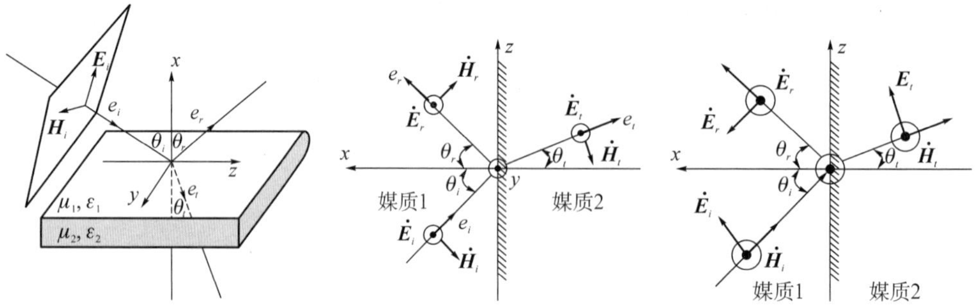

(a) 任意平面波　　(b) 垂直极化波　　(c) 平行极化波

图 4-14　斜入射到理想介质表面的情况

2. 能够理解垂直极化波和平行极化波的菲涅尔公式

理解电场和磁场的边界条件，理解垂直极化波和平行极化波的反射系数，并可以用曲线图描述其变化(图 4-15)。

$$\Gamma_{\perp}=\frac{\cos\theta_i-\sqrt{n^2-\sin^2\theta_i}}{\cos\theta_i+\sqrt{n^2-\sin^2\theta_i}}$$

$$\Gamma_{/\!/}=\frac{n^2\cos\theta_i-\sqrt{n^2-\sin^2\theta_i}}{n^2\cos\theta_i+\sqrt{n^2-\sin^2\theta_i}}$$

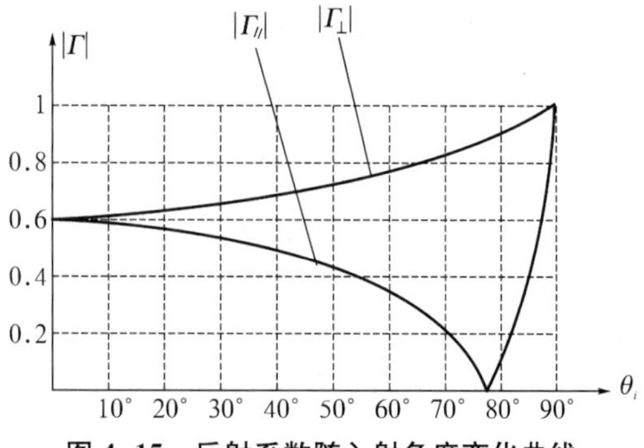

图 4-15　反射系数随入射角度变化曲线

3. 能够计算全折射的布儒斯特角和全反射的临界角

(1) 布儒斯特角

平行极化波的反射系数在某一特定入射角时，反射系数为 0，即发生了全折射现象。

平行极化波的反射系数满足

$$n^2\cos\theta_b - \sqrt{n^2 - \sin^2\theta_b} = 0$$

得到

$$\theta_b = \arcsin\left(\sqrt{\frac{n^2}{n^2+1}}\right) = \arctan n$$

(2) 临界角

当电磁波从密媒质入射到疏媒质时，才可能发生全反射，此时折射角为 90°。根据折射定律可以得到

$$\sin\theta_c = \frac{n_2}{n_1}\sin\theta_2 = \frac{n_2}{n_1}\sin 90^\circ = \frac{n_2}{n_1}$$

得到

$$\theta_c = \arcsin\left(\frac{n_2}{n_1}\right)$$

4.4　典型例题解析

例题 4-1　在自由空间传播的均匀平面波的电场矢量

$$\dot{\boldsymbol{E}} = \boldsymbol{e}_x 10^{-6}\mathrm{e}^{-\mathrm{j}20\pi z - \frac{\pi}{2}} + \boldsymbol{e}_y 10^{-6}\mathrm{e}^{-\mathrm{j}20\pi z}$$

试求：

(1) 平面波的传播方向；

(2) 平面波的频率；

(3) 磁场强度；

(4) 平均坡印廷矢量；

(5) 极化方式。

【解】 (1) 电磁波沿 $+z$ 方向传播；

(2) $k = 20\pi = \omega\sqrt{\mu_0\varepsilon_0} = \dfrac{\omega}{c} \rightarrow f = \dfrac{\omega}{2\pi} = 3\times 10^9 = 3(\mathrm{GHz})$

(3) $\dot{\boldsymbol{H}} = \dfrac{1}{\eta_0}\boldsymbol{e}_z \times \dot{\boldsymbol{E}} = \dfrac{1}{120\pi}(\boldsymbol{e}_y 10^{-6}\mathrm{e}^{-\mathrm{j}20\pi z - \frac{\pi}{2}} - \boldsymbol{e}_x 10^{-6}\mathrm{e}^{-\mathrm{j}20\pi z})$

(4) $\boldsymbol{P}_{\mathrm{av}} = \dfrac{1}{2}\mathrm{Re}[\dot{\boldsymbol{E}} \times \dot{\boldsymbol{H}}^*] = \dfrac{1}{240\pi}\boldsymbol{e}_z(10^{-12} + 10^{-12}) = \dfrac{\boldsymbol{e}_z}{120\pi}10^{-12}$

(5) $\Delta\varphi = \varphi_y - \varphi_x = 0 - \left(-\dfrac{\pi}{2}\right) = \dfrac{\pi}{2}$，为左旋圆极化。

例题 4-2 有一均匀平面波在理想介质（$\mu=\mu_0$，$\varepsilon=4\varepsilon_0$）中传播，其电场强度为

$$\boldsymbol{E}=\boldsymbol{E}_0\sin\left(\omega t-kz+\frac{\pi}{4}\right)$$

若已知平面波的频率 $f=300$ MHz，平均功率密度为 0.3 μW/m^2。试求：

(1) 电磁波的波数、相速度和波阻抗；

(2) $E(0, 0)$；

(3) 经过 $t=0.1$ μs 后，电场 $E(0, 0)$ 出现在什么位置？

【解】 (1) $k=\omega\sqrt{4\mu_0\varepsilon_0}=\dfrac{\omega}{c}=\dfrac{2\times 2\pi\times 300\times 10^6}{3\times 10^8}=4\pi$

$$v_p=\frac{\omega}{k}=\frac{2\pi\times 300\times 10^6}{4\pi}=1.5\times 10^8\ \text{m/s}$$

$$\eta=\sqrt{\frac{\mu_0}{4\varepsilon_0}}=60\pi$$

(2) $|\boldsymbol{P}_{av}|=\dfrac{E_0^2}{2\eta}=\dfrac{E_0^2}{120\pi}=0.3\times 10^{-6}\Rightarrow E_0=\sqrt{36\pi\times 10^{-6}}\approx 1.06\times 10^{-2}$ V/m

$$E(0,0)=E_0\sin\left(0-0+\frac{\pi}{4}\right)=1.06\times 10^{-2}\sin\frac{\pi}{4}=7.49\times 10^{-3}\ \text{V/m}$$

(3) $t=0.1\ \mu\text{s}$，$E=1.06\times 10^{-2}\sin\left(2\pi\times 300\times 10^6 t-4\pi z+\dfrac{\pi}{4}\right)=7.49\times 10^{-3}$ V/m

即 $\sin\left(2\pi\times 300\times 10^6\times 0.1\times 10^{-6}-4\pi z+\dfrac{\pi}{4}\right)=0.749$

$$\sin\left(60\pi-4\pi z+\frac{\pi}{4}\right)=0.749$$

$z=15$ m

例题 4-3 理想介质中的均匀平面波的电场和磁场分别为

$$\boldsymbol{E}=\boldsymbol{e}_x\cos(6\pi\times 10^7 t-0.4\pi z)\ \text{V/m}$$

$$\boldsymbol{H}=\frac{1}{60\pi}\boldsymbol{e}_y\cos(6\pi\times 10^7 t-0.4\pi z)\ \text{A/m}$$

求该理想介质的相对磁导率和介电常数。

【解】 角频率：$\omega=6\pi\times 10^8$

波数：$k=0.4\pi=\omega\sqrt{\mu_r\varepsilon_r\mu_0\varepsilon_0}=\dfrac{6\pi\times 10^7}{3\times 10^8}\sqrt{\mu_r\varepsilon_r}$，得$\sqrt{\mu_r\varepsilon_r}=2$

波阻抗：$\eta=\sqrt{\dfrac{\mu}{\varepsilon}}=\sqrt{\dfrac{\mu_r\mu_0}{\varepsilon_r\varepsilon_0}}=120\pi\sqrt{\dfrac{\mu_r}{\varepsilon_r}}=60\pi$，得$\sqrt{\dfrac{\mu_r}{\varepsilon_r}}=\dfrac{1}{2}$

故 $\mu_r=1$，$\varepsilon_r=4$

例题 4-4　请说明下列电场表示的均匀平面波的极化特性：

(1) $\dot{\boldsymbol{E}}=\boldsymbol{e}_x\mathrm{j}\mathrm{e}^{-\mathrm{j}kz}+\boldsymbol{e}_y\mathrm{j}\mathrm{e}^{-\mathrm{j}kz}$；

(2) $\boldsymbol{E}=\boldsymbol{e}_xE_0\cos(\omega t-kz)+\boldsymbol{e}_yE_0\sin(\omega t-kz)$；

(3) $\dot{\boldsymbol{E}}=-\boldsymbol{e}_x\mathrm{j}\mathrm{e}^{-\mathrm{j}kz}+\boldsymbol{e}_yE_0\mathrm{e}^{-\mathrm{j}kz}$；

(4) $\boldsymbol{E}=\boldsymbol{e}_xE_0\sin(\omega t-kz)+\boldsymbol{e}_y2E_0\cos(\omega t-kz)$。

【解】　(1) 已知

$$\Delta\varphi=\varphi_y-\varphi_x=\frac{\pi}{2}-\frac{\pi}{2}=0$$

电场矢量的两个分量的初始相位差为 0，因而电磁波为一线极化波。

(2)

$$\begin{aligned}\boldsymbol{E}&=\boldsymbol{e}_xE_0\cos(\omega t-kz)+\boldsymbol{e}_yE_0\sin(\omega t-kz)\\&=\boldsymbol{e}_xE_0\cos(\omega t-kz)+\boldsymbol{e}_yE_0\cos\left(\omega t-kz-\frac{\pi}{2}\right)\end{aligned}$$

所以有：

$$\Delta\varphi=\varphi_y-\varphi_x=-\frac{\pi}{2}-0=-\frac{\pi}{2}$$

而且电场的两个分量幅度相同，电磁波是右旋圆极化波。

(3) 由于

$$\Delta\varphi=\varphi_y-\varphi_x=0-\left(-\frac{\pi}{2}\right)=\frac{\pi}{2}$$

而且两个分量的幅度相同，电磁波是左旋圆极化波。

(4) 由于

$$\Delta\varphi=\varphi_y-\varphi_x=0-\left(-\frac{\pi}{2}\right)=\frac{\pi}{2}$$

而且两个分量的幅度不相同，电磁波是左旋椭圆极化波。

例题 4-5　试着证明任意椭圆极化波可以分解为两个旋向相反的圆极化波。

【证明】　假如电磁波是沿着 $+z$ 方向传播的椭圆极化波，其电场表示式为

$$\dot{\boldsymbol{E}}=\boldsymbol{e}_xE_x\mathrm{e}^{-\mathrm{j}kz}+\boldsymbol{e}_y\mathrm{j}E_y\mathrm{e}^{-\mathrm{j}\beta z}=\boldsymbol{E}_1+\boldsymbol{E}_2$$

$$\boldsymbol{E}_1=\frac{1}{2}[\boldsymbol{e}_x(E_x+E_y)\mathrm{e}^{-\mathrm{j}kz}+\boldsymbol{e}_y\mathrm{j}(E_x+E_y)]\mathrm{e}^{-\mathrm{j}\beta z}$$

$$\boldsymbol{E}_2=\frac{1}{2}[\boldsymbol{e}_x(E_x-E_y)\mathrm{e}^{-\mathrm{j}kz}-\boldsymbol{e}_y\mathrm{j}(E_x-E_y)]\mathrm{e}^{-\mathrm{j}\beta z}$$

$\boldsymbol{E}_1$ 表示沿 $+z$ 方向传播的左旋圆极化波；$\boldsymbol{E}_2$ 表示沿 $+z$ 方向传播的右旋圆极化波。

例题 4-6 频率为 $f=1\text{ GHz}$ 的均匀平面波在海水中传播，已知媒质的参数为：$\mu_r=1$，$\varepsilon_r=81$，$\sigma=4\text{ S/m}$；电场的瞬时表达式为 $\boldsymbol{E}=\boldsymbol{e}_x 0.01\mathrm{e}^{-\alpha z}\cos(\omega t-\beta z)\text{ V/m}$，试求：衰减常数、相位常数、波阻抗、相速度、穿透深度。

【解】 因为 $\dfrac{\sigma}{\omega\varepsilon}=\dfrac{4}{2\pi\times10^9\times81\times\dfrac{1}{4\pi\times9}\times10^{-9}}=\dfrac{8}{9}$，海水为有耗媒质

衰减常数：$\alpha=\left(\dfrac{\omega^2\mu\varepsilon}{2}\right)^{\frac{1}{2}}\left\{\left[1+\left(\dfrac{\sigma}{\omega\varepsilon}\right)^2\right]^{\frac{1}{2}}-1\right\}^{\frac{1}{2}}=77.46\text{ Np/m}$

相位常数：$\beta=\left(\dfrac{\omega^2\mu\varepsilon}{2}\right)^{\frac{1}{2}}\left\{\left[1+\left(\dfrac{\sigma}{\omega\varepsilon}\right)^2\right]^{\frac{1}{2}}+1\right\}^{\frac{1}{2}}=203.86\text{ rad/m}$

波阻抗：$\tilde{\eta}=\left(\dfrac{\mu}{\varepsilon-\mathrm{j}\sigma/\omega}\right)^{\frac{1}{2}}=33.84+12.85\mathrm{j}$

相速度：$v_{\mathrm{p}}=\dfrac{\omega}{\beta}=3.08\times10^7\text{ m/s}$

穿透深度：$\delta=\dfrac{1}{\alpha}=12.9\text{ mm}$

例题 4-7 已知一右旋圆极化波的波矢量为 $\boldsymbol{k}=k(\boldsymbol{e}_y+\boldsymbol{e}_z)$，$k=\omega\sqrt{\mu\varepsilon}$。在 $t=0$ 时，坐标原点处的电场 $\boldsymbol{E}(0,0,0,0)=\boldsymbol{e}_x E_0$，试着求出右旋圆极化波的电场和磁场。

【解】 波矢量的单位矢量为

$$\boldsymbol{e}_k=\frac{1}{\sqrt{2}}(\boldsymbol{e}_y+\boldsymbol{e}_z)$$

电磁波为均匀平面波，电场和磁场均位于与 $\boldsymbol{e}_k$ 方向垂直的横截面内。假定电场的两个分量的单位矢量分别为 $\boldsymbol{e}_1$ 和 $\boldsymbol{e}_2$，并满足 $\boldsymbol{e}_k=\boldsymbol{e}_1\times\boldsymbol{e}_2$，因此沿着 $\boldsymbol{e}_k$ 方向的右旋圆极化波为

$$\boldsymbol{E}=E_0(\boldsymbol{e}_1-\mathrm{j}\boldsymbol{e}_2)\mathrm{e}^{-\mathrm{j}k\boldsymbol{e}_k\cdot\boldsymbol{r}}$$

当 $\boldsymbol{E}(0,0,0,0)=\boldsymbol{e}_x E_0$ 时，$\boldsymbol{r}=0$，所以有 $\boldsymbol{e}_1=\boldsymbol{e}_x$，此时

$$\boldsymbol{e}_2=\boldsymbol{e}_k\times\boldsymbol{e}_1=\frac{1}{\sqrt{2}}(\boldsymbol{e}_y+\boldsymbol{e}_z)\times\boldsymbol{e}_x=\frac{1}{\sqrt{2}}(\boldsymbol{e}_y-\boldsymbol{e}_z)$$

所以电场为：

$$\boldsymbol{E}=E_0\left[\boldsymbol{e}_x-\frac{\mathrm{j}}{\sqrt{2}}(\boldsymbol{e}_y-\boldsymbol{e}_z)\right]\mathrm{e}^{-\mathrm{j}k\boldsymbol{e}_k\cdot\boldsymbol{r}}$$

磁场为：

$$H=\frac{1}{\eta}e_k\times E=\frac{1}{\sqrt{\frac{\mu}{\varepsilon}}}\frac{1}{\sqrt{2}}(e_y+e_z)\times E_0\left[e_x-\frac{\mathrm{j}}{\sqrt{2}}(e_y-e_z)\right]\mathrm{e}^{-\mathrm{j}ke_k\cdot r}$$

$$=\frac{1}{\sqrt{\frac{\mu}{\varepsilon}}}E_0\left(\mathrm{j}e_x+\frac{1}{\sqrt{2}}e_y-\frac{1}{\sqrt{2}}e_z\right)\mathrm{e}^{-\mathrm{j}ke_k\cdot r}$$

例题 4-8　在自由空间中，某一电磁波的波长为 0.5 m，当电磁波进入某理想介质后，波长变为 0.1 m，设理想介质的磁导率为 μ_0，试着求出理想介质的相对介电常数 ε_r 和电磁波的相速度。

【解】　在自由空间中，电磁波的相速度为光速：

$$v_{p1}=3\times10^8\ \mathrm{m/s}$$

由于 $\lambda_1=0.5$ m，所以电磁波的频率为：

$$f=\frac{v_{p1}}{\lambda_1}=\frac{3\times10^8}{0.5}=6\times10^8\ \mathrm{Hz}$$

在理想介质中，$\lambda_2=0.1$ m，其中电磁波的相速度为

$$v_{p2}=f\lambda_2=6\times10^8\times0.1=6\times10^7\ \mathrm{m/s}$$

根据

$$v_{p2}=\frac{1}{\sqrt{\mu_0\varepsilon_0\varepsilon_r}}=\frac{c}{\sqrt{\varepsilon_r}}=6\times10^7$$

$$\varepsilon_r=25$$

例题 4-9　在良导电媒质中，均匀平面电磁波的场量每波长 λ 的衰减量是多少？

【解】　在良导电媒质中，电磁波的衰减常数和相移常数为

$$\alpha\approx\beta\approx\sqrt{\pi f\mu\sigma}$$

所以场量经过一个波长 λ 的衰减因子为

$$\mathrm{e}^{-\alpha z}=\mathrm{e}^{-\alpha\lambda}=\mathrm{e}^{-\beta\lambda}=\mathrm{e}^{-\frac{2\pi}{\lambda}\lambda}=\mathrm{e}^{-2\pi}\approx0.002$$

取对数后得到：

$$20\lg\mathrm{e}^{-\alpha\lambda}=20\lg(0.002)\approx-54\ \mathrm{dB}$$

例题 4-10　在自由空间中，均匀平面波的电场强度为

$$E=e_x100\cos(\omega t-kz)+e_y100\sin(\omega t-kz)$$

当电磁波垂直穿过一个矩形区域(长为 50 mm,宽为 10 mm)时,求其穿过的总功率是多少。

【解】 已知电场 $\boldsymbol{E}=\boldsymbol{e}_x 100\cos(\omega t-kz)+\boldsymbol{e}_y 100\sin(\omega t-kz)$,其复数形式为

$$\dot{\boldsymbol{E}}=\boldsymbol{e}_x 100\mathrm{e}^{-\mathrm{j}kz}+\boldsymbol{e}_y 100\mathrm{e}^{-\mathrm{j}kz}\mathrm{e}^{-\mathrm{j}\frac{\pi}{2}}$$

相应的磁场强度为:

$$\dot{\boldsymbol{H}}=\frac{1}{\eta_0}\boldsymbol{e}_z\times\dot{\boldsymbol{E}}=\frac{100}{120\pi}(\boldsymbol{e}_y\mathrm{e}^{-\mathrm{j}kz}-\boldsymbol{e}_x\mathrm{e}^{-\mathrm{j}kz}\mathrm{e}^{-\mathrm{j}\frac{\pi}{2}})$$

平均坡印廷矢量

$$\boldsymbol{P}_{\mathrm{av}}=\frac{1}{2}\mathrm{Re}[\dot{\boldsymbol{E}}\times\dot{\boldsymbol{H}}^*]=\frac{1}{2\eta_0}\boldsymbol{e}_z(E_{xm}^2+E_{ym}^2)=\frac{2\times100^2}{240\pi}\boldsymbol{e}_z=26.5\boldsymbol{e}_z\ \mathrm{W/m^2}$$

穿过矩形面积的总功率

$$P=26.5\times50\times10^{-3}\times10\times10^{-3}=13.25\ \mathrm{W}$$

例题 4-11 自由空间的均匀平面波的电场表示为

$$\boldsymbol{E}(\boldsymbol{r},t)=(\boldsymbol{e}_x+2\boldsymbol{e}_y+\boldsymbol{E}_z\boldsymbol{e}_z)\cos(\omega t+3x-y-z)(\mathrm{V/m})$$

式中的 E_z 为待定量,请确定波的传播方向、角频率、极化形式,并求出磁场强度。

【解】 电磁波为均匀平面波,设电磁波的传播方向为 $\boldsymbol{e}_k$,电场的复数形式为

$$\dot{\boldsymbol{E}}(r)=\boldsymbol{E}_0\mathrm{e}^{-\mathrm{j}k\boldsymbol{e}_k\cdot\boldsymbol{r}}$$

由 $\boldsymbol{E}(\boldsymbol{r},t)=(\boldsymbol{e}_x+2\boldsymbol{e}_y+E_z\boldsymbol{e}_z)\cos(\omega t+3x-y-z)$ 可知

$$\boldsymbol{E}_0=\boldsymbol{e}_x+2\boldsymbol{e}_y+E_z\boldsymbol{e}_z$$

$$\boldsymbol{k}\cdot\boldsymbol{r}=k\boldsymbol{e}_k\cdot\boldsymbol{r}=-(3x-y-z)=k_x x+k_y y+k_z z$$

$$k_x=-3,\ k_y=1,\ k_z=1$$

波矢量为:$\boldsymbol{k}=-3\boldsymbol{e}_x+\boldsymbol{e}_y+\boldsymbol{e}_z$,$k=\sqrt{3^2+1^2+1^2}=\sqrt{11}$ rad/m,$\boldsymbol{e}_k$ 为

$$\boldsymbol{e}_k=\frac{-3\boldsymbol{e}_x+\boldsymbol{e}_y+\boldsymbol{e}_z}{\sqrt{11}}$$

由于 $k=\omega\sqrt{\mu\varepsilon}$,所以

$$\omega=\frac{k}{\sqrt{\mu\varepsilon}}=kv_p=kc=\sqrt{11}\times3\times10^8=9.95\times10^8\ \mathrm{rad/s}$$

对于均匀平面波而言,传播方向与电场矢量正交,因而有 $\boldsymbol{k}\cdot\boldsymbol{E}_0=0$

$$(-3\boldsymbol{e}_x+\boldsymbol{e}_y+\boldsymbol{e}_z)\cdot(\boldsymbol{e}_x+2\boldsymbol{e}_y+E_z\boldsymbol{e}_z)=0,\text{得 } E_z=1$$

所以电场强度为

$$\boldsymbol{E}(\boldsymbol{r},\ t)=(\boldsymbol{e}_x+2\boldsymbol{e}_y+\boldsymbol{e}_z)\cos(9.95\times10^8t+3x-y-z)$$

磁场强度为

$$\begin{aligned}\boldsymbol{H}&=\frac{1}{\eta}\boldsymbol{e}_k\times\boldsymbol{E}\\&=\frac{1}{120\pi}\frac{-3\boldsymbol{e}_x+\boldsymbol{e}_y+\boldsymbol{e}_z}{\sqrt{11}}\times[(\boldsymbol{e}_x+2\boldsymbol{e}_y+\boldsymbol{e}_z)\cos(9.95\times10^8t+3x-y-z)]\\&=8\times10^{-4}(-\boldsymbol{e}_x+4\boldsymbol{e}_y-7\boldsymbol{e}_z)\cos(9.95\times10^8t+3x-y-z)\end{aligned}$$

例题 4-12　在自由空间中，均匀平面波的电场强度为

$$\boldsymbol{E}=\boldsymbol{e}_y10\sin(\omega t-kz)(\text{V/m})$$

当电磁波在 $z=0$ 处遇到一理想导体，试求：

(1) $z<0$ 区域内的电场和磁场；

(2) 理想导电体表面的电流密度。

【解】 (1) 已知入射波的电场为 $\boldsymbol{E}_i=\boldsymbol{e}_y10\sin(\omega t-kz)$，其相应的磁场强度为

$$\boldsymbol{H}_i=\frac{1}{\eta_0}\boldsymbol{e}_z\times\boldsymbol{E}_i=-\frac{1}{12\pi}\boldsymbol{e}_x\sin(\omega t-kz)$$

当电磁波遇到理想导体后，将发生全反射，$\Gamma=-1$，反射波的电场为

$$\boldsymbol{E}_r=-\boldsymbol{e}_y10\sin(\omega t+kz)$$

反射波的磁场为

$$\boldsymbol{H}_r=\frac{1}{\eta_0}(-\boldsymbol{e}_z)\times\boldsymbol{E}_r=-\frac{1}{12\pi}\boldsymbol{e}_x\sin(\omega t+kz)$$

所以在 $z<0$ 处，有

$$\boldsymbol{E}=\boldsymbol{E}_i+\boldsymbol{E}_r=\boldsymbol{e}_y10\sin(\omega t-kz)-10\sin(\omega t+kz)=-20\boldsymbol{e}_y\sin(kz)\cos\omega t$$

$$\begin{aligned}\boldsymbol{H}=\boldsymbol{H}_i+\boldsymbol{H}_r&=-\frac{1}{12\pi}\boldsymbol{e}_x\sin(\omega t-kz)-\frac{1}{12\pi}\boldsymbol{e}_x\sin(\omega t+kz)\\&=-\frac{1}{6\pi}\boldsymbol{e}_x\cos(kz)\sin\omega t\end{aligned}$$

(2) 理想导体表面的面电流密度为

$$\dot{\boldsymbol{J}}_{sf}=\boldsymbol{e}_n\times\dot{\boldsymbol{H}}\Big|_{z=0}=-\boldsymbol{e}_z\times\left(-\frac{1}{6\pi}\boldsymbol{e}_x\sin\omega t\right)=\frac{1}{6\pi}\boldsymbol{e}_y\sin\omega t\ (\text{A/m})$$

例题 4-13 一圆极化波垂直入射到位于 $z=0$ 的理想导体板上,其电场强度的复数形式为

$$\dot{\boldsymbol{E}}_i = E_0(\boldsymbol{e}_x - \mathrm{j}\boldsymbol{e}_y)\mathrm{e}^{-\mathrm{j}\beta z}$$

试着确定:

(1) 反射波的极化方式;

(2) 导体板上的感应电流;

(3) 在 $z<0$ 处的总电场强度。

【解】 (1) 电磁波垂直入射到理想导体表面,发生全反射,设反射波为

$$\dot{\boldsymbol{E}}_r = (E_{xm}\boldsymbol{e}_x + E_{ym}\boldsymbol{e}_y)\mathrm{e}^{\mathrm{j}\beta z}$$

理想导体分界面的边界条件

$$\dot{\boldsymbol{E}}_i + \dot{\boldsymbol{E}}_r \Big|_{z=0} = 0$$

$$E_{xm} = -E_0,\ E_{ym} = \mathrm{j}E_0$$

反射波为

$$\dot{\boldsymbol{E}}_r = E_0(-\boldsymbol{e}_x + \mathrm{j}\boldsymbol{e}_y)\mathrm{e}^{\mathrm{j}\beta z}$$

因而反射波是左旋圆极化波。

(2) 入射波的磁场

$$\dot{\boldsymbol{H}}_i = \frac{1}{\eta_0}\boldsymbol{e}_z \times \dot{\boldsymbol{E}}_i = \frac{E_0}{\eta_0}\boldsymbol{e}_z \times (\boldsymbol{e}_x - \mathrm{j}\boldsymbol{e}_y)\mathrm{e}^{-\mathrm{j}\beta z} = \frac{E_0}{\eta_0}(\mathrm{j}\boldsymbol{e}_x + \boldsymbol{e}_y)\mathrm{e}^{-\mathrm{j}\beta z}$$

反射波的磁场

$$\dot{\boldsymbol{H}}_r = \frac{1}{\eta_0}(-\boldsymbol{e}_z) \times \dot{\boldsymbol{E}}_r = \frac{E_0}{\eta_0}(-\boldsymbol{e}_z) \times (-\boldsymbol{e}_x + \mathrm{j}\boldsymbol{e}_y)\mathrm{e}^{\mathrm{j}\beta z} = \frac{E_0}{\eta_0}(\mathrm{j}\boldsymbol{e}_x + \boldsymbol{e}_y)\mathrm{e}^{\mathrm{j}\beta z}$$

合成波的磁场

$$\dot{\boldsymbol{H}} = \dot{\boldsymbol{H}}_i + \dot{\boldsymbol{H}}_r = \frac{E_0}{\eta_0}(\mathrm{j}\boldsymbol{e}_x + \boldsymbol{e}_y)\mathrm{e}^{-\mathrm{j}\beta z} + \frac{E_0}{\eta_0}(\mathrm{j}\boldsymbol{e}_x + \boldsymbol{e}_y)\mathrm{e}^{\mathrm{j}\beta z}$$

理想导体表面的电流密度

$$\dot{\boldsymbol{J}}_{\mathrm{sf}} = \boldsymbol{n} \times \dot{\boldsymbol{H}}\big|_{z=0} = (-\boldsymbol{e}_z) \times (\dot{\boldsymbol{H}}_i + \dot{\boldsymbol{H}}_r)\Big|_{z=0} = \frac{2E_0}{\eta_0}(\boldsymbol{e}_x - \mathrm{j}\boldsymbol{e}_y)$$

(3) 在 $z<0$ 处的总电场强度

$$\dot{\boldsymbol{E}} = \dot{\boldsymbol{E}}_i + \dot{\boldsymbol{E}}_r = 2E_0(-\mathrm{j}\boldsymbol{e}_x - \boldsymbol{e}_y)\sin\beta z$$

瞬时表达式：

$$\boldsymbol{E}(r,t)=2E_0\sin\beta z\left[\boldsymbol{e}_x\cos\left(\omega t-\frac{\pi}{2}\right)-\boldsymbol{e}_y\cos\omega t\right]$$

例题 4-14　一圆极化波从空气中垂直入射到一个理想介质板上（$\mu=\mu_0$，$\varepsilon=\varepsilon_r\varepsilon_0$），入射波的电场为 $\dot{\boldsymbol{E}}_i=E_m(\boldsymbol{e}_x+\mathrm{j}\boldsymbol{e}_y)\mathrm{e}^{-\mathrm{j}\beta_1 z}$，求反射波与透射波的电场，并说明极化形式。

【解】　入射波为左旋圆极化波；

媒质 1 为空气，其波阻抗 $\eta_1=\eta_0$

媒质 2 为理想介质，其波阻抗 $\eta_2=\eta_0/\sqrt{\varepsilon_r}$

分界面上反射系数和透射系数分别为：

$$\Gamma=\frac{\eta_2-\eta_1}{\eta_2+\eta_1},\quad T=\frac{2\eta_2}{\eta_2+\eta_1}$$

所以反射波电场为

$$\dot{\boldsymbol{E}}_r=E_m\Gamma(\boldsymbol{e}_x+\mathrm{j}\boldsymbol{e}_y)\mathrm{e}^{\mathrm{j}\beta_1 z}$$

由于反射系数为实数，电磁波的传播方向沿着 $-z$ 方向传播，反射波为右旋圆极化波。

透射波的电场为

$$\dot{\boldsymbol{E}}_t=E_mT(\boldsymbol{e}_x+\mathrm{j}\boldsymbol{e}_y)\mathrm{e}^{-\mathrm{j}\beta_2 z}$$

式中 $\beta_2=\omega\sqrt{\mu_0\varepsilon_0\varepsilon_r}=\beta_1\sqrt{\varepsilon_r}$，透射波仍然是沿着 $+z$ 方向传播的左旋圆极化波。

例题 4-15　频率为 $f=100$ MHz 的均匀平面波，从媒质 1（$\mu=\mu_0$，$\varepsilon=4\varepsilon_0$）斜入射到其与空气的分界面上。试着求出：

（1）入射角为多大时，发生全反射；

（2）如果入射波为圆极化波，当反射波只有单一的线极化波时，入射角为多少？

【解】　（1）全反射时，根据折射定律，折射角为 90°，入射角为临界角

$$\theta_c=\arcsin\left(\frac{n_2}{n_1}\right)=\arcsin\left(\sqrt{\frac{\varepsilon_2}{\varepsilon_1}}\right)=\arcsin\left(\sqrt{\frac{1}{4}}\right)=30^\circ$$

（2）圆极化波可以分解为垂直极化波和平行极化波时，当圆极化波以布儒斯特角入射时，平行极化波发生全折射，此时反射波中只有垂直极化波。

$$\theta_b=\arctan\left(\sqrt{\frac{\varepsilon_2}{\varepsilon_1}}\right)=\arctan\left(\sqrt{\frac{1}{4}}\right)=26.57^\circ$$

例题 4-16　均匀平面波从媒质 1（$\mu=\mu_0$，$\varepsilon=4\varepsilon_0$）斜入射到空气的分界面上。试问：

（1）若入射角为垂直极化波，入射角为 60°时，会发生什么现象？

(2) 如果入射波为圆极化波,入射角为 60°时,反射波是什么极化波?

【解】 (1) 全反射时,临界角

$$\theta_c = \arcsin\left(\frac{n_2}{n_1}\right) = \arcsin\left(\sqrt{\frac{\varepsilon_2}{\varepsilon_1}}\right) = \arcsin\left(\sqrt{\frac{1}{4}}\right) = 30^\circ$$

当入射角 $\theta_i = 60^\circ > \theta_c$ 时,电磁波发生全反射。

(2) 圆极化波可以分解为垂直极化波和平行极化波时,当发生全反射时,$|\Gamma_\perp| = |\Gamma_{/\!/}| = 1$,但两者反射系数的幅角不相同且相角差不是 90°,因而反射波是椭圆极化波。

例题 4-17 一线极化波从自由空间入射到介质($\mu = \mu_0$, $\varepsilon = 4\varepsilon_0$)分界面上,如果入射波的电场矢量与入射面的夹角为 60°。试求:

(1) 入射角为何值时,反射波只有垂直极化波;

(2) 全折射时,反射波的功率占入射波功率的比例。

【解】 (1)入射波可以分解为垂直极化波和平行极化波,假设入射波电场的振幅为 E_{i0},则垂直极化波和平行极化波的振幅分别为 $E_{i0}\sin 60^\circ$ 和 $E_{i0}\cos 60^\circ$。

当入射角为布儒斯特角时

$$\theta_i = \theta_b = \arctan\left(\sqrt{\frac{4\varepsilon_0}{\varepsilon_0}}\right) = \arctan 2 = 63.43^\circ$$

(2) 只有平行极化波才会发生全折射,即 $\theta_i = \theta_b = 63.43^\circ$ 时,反射波只有垂直极化波

$$\Gamma_\perp = \frac{\cos\theta_i - \sqrt{\dfrac{4\varepsilon_0}{\varepsilon_0} - \sin^2\theta_i}}{\cos\theta_i + \sqrt{\dfrac{4\varepsilon_0}{\varepsilon_0} - \sin^2\theta_i}} = -0.6$$

反射波的平均功率密度的大小

$$P_{avr} = \left|\frac{1}{2}\mathrm{Re}[\dot{\boldsymbol{E}}_r \times \dot{\boldsymbol{H}}_r^*]\right| = \frac{1}{2\eta_1}\boldsymbol{E}_{rm}^2 = \frac{1}{2\eta_1}\left(\Gamma_\perp \frac{\sqrt{3}}{2} E_{i0}\right)^2 = 0.27 \times \frac{E_{i0}^2}{2\eta_1}$$

入射波的平均功率密度的大小

$$P_{avi} = \left|\frac{1}{2}\mathrm{Re}[\dot{\boldsymbol{E}}_i \times \dot{\boldsymbol{H}}_i^*]\right| = \frac{1}{2\eta_1}E_{i0}^2$$

比例为

$$\frac{P_{avr}}{P_{avi}} = \frac{0.27 \times \dfrac{E_{i0}^2}{2\eta_1}}{\dfrac{E_{i0}^2}{2\eta_1}} = 0.27 = 27\%$$

第5章

传输线理论

电磁波在传输线中的传输问题可以归结为求解特定边界条件的波动方程，根据其解的性质，分析传输线中各种模式电磁波的场分布和传播特性。“化场为路”是求解 TEM 模式传输线的主要方法，通过电压波和电流波的概念分析传输问题，包含传输线参量、工作状态与功率传输，从路的角度实现阻抗匹配；对于规则金属波导，采用纵向场法对其场结构和纵向传输特性进行分析。

5.1 思维导图

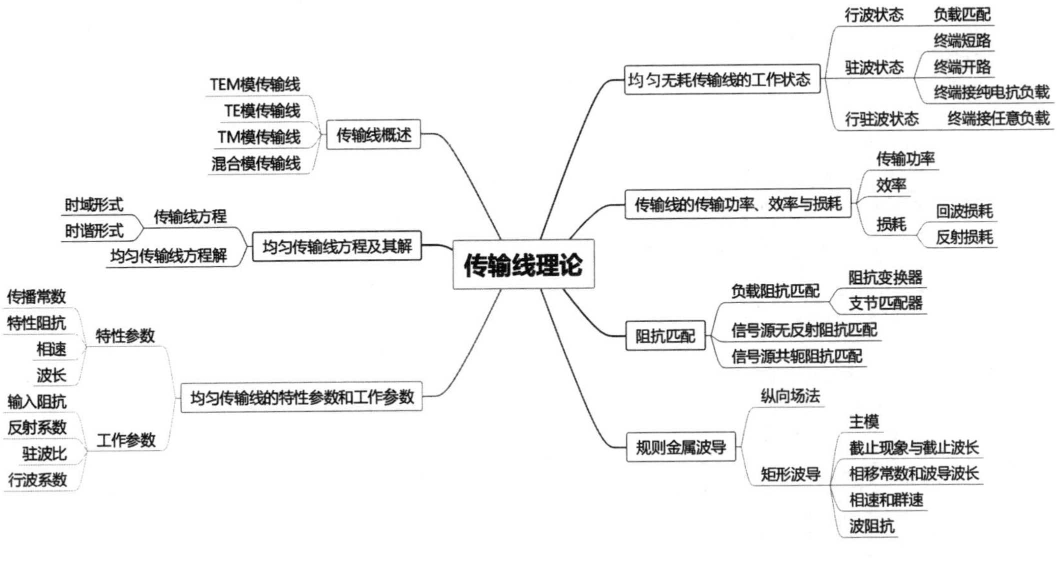

5.2 内容提要

传输线是能够引导电磁波沿一定方向传输的导体、介质或者由它们共同组成的导波系统。下面分别加以介绍。

5.2.1 传输线概述

按照电磁波沿传输方向是否存在电场或磁场的纵向分量，从电磁波的场结构和导波模式角度，将传输线分为四类：

(1) TEM 模传输线：电场和磁场的纵向分量均为 0。

(2) TE 模传输线：电场的纵向分量为 0，而磁场的纵向分量不为 0；

(3) TM 模传输线：磁场的纵向分量为 0，而电场的纵向分量不为 0；

(4) EH 模或 HE 模：TE 模和 TM 模的线性叠加，纵向电场和纵向磁场均不为 0。

5.2.2 均匀传输线方程及其解

若传输线的分布参数沿线是均匀的，称作均匀传输线，否则是非均匀传输线。表征均匀传输线上电压、电流的方程式称为传输线方程。传输线方程是传输线理论的基本方程，是描述传输线上电压和电流变化规律与相互关系的微分方程，通过“化场为路”分析方法由传输线的分布参数效应建立等效电路模型导出。下面给出传输线方程及其解。

(一) 传输线方程

平行双导线、同轴线属于 TEM 模传输线，在这类传输线中，随时间变化的电压、电流满足的波动方程为

$$\begin{cases}\dfrac{\partial u(z,t)}{\partial z}=Ri(z,t)+L\dfrac{\partial i(z,t)}{\partial z}\\[2ex]\dfrac{\partial i(z,t)}{\partial z}=Gu(z,t)+C\dfrac{\partial u(z,t)}{\partial z}\end{cases}$$

这是时域的均匀传输线方程，又称电报方程。

对于谐变电磁场，有

$$\begin{cases}\dfrac{\mathrm{d}U(z)}{\mathrm{d}z}=ZI(z)\\[2ex]\dfrac{\mathrm{d}I(z)}{\mathrm{d}z}=YU(z)\end{cases}$$

上式为时谐形式的传输线方程，其中，$Z=R+\mathrm{j}\omega L$ 为传输线单位长度串联阻抗，$Y=G+\mathrm{j}\omega C$ 为传输线单位长度并联导纳。

(二) 均匀传输线方程解

均匀传输线方程的通解为

$$\begin{cases}U(z)=A_1\mathrm{e}^{\gamma z}+A_2\mathrm{e}^{-\gamma z}\\[2ex]I(z)=\dfrac{1}{Z_0}(A_1\mathrm{e}^{\gamma z}-A_2\mathrm{e}^{-\gamma z})\end{cases}$$

式中，γ 是传播常数，定义为 $\gamma^2 = ZY = (R + j\omega L)(G + j\omega C)$，$A_1$ 和 A_2 为待定系数，由传输线的边界条件确定。

当给定传输线的终端电压 U_L 和终端电流 I_L 时，沿线电压和电流的表达式为

$$\begin{cases} U(z) = \dfrac{U_L + I_L Z_0}{2} e^{\gamma z} + \dfrac{U_L - I_L Z_0}{2} e^{-\gamma z} = U_L \mathrm{ch}\gamma z + I_L Z_0 \mathrm{sh}\gamma z \\ I(z) = \dfrac{U_L + I_L Z_0}{2Z_0} e^{\gamma z} - \dfrac{U_L - I_L Z_0}{2Z_0} e^{-\gamma z} = I_L \mathrm{ch}\gamma z + \dfrac{U_L}{Z_0} \mathrm{sh}\gamma z \end{cases}$$

5.2.3　均匀传输线的特性参数和工作参数

(一) 特性参数

表征传输线的特性参数包括传播常数、特性阻抗、相速和波长。

1. 传播常数

传播常数是描述传输线上行波在传输过程中衰减和相移的参数，定义为

$$\gamma = \sqrt{(R + j\omega L)(G + j\omega C)} = \alpha + j\beta$$

式中，α 为衰减常数，表明电压或电流经过单位长度传输线后振幅的减少量，β 为相位常数，表示经过单位长度后电压和电流的相位变化量。

对于无耗传输线，有

$$\alpha = 0, \quad \beta = \omega\sqrt{LC}$$

对于低耗传输线，有

$$\alpha \approx \frac{1}{2}\left(R\sqrt{\frac{C}{L}} + G\sqrt{\frac{L}{C}}\right) = \alpha_c + \alpha_d, \quad \beta \approx \omega\sqrt{LC}$$

式中，α_c 和 α_d 分别称为导体衰减常数和介质衰减常数。

2. 特性阻抗

特性阻抗是入射波电压与入射波电流之比，或者说是反射波电压与反射波电流之比的负值。均匀传输线的特征阻抗 Z_0 定义为

$$Z_0 = \sqrt{\frac{Z}{Y}} = \sqrt{\frac{R + j\omega L}{G + j\omega C}}$$

从上式可以看出，特性阻抗与工作频率、传输线自身的分布参数有关，而与负载和信号大小无关，故称为特性阻抗。

对于无耗传输线，其特性阻抗为

$$Z_0 = \sqrt{\frac{L}{C}}$$

对于低耗传输线，其特性阻抗为

$$Z_0 \approx \sqrt{\frac{L}{C}}$$

3. 相速

沿传输线传播的等相位点所构成的面称为等相位面。相速度 v_p 是等相位面的传播速度，即

$$v_p = \frac{\omega}{\beta} = \frac{1}{\sqrt{LC}} = \frac{1}{\sqrt{\mu\varepsilon}} = \frac{c}{\sqrt{\mu_r\varepsilon_r}}$$

4. 波长

传输线上波长 λ 定义为传输线上行波在一个周期内等相位面沿传输线移动的距离，即

$$\lambda = v_p T = \frac{v_p}{f} = \frac{2\pi}{\beta}$$

(二) 工作参数

表征传输线的工作参数包括输入阻抗、反射系数、驻波比和行波系数。

1. 输入阻抗

传输线上任意一点 z 处的输入电压和输入电流之比为该点向负载方向看去的输入阻抗。有耗传输线上 z 处的输入阻抗

$$Z_{in}(z) = Z_0 \frac{Z_L + Z_0 \text{th}(\gamma z)}{Z_0 + Z_L \text{th}(\gamma z)}$$

对于均匀无耗传输线，由于 $\gamma = \alpha + j\beta = j\beta$，则有

$$Z_{in}(z) = Z_0 \frac{Z_L + jZ_0 \tan(\beta z)}{Z_0 + jZ_L \tan(\beta z)}$$

均匀无耗传输线上的输入阻抗具有以下两个重要的性质：

(1) $\lambda/2$ 阻抗重复性

传输线上相距 $\lambda/2$ 及其整数倍的任意两点输入阻抗相同，即

$$Z_{in}\left(z + n\frac{\lambda}{2}\right) = Z_{in}(z), \quad n \text{ 为正整数}$$

(2) $\lambda/4$ 阻抗变换(倒置)性

传输线上相距 $\lambda/4$ 及其奇数倍的任意两点输入阻抗具有倒置性，即

$$Z_{in}\left[z + (2n-1)\frac{\lambda}{4}\right] = \frac{Z_0^2}{Z_{in}(z)}, \quad n \text{ 为正整数}$$

2. 反射系数

传输线上任意一点 z 处反射波电压与入射波电压之比为该点的电压反射系数，对于均匀无耗传输线，z 处的反射系数

$$\Gamma(z)=\frac{U_{\mathrm{r}}(z)}{U_{\mathrm{i}}(z)}=\frac{Z_{\mathrm{L}}-Z_0}{Z_{\mathrm{L}}+Z_0}\mathrm{e}^{-\mathrm{j}2\beta z}=\Gamma_{\mathrm{L}}\mathrm{e}^{-\mathrm{j}2\beta z}=|\Gamma_{\mathrm{L}}|\ \mathrm{e}^{\mathrm{j}(\phi_{\mathrm{L}}-2\beta z)}$$

式中，$\Gamma_{\mathrm{L}}=\dfrac{Z_{\mathrm{L}}-Z_0}{Z_{\mathrm{L}}+Z_0}=|\Gamma_{\mathrm{L}}|\ \mathrm{e}^{\mathrm{j}\phi_{\mathrm{L}}}$，为终端反射系数。

均匀无耗传输线上反射系数的特点：

(1) 任意点的反射系数模值相等，均等于终端反射系数的模，即 $|\Gamma(z)|=|\Gamma_{\mathrm{L}}|$；

(2) 反射系数的模值小于或等于 1，即 $|\Gamma(z)|=|\Gamma_{\mathrm{L}}|\leqslant 1$；

(3) 反射系数的相位沿反射波方向线性连续滞后并作 $\lambda/2$ 周期变化。

(4) 反射系数具有 $\lambda/2$ 重复性。

3. 驻波比

传输线上驻波比定义为传输线上电压振幅最大值和最小值之比，即

$$\rho=\frac{|U|_{\max}}{|U|_{\min}}=\frac{1+|\Gamma_L|}{1-|\Gamma_L|}$$

驻波比的取值范围 $1\leqslant\rho<\infty$。

4. 行波系数

传输线上行波系数定义为传输线上电压振幅最小值和最大值之比，与电压驻波比互为倒数，即

$$K=\frac{|U|_{\min}}{|U|_{\max}}=\frac{1-|\Gamma_L|}{1+|\Gamma_L|}$$

行波系数的取值范围为 $0\leqslant K\leqslant 1$。

5.2.4　无耗传输线的工作状态

均匀无耗传输线有三种工作状态：行波状态、驻波状态、行驻波状态。

(一) 行波状态

传输线上无反射的工作状态称为行波工作状态。

1. 条件

负载阻抗等于传输线的特性阻抗，即

$$Z_L=Z_0$$

2. 结论

(1) 行波状态下，沿线各点反射系数 $\Gamma(z)=0$，只有入射的行波而没有反射波；

(2) 沿线电压和电流的振幅值保持不变；

(3) 沿线任意一点的输入阻抗均等于传输线的特性阻抗，即 $Z_{in}(z)=Z_0$；

(4) 入射波的能量全被负载吸收，即负载吸收功率等于入射波功率。

(二) 驻波状态

传输线上全反射的工作状态称为驻行波工作状态。

1. 条件

(1) 终端短路，即 $Z_L=0$；

(2) 终端开路，即 $Z_L=\infty$；

(3) 终端接纯电抗负载，即 $Z_L=\pm jX_L$。

2. 结论

(1) 沿线任意一点电压、电流的相位始终相差 $\pi/2$。

(2) 在传输线上固定位置处取得最大值与零值，分别称为驻波波腹点和波节点。电压波腹点为电流波节点，电压波节点为电流波腹点。相邻两个波腹点(或波节点)相距 $\lambda/2$，相邻的波腹点和波节点相距 $\lambda/4$。

(3) 对于短路负载，终端为电压波节点、电流波腹点；对于开路负载，终端为电压波腹点、电流波节点；对于纯电感负载，离开终端向信号源方向第一个出现的是电压波腹点、电流波节点；对于纯电容负载，离开终端向信号源方向第一个出现的是电压波节点、电流波腹点。

(4) 沿线任意一点的输入阻抗均为纯电抗、短路或开路负载；

(5) 传输线上只有电磁能量的存储与转换，没有电磁能量传输，负载吸收功率为 0。

(三) 行驻波状态

传输线上既有行波又有驻波，称为行驻波工作状态。

1. 条件

传输线终端接任意负载

$$Z_L=R_L\pm jX_L$$

2. 结论

(1) 沿线任意一点电压、电流的模值是非正弦的周期函数。

(2) 在传输线上固定位置处取得最大值与最小值，分别称为行驻波波腹点和波节点。电压波腹点为电流波节点，电压波节点为电流波腹点。相邻两个波腹点(或波节点)相距 $\lambda/2$，相邻的波腹点和波节点相距 $\lambda/4$。

(3) 对于纯电阻负载 $Z_L=R_L>Z_0$，终端为电压波腹点、电流波节点；对于纯电阻负载 $Z_L=R_L<Z_0$，终端为电压波节点、电流波腹点；对于感性负载，离开终端向信号源方向第一个出现的是电压波腹点、电流波节点；对于容性负载，离开终端向信号源方向第一

个出现的是电压波节点、电流波腹点。

(4) 沿线任意一点的输入阻抗是非正弦的周期函数，具有 $\lambda/2$ 阻抗重复性和 $\lambda/4$ 阻抗变换(倒置)性。在行驻波电压波腹点(电流波节点)、电压波节点(电流波腹点)处输入阻抗为纯电阻，分别用 $R_{\max}$ 和 $R_{\min}$ 表示，并且有

$$R_{\max}=\frac{|U|_{\max}}{|I|_{\min}}=Z_0\frac{1+|\Gamma_L|}{1-|\Gamma_L|}=Z_0\rho>Z_0$$

$$R_{\min}=\frac{|U|_{\min}}{|I|_{\max}}=Z_0\frac{1-|\Gamma_L|}{1+|\Gamma_L|}=\frac{Z_0}{\rho}<Z_0$$

满足关系：$R_{\max}R_{\min}=Z_0^2$。

5.2.5 传输线的传输功率、效率与损耗

1. 传输功率

有耗条件下，传输线上任意一点 z 处的传输功率为

$$P(z)=\frac{1}{2}\mathrm{Re}[U(z)I^*(z)]=\frac{|U_L+Z_0I_L|^2}{8Z_0}\mathrm{e}^{2\alpha z}[1-|\Gamma_L|^2\mathrm{e}^{-4\alpha z}]$$

$$=P_i(z)-P_r(z)$$

式中，$P_i(z)$ 表示入射功率，$P_r(z)$ 表示反射功率。

2. 效率

传输效率定义为负载吸收的功率与传输线的输入功率之比，即

$$\eta=\frac{P(0)}{P(l)}=\frac{1-|\Gamma_L|^2}{\mathrm{e}^{2\alpha l}-|\Gamma_L|^2\mathrm{e}^{-2\alpha l}}$$

当负载阻抗 Z_L 与传输线特性阻抗 Z_0 匹配时，$Z_L=Z_0$，传输效率最高，$\eta_{\max}=\mathrm{e}^{-2\alpha l}$。

3. 损耗

传输线损耗分为回波损耗和反射损耗两种。

(1) 回波损耗：线上任意点处入射波功率与反射波功率之比

$$L_r(z)=10\lg\frac{P_i(z)}{P_r(z)}=10\lg\frac{1}{|\Gamma_L|^2\mathrm{e}^{-4\alpha l}}(\mathrm{dB})$$

对于无耗传输线，$\alpha=0$，$L_r(z)=-20\lg|\Gamma_L|$ (dB)。

(2) 反射损耗：也称失配损耗，负载匹配和不匹配情况下的吸收功率之比

$$L_{\mathrm{R}}(z)=10\lg\frac{P(z=0)\big|_{Z_{\mathrm{L}}=Z_0}}{P(z=0)\big|_{Z_{\mathrm{L}}\neq Z_0}}=10\lg\frac{1}{1-|\Gamma_{\mathrm{L}}|^2}(\mathrm{dB})$$

5.2.6 阻抗匹配

阻抗匹配是使微波传输系统无反射、处于行波或接近行波状态的技术措施，通常阻抗匹配有三种：负载阻抗匹配、信号源无反射阻抗匹配、信号源共轭阻抗匹配。

(一) 负载阻抗匹配

负载阻抗 Z_{L} 与传输线特性阻抗 Z_0 相等，即

$$Z_{\mathrm{L}}=Z_0$$

传输线上电压和电流呈行波分布，信号源入射功率被负载完全吸收，传输线的传输效率最高。

实现负载阻抗匹配的方法是在传输线和负载之间加入一阻抗匹配网络。匹配网络通常有阻抗变换器和支节匹配器两类。

1. 阻抗变换器

(1) 负载阻抗为纯电阻

当负载阻抗为纯电阻 R_{L} 时，可在负载与主传输线之间插入一节长度为 $\lambda/4$、特性阻抗为 Z_{01} 的传输线实现阻抗匹配。要使阻抗变换器输入端与主传输线匹配，必须使 $Z_{01}=\sqrt{Z_0R_{\mathrm{L}}}$。

(2) 负载阻抗为复阻抗

当负载阻抗为复阻抗 $Z_{\mathrm{L}}=R_{\mathrm{L}}+\mathrm{j}X_{\mathrm{L}}$ 时，$\lambda/4$ 阻抗变换器不能直接与负载相接，而应接在距负载一段距离的电压波腹点或波节点上，再经 $\lambda/4$ 阻抗变换器后与主传输线匹配。在电压波腹点接入的 $\lambda/4$ 阻抗变换器的特性阻抗为 $Z_{01}=\sqrt{Z_0R_{\max}}=Z_0\sqrt{\rho}$；在电压波节点接入的 $\lambda/4$ 阻抗变换器的特性阻抗为 $Z_{01}=\sqrt{Z_0R_{\min}}=\dfrac{Z_0}{\sqrt{\rho}}$。

2. 支节匹配器

支节匹配器的原理是利用在传输线上并联或串联终端短路或开路的分支线，从而达到阻抗匹配。

(1) 并联支节

通过选择适当的距离 d，在主传输线上找到一点，该点向负载方向的输入导纳为 $Y_0+\mathrm{j}B$，在该点并联一个输入导纳为 $-\mathrm{j}B$ 的支节，以抵消主传输线负载方向输入导纳的电纳分量。

(2) 串联支节

通过选择适当的距离 d，在主传输线上找到一点，该点向负载方向的输入阻抗为 $Z_0+\mathrm{j}X$，在该点串联一个输入阻抗为 $-\mathrm{j}X$ 的支节，以抵消主传输线负载方向输入阻抗的电抗分量。

(二) 信号源无反射阻抗匹配

信号源内阻抗 Z_g 与传输线特性阻抗 Z_0 相等，即

$$Z_g=Z_0$$

信号源输出能量无反射地传送给传输线，且如果传输线上反射波传至信号源，将被信号源全部吸收。

(三) 信号源共轭阻抗匹配

信号源端的传输线输入阻抗 Z_{in} 与信号源内阻抗 Z_g 互为共轭复数，即

$$Z_{in}=Z_g^*$$

信号源输出功率最大为 $P_{max}=\dfrac{1}{2}|E_g|^2\dfrac{1}{4R_g}$。

只有当 $Z_g=Z_0=Z_L$ 且均为纯电阻时，三种阻抗匹配能够同时实现。

5.2.7　规则金属波导

规则金属波导是指无限长的均匀金属波导。研究波导中的电磁场问题，实质上就是求解满足波导内壁边界条件的麦克斯韦方程。

(一) 纵向场法

设规则金属波导的轴向为 z 轴方向，将波导中的电磁场表示为横向分量加纵向分量的形式

$$\boldsymbol{E}=\boldsymbol{E}_t+\boldsymbol{e}_zE_z$$
$$\boldsymbol{H}=\boldsymbol{H}_t+\boldsymbol{e}_zH_z$$

利用麦克斯韦方程组导出横向、纵向场分量所满足的亥姆霍兹方程

$$\nabla^2\boldsymbol{E}_t+k^2\boldsymbol{E}_t=\boldsymbol{0}\qquad \nabla^2E_z+k^2E_z=0$$
$$\nabla^2\boldsymbol{H}_t+k^2\boldsymbol{H}_t=\boldsymbol{0}\qquad \nabla^2H_z+k^2H_z=0$$

式中，$k=\omega\sqrt{\mu_0\varepsilon}=2\pi/\lambda$ 是电磁波在填充理想介质 (ε、μ_0) 的无限大空间中传播的波数。

若规则金属波导为无限长，对于谐变电磁场，选定其时间因子为 $e^{j\omega t}$，纵向场分量所满足的亥姆霍兹方程变为

$$\nabla_t^2 E_z + k_c^2 E_z = 0$$
$$\nabla_t^2 H_z + k_c^2 H_z = 0$$

式中，$k_c=\sqrt{k^2-\beta^2}$ 称为截止波数，是波导系统的本征值；β 是波导内的相移常数。

对于具体传输线，根据边界条件从纵向分量的亥姆霍兹方程中解出纵向场分量 E_z、H_z，将其代入横向、纵向场分量关系式，得到各横向分量 E_x、E_y、H_x、H_y。

$$\begin{cases} E_x = -\dfrac{1}{k_c^2}\left(\mathrm{j}\beta \dfrac{\partial E_z}{\partial x} + \mathrm{j}\omega\mu \dfrac{\partial H_z}{\partial y}\right) \\ E_y = -\dfrac{1}{k_c^2}\left(\mathrm{j}\beta \dfrac{\partial E_z}{\partial y} - \mathrm{j}\omega\mu \dfrac{\partial H_z}{\partial x}\right) \\ H_x = -\dfrac{1}{k_c^2}\left(\mathrm{j}\beta \dfrac{\partial H_z}{\partial x} - \mathrm{j}\omega\varepsilon \dfrac{\partial E_z}{\partial y}\right) \\ H_y = -\dfrac{1}{k_c^2}\left(\mathrm{j}\beta \dfrac{\partial H_z}{\partial y} + \mathrm{j}\omega\varepsilon \dfrac{\partial E_z}{\partial x}\right) \end{cases}$$

1. 波导内的导波模式

根据电磁波中是否存在纵向场分量，将导波模式分为三类：

(1) 若 $E_z = H_z = 0$，称为横电磁模(TEM 模)；

(2) 若 $E_z = 0$，$H_z \neq 0$，称为横电模(TE 模)；

(3) 若 $E_z \neq 0$，$H_z = 0$，称为横磁模(TM 模)。

空心金属波导管内不能传输 TEM 模式的电磁波，可以传输 TE 模和 TM 模。

2. 波导中电磁波的传输特性

描述波导中电磁波传输特性的主要参数有：截止波数与截止波长、相移常数、波导波长、相速、群速、波阻抗。

(1) 截止现象与截止波长

截止波数 k_c 与波数 k 和相移常数 β 的关系为 $\beta=\sqrt{k^2-k_c^2}$。根据工作频率不同，可分为以下三种情况：

① $k > k_c$，此时 $\beta=\pm|\beta|$，这种状态称为传输状态；

② $k < k_c$，此时 $\beta=\pm\mathrm{j}|\beta|$，这种状态称为截止状态；

③ $k = k_c$，此时 $\beta=0$，这是传输状态与截止状态的分界点，称为临界状态。这种状态下的工作频率和工作波长，分别称为截止频率和截止波长，并且有

$$f_c = \frac{k_c}{2\pi\sqrt{\mu\varepsilon}}, \quad \lambda_c = \frac{2\pi}{k_c}$$

波导中电磁波的传输条件为 $k > k_c$、$\lambda < \lambda_c$ 或 $f > f_c$。

(2) 相移常数 β 和波导波长 λ_g

相移常数：$\beta=\sqrt{k^2-k_c^2}=k\sqrt{1-\left(\frac{\lambda}{\lambda_c}\right)^2}=\frac{2\pi}{\lambda}\sqrt{1-\left(\frac{\lambda}{\lambda_c}\right)^2}=\frac{2\pi}{\lambda_g}$

波导波长：$\lambda_g=\frac{2\pi}{\beta}=\frac{2\pi}{k}\cdot\frac{1}{\sqrt{1-\lambda^2/\lambda_c^2}}=\frac{\lambda}{\sqrt{1-\lambda^2/\lambda_c^2}}$

(3) 相速 v_p 和群速 v_g

相速：$v_p=\frac{\omega}{\beta}=\frac{v}{\sqrt{1-\lambda^2/\lambda_c^2}}$

群速：$v_g=\frac{d\omega}{d\beta}=v\cdot\sqrt{1-\left(\frac{\lambda}{\lambda_c}\right)^2}$

并且 $v_p v_g=v^2=1/\mu\varepsilon$，式中，$v$ 为理想介质中 TEM 波的相速。

(4) 波阻抗

TE 模式：$Z_{TE}=\frac{\omega\mu}{\beta}=\frac{\eta}{\sqrt{1-\left(\frac{\lambda}{\lambda_c}\right)^2}}>\eta$

TM 模式：$Z_{TM}=\frac{\beta}{\omega\varepsilon}=\eta\sqrt{1-\left(\frac{\lambda}{\lambda_c}\right)^2}<\eta$

(二) 矩形波导

矩形波导是横截面为矩形的规则空腔金属波导。设矩形波导的宽边和窄边尺寸分别为 a、b。在矩形波导内不能传播 TEM 波，可以传播 TE 波和 TM 波。

1. TE 波

$$
\begin{cases}
E_x=\mathrm{j}\dfrac{\omega\mu}{k_c^2}\dfrac{n\pi}{b}H_{mn}\cos\left(\dfrac{m\pi}{a}x\right)\sin\left(\dfrac{n\pi}{b}y\right)\mathrm{e}^{-\mathrm{j}\beta z}\\
E_y=-\mathrm{j}\dfrac{\omega\mu}{k_c^2}\dfrac{m\pi}{a}H_{mn}\sin\left(\dfrac{m\pi}{a}x\right)\cos\left(\dfrac{n\pi}{b}y\right)\mathrm{e}^{-\mathrm{j}\beta z}\\
E_z=0\\
H_x=\dfrac{\mathrm{j}\beta}{k_c^2}\dfrac{m\pi}{a}H_{mn}\sin\left(\dfrac{m\pi}{a}x\right)\cos\left(\dfrac{n\pi}{b}y\right)\mathrm{e}^{-\mathrm{j}\beta z}\\
H_y=\dfrac{\mathrm{j}\beta}{k_c^2}\dfrac{n\pi}{b}H_{mn}\cos\left(\dfrac{m\pi}{a}x\right)\sin\left(\dfrac{n\pi}{b}y\right)\mathrm{e}^{-\mathrm{j}\beta z}\\
H_z=H_{mn}\cos\left(\dfrac{m\pi}{a}x\right)\cos\left(\dfrac{n\pi}{b}y\right)\mathrm{e}^{-\mathrm{j}\beta z}
\end{cases}
$$

式中，$k_c=\sqrt{\left(\frac{m\pi}{a}\right)^2+\left(\frac{n\pi}{b}\right)^2}$ 为矩形波导的截止波数。取不同的 m、n 值代表不同模

式，表示为 TE_{mn}，$m=0, 1, 2, \cdots$，$n=0, 1, 2, \cdots$，但 m、n 不同时为 0，最低阶模为 TE_{10} 模。

2. TM 波

$$\begin{cases} E_x=-\dfrac{j\beta}{k_c^2}\dfrac{m\pi}{a}E_{mn}\cos\left(\dfrac{m\pi}{a}x\right)\sin\left(\dfrac{n\pi}{b}y\right)e^{-j\beta z} \\ E_y=-\dfrac{j\beta}{k_c^2}\dfrac{n\pi}{b}E_{mn}\sin\left(\dfrac{m\pi}{a}x\right)\cos\left(\dfrac{n\pi}{b}y\right)e^{-j\beta z} \\ E_z=E_{mn}\sin\left(\dfrac{m\pi}{a}x\right)\sin\left(\dfrac{n\pi}{b}y\right)e^{-j\beta z} \\ H_x=j\dfrac{\omega\varepsilon}{k_c^2}\dfrac{n\pi}{b}E_{mn}\sin\left(\dfrac{m\pi}{a}x\right)\cos\left(\dfrac{n\pi}{b}y\right)e^{-j\beta z} \\ H_y=-j\dfrac{\omega\varepsilon}{k_c^2}\dfrac{m\pi}{a}E_{mn}\cos\left(\dfrac{m\pi}{a}x\right)\sin\left(\dfrac{n\pi}{b}y\right)e^{-j\beta z} \\ H_z=0 \end{cases}$$

取不同的 m、n 值代表不同的模式，表示为 TM_{mn}，$m=1, 2, \cdots$，$n=1, 2, \cdots$，其中最低阶模为 TM_{11} 模。

3. 矩形波导的传播特性

当 $k>k_c$（$\lambda<\lambda_c$ 或 $f>f_c$）时，波导中可以传播相应 TE_{mn} 和 TM_{mn} 模式的电磁波。

（1）截止现象与截止波长

矩形波导中 TE_{mn} 和 TM_{mn} 模的截止波数

$$k_c=\sqrt{\left(\frac{m\pi}{a}\right)^2+\left(\frac{n\pi}{b}\right)^2}$$

矩形波导中 TE_{mn} 和 TM_{mn} 模的截止波长

$$\lambda_c=\frac{2\pi}{k_c}=\frac{2}{\sqrt{\left(\dfrac{m}{a}\right)^2+\left(\dfrac{n}{b}\right)^2}}$$

以及截止频率

$$f_c=\frac{v_p}{\lambda_c}=\frac{k_c}{2\pi\sqrt{\mu\varepsilon}}=\frac{1}{2\sqrt{\mu\varepsilon}}\sqrt{\left(\frac{m}{a}\right)^2+\left(\frac{n}{b}\right)^2}$$

在矩形波导的所有模式中，TE_{10} 模的截止波长最长，称为主模。

（2）其相移常数、波导波长、相速、群速、波阻抗与前面所列举的 TE 波和 TM 波的传播特性中的表达式相同。

5.3　重难点知识

5.3.1　传输线概述

1. 掌握根据电磁波的场结构—导波模式、传输线结构对传输线进行分类的方式

(1) 根据电磁波的场结构分为 TEM 模、TE 模、TM 模和混合模传输线四类。

(2) 根据传输线结构分为双导体传输线、单导体传输线和介质传输线三类。

2. 掌握长线和短线的区分方法

传输线几何长度 l 和线上传输的电磁波波长 λ 的比值 l/λ，称为电长度。电长度大于 1 或接近于 1 定义为长线，电长度远小于 1 定义为短线。

接近和远小于 1 没有统一的标准，可以按对精确度的不同要求设定。一般情况下，以 $l/\lambda=1/20$ 为界。

5.3.2　均匀传输线方程及其解

1. 理解传输线分布参数的概念

重点理解分布参数效应，包括分布电感 L、分布电容 C、分布电阻 R、分布电导 G。

2. 理解传输线方程及其解

$$U(z)=A_1 e^{\gamma z}+A_2 e^{-\gamma z}=U_i(z)+U_r(z)$$

$$I(z)=\frac{1}{Z_0}(A_1 e^{\gamma z}-A_2 e^{-\gamma z})=I_i(z)+I_r(z)$$

式中，$e^{\gamma z}$ 项表示沿 $-z$ 方向由信号源向负载方向传播的行波，称为入射波；$e^{-\gamma z}$ 项表示沿 $+z$ 方向由负载向信号源方向传播的行波，称为反射波。

传输线上任一点的电压、电流均由入射波、反射波叠加而成，入射波电压与反射波电压方向相同，入射波电流与反射波电流流向相反。

5.3.3　均匀无耗传输线的特性参数和工作参数

掌握特性阻抗、输入阻抗、反射系数、终端反射系数和驻波比的性质与计算。

(1) 特性阻抗

$$Z_0=\sqrt{\frac{L}{C}}$$

常用的同轴线特性阻抗为 50 Ω、75 Ω 两种。

(2) 输入阻抗

$$Z_{in}(z)=Z_0\frac{Z_L+jZ_0\tan(\beta z)}{Z_0+jZ_L\tan(\beta z)}$$

其中，$\beta=2\pi/\lambda$ 表示相位常数。两个重要性质：$\lambda/2$ 阻抗具有重复性、$\lambda/4$ 阻抗具有变换性。

(3) 反射系数

$$\Gamma(z)=\frac{Z_{in}(z)-Z_0}{Z_{in}(z)+Z_0}$$

均匀无耗传输线任一点反射系数的模值相等，反射系数具有 $\lambda/2$ 重复性。

(4) 终端反射系数

$$\Gamma_L=\frac{Z_L-Z_0}{Z_L+Z_0}$$

(5) 驻波比

$$\rho=\frac{|U|_{max}}{|U|_{min}}=\frac{1+|\Gamma_L|}{1-|\Gamma_L|}$$

5.3.4 均匀无耗传输线的工作状态

1. 掌握无耗传输线三种工作状态及其产生条件

(1) 行波状态：负载匹配 ($Z_L=Z_0$)

(2) 驻波状态：终端短路 ($Z_L=0$)、开路 ($Z_L=\infty$) 或接纯电抗负载 ($Z_L=\pm jX_L$)

(3) 行驻波状态：终端接任意负载 ($Z_L=R_L\pm jX_L$)

重点是能够根据终端所接负载的情况判断均匀无耗传输线所处的工作状态。

2. 掌握无耗传输线各工作状态下沿线电压和电流分布规律

(1) 行波状态：沿线电压和电流振幅值保持不变。

(2) 驻波状态：沿线电压和电流振幅按正余弦变化，①若终端短路 ($Z_L=0$)，在终端负载处，电压位于波节点，电流位于波腹点；②若终端开路 ($Z_L=\infty$)，在终端负载处，电压位于波腹点，电流位于波节点。

(3) 行驻波状态：距离负载 $z_{max}=\frac{\lambda\phi_L}{4\pi}+n\frac{\lambda}{2}$ $(n=0,1,2,\cdots)$ 处为电压波腹点、电流波节点，该点的输入阻抗 $R_{max}=Z_0\rho$；距离负载 $z_{max}=\frac{\lambda\phi_L}{4\pi}+(2n+1)\frac{\lambda}{4}$ $(n=0,1,2,\cdots)$ 处为电压波节点、电流波腹点，该点的输入阻抗 $R_{min}=\frac{Z_0}{\rho}$，满足 $R_{max}R_{min}=Z_0^2$。

重点是根据沿线电压电流分布规律判断传输线的工作状态，掌握驻波状态、行驻波状态下波节点和波腹点的出现位置，能够计算行驻波状态下波节点、波腹点的输入阻抗。

3. 熟练计算不同状态时无耗传输线的工作参数

(1) 行波状态：$Z_{in}(z)=Z_0$，$\Gamma(z)=0$，$\rho=1$

(2) 驻波状态：$|\Gamma(z)|=1$(终端短路：$\Gamma_L=-1$，终端开路：$\Gamma_L=1$)，$\rho=\infty$

(3) 行驻波状态：$0<|\Gamma(z)|<1$，$1<\rho<\infty$

重点是能够根据传输线的工作参数，例如反射系数、驻波比等，判断无耗传输线的工作状态。

5.3.5 阻抗匹配

掌握三种阻抗匹配方式及其对应目的。

(1) 负载阻抗匹配($Z_L=Z_0$)→负载获得最大功率；

(2) 信号源无反射阻抗匹配($Z_g=Z_0$)→消除传输线上的反射波；

(3) 信号源共轭阻抗匹配($Z_{in}=Z_g^*$)→信号源输出功率最大。

5.3.6 规则金属波导

1. 掌握规则金属波导中电磁波的传输条件

$$k>k_c \quad \lambda<\lambda_c \quad f>f_c$$

2. 掌握矩形波导的主模，熟练计算截止波数、截止波长、波导波长

(1) 矩形波导的主模：TE_{10}模

(2) 截止波数

$$k_c=\sqrt{\left(\frac{m\pi}{a}\right)^2+\left(\frac{n\pi}{b}\right)^2}$$

(3) 截止波长

$$\lambda_c=\frac{2}{\sqrt{\left(\frac{m}{a}\right)^2+\left(\frac{n}{b}\right)^2}}$$

(4) 波导波长

$$\frac{1}{\lambda^2}=\frac{1}{\lambda_c^2}+\frac{1}{\lambda_g^2}$$

5.4 典型例题解析

例题 5-1 传输线长度为 10 cm，当信号频率为 9.375 GHz 时，此传输线是长线还是短线？当信号频率为 6 MHz 时，此传输线是长线还是短线？

【解】 信号频率为 $f=9.375\ \text{GHz}$，$\lambda=\dfrac{c}{f}=3.2\ \text{cm}$，$\bar{l}=\dfrac{l}{\lambda}=3.125>1$，所以传输线是长线。信号频率为 $f=6\ \text{MHz}$，$\lambda=\dfrac{c}{f}=50\ \text{m}$，$\bar{l}=\dfrac{l}{\lambda}=0.002\ll 1$，所以传输线是短线。

例题 5-2 均匀无耗传输线的分布电感为 $L_0=1.665\ \text{nH/mm}$，分布电容为 $C_0=0.666\ \text{pF/mm}$，介质为空气。求传输线的特性阻抗。当信号频率分别为 50 Hz 和 1 000 MHz时，计算每厘米线长引入的串联电抗和并联电纳。

【解】 由于是均匀无耗传输线，所以

传输线的特性阻抗 $Z_0=\sqrt{\dfrac{L_1}{C_1}}=\sqrt{\dfrac{L_0}{C_0}}=\sqrt{\dfrac{1.665\times10^{-9}}{0.666\times10^{-12}}}=50\ \Omega$

信号频率为 50 Hz 时的串联电抗和并联电纳为

$$Z=\text{j}\omega L_0=\text{j}2\pi\times50\times1.665\times10^{-9}=\text{j}5.23\times10^{-7}(\Omega/\text{mm})$$
$$Y=\text{j}\omega C_0=\text{j}2\pi\times50\times0.666\times10^{-12}=\text{j}2.09\times10^{-10}(\text{S/mm})$$

信号频率为 1 000 MHz 时的串联电抗和并联电纳为

$$Z=\text{j}\omega L_0=\text{j}2\pi\times1\,000\times10^{6}\times1.665\times10^{-9}=\text{j}10.46(\Omega/\text{mm})$$
$$Y=\text{j}\omega C_0=\text{j}2\pi\times1\,000\times10^{6}\times0.666\times10^{-12}=\text{j}4.185\times10^{-3}(\text{S/mm})$$

例题 5-3 试证明无耗传输线上任意相距 $\lambda/4$ 的两点处的阻抗的乘积等于传输线特性阻抗的平方。

【解】 传输线上任意一点 z 处的输入阻抗为

$$Z_{\text{in}}(z)=Z_0\frac{Z_{\text{L}}+\text{j}Z_0\tan(\beta z)}{Z_0+\text{j}Z_{\text{L}}\tan(\beta z)}$$

在 $z+\dfrac{\lambda}{4}$ 处的输入阻抗为

$$Z_{\text{in}}\left(z+\frac{\lambda}{4}\right)=Z_0\frac{Z_{\text{L}}+\text{j}Z_0\tan\beta\left(z+\frac{\lambda}{4}\right)}{Z_0+\text{j}Z_{\text{L}}\tan\beta\left(z+\frac{\lambda}{4}\right)}=Z_0\frac{Z_{\text{L}}\tan\beta z-\text{j}Z_0}{Z_0\tan\beta z-\text{j}Z_{\text{L}}}=Z_0\frac{Z_0+\text{j}Z_{\text{L}}\tan\beta z}{Z_{\text{L}}+\text{j}Z_0\tan\beta z}$$

因而有 $Z_{in}(z)\cdot Z_{in}\left(z+\frac{\lambda}{4}\right)=Z_0^2$，得证。

例题 5-4　一根特性阻抗为 50 Ω、长度为 2 m 的无耗传输线工作频率为 200 MHz，终端接有阻抗 $Z_L=(40+j30)\ \Omega$，试求其输入阻抗。

【解】　无损耗线的输入阻抗

$$Z_{in}(z)=Z_0\frac{Z_L+jZ_0\tan(\beta z)}{Z_0+jZ_L\tan(\beta z)}$$

无耗传输线工作频率为 200 MHz，$\lambda=\frac{c}{f}=\frac{3\times10^8}{200\times10^6}=1.5\ \mathrm{m}$，所以

$$\beta z=\frac{2\pi}{\lambda}z=\frac{2\pi}{1.5}\times2=\frac{8\pi}{3}$$

输入阻抗 $Z_{in}=50\times\dfrac{(40+j30)+j50\times\tan\dfrac{8\pi}{3}}{50+j(40+j30)\times\tan\dfrac{8\pi}{3}}=26.32-j9.87\ \Omega$

例题 5-5　一根特性阻抗 $Z_0=75\ \Omega$ 的无损耗线，终端接有负载阻抗 $Z_L=R_L+jX_L$。

(1) 欲使线上的电压驻波比等于 3，则 R_L 和 X_L 有什么关系？

(2) 若 $R_L=150\ \Omega$，X_L 等于多少？

(3) 求在(2)情况下，距负载最近的电压最小点的位置。

【解】　(1) 线上的电压驻波比等于 3，由电压驻波比和反射系数之间的关系可得

$$|\Gamma(z)|=\frac{\rho-1}{\rho+1}=\frac{1}{2}$$

对于无耗传输线，$|\Gamma_L|=|\Gamma(z)|$，负载反射系数

$$|\Gamma_L|=\left|\frac{Z_L-Z_0}{Z_L+Z_0}\right|=\frac{\sqrt{(R_L-Z_0)^2+X_L^2}}{\sqrt{(R_L+Z_0)^2+X_L^2}}=\frac{1}{2}$$

整理后可得

$$X_L=\pm\sqrt{-R_L^2+\frac{10}{3}R_LZ_0-Z_0^2}=\pm\sqrt{-R_L^2+\frac{750}{3}R_L-5\,625}$$

$$=\pm75\sqrt{-\left(\frac{R_L}{75}\right)^2+\frac{10R_L}{225}-1}$$

(2) 若 $R_L=150\ \Omega$,则

$$X_L=\pm\sqrt{-R_L^2+\frac{750}{3}R_L-5\ 625}=\pm\sqrt{-150^2+\frac{750\times150}{3}-5\ 625}=\pm96.82\ \Omega$$

(3) 传输线的终端反射系数为

$$\Gamma_L=\frac{Z_L-Z_0}{Z_L+Z_0}=\frac{(R_L-Z_0)+jX_L}{(R_L+Z_0)+jX_L}=\frac{75\pm j96.82}{225\pm j96.82}$$
$$=0.437\ 5\pm j0.242\ 1=0.5e^{\pm j28.96^\circ}$$

传输线上任意一点电压的振幅为

$$|U(z)|=\left|\frac{U_L+I_LZ_0}{2}\right|\sqrt{1+|\Gamma_L|^2+2|\Gamma_L|\cos(2\beta z-\phi_L)}$$

由此可见,当 $\cos(2\beta z-\phi_L)=-1$ 时,得到电压最小值,所以

$$2\beta z-\phi_L=(2n+1)\pi\quad(n=0,\ 1,\ 2,\ \cdots)$$

$n=0$ 时,即可得到距负载最近的电压最小点的位置

$$z_{\min}=\frac{\phi_L+\pi}{2\beta}=\begin{cases}\dfrac{\lambda}{4}\left(\dfrac{28.96}{180}+1\right)\\[2ex]\dfrac{\lambda}{4}\left(\dfrac{-28.96}{180}+1\right)\end{cases}=\begin{cases}0.29\lambda\\0.21\lambda\end{cases}$$

例题 5-6 考虑一根无损耗传输线,

(1) 当负载阻抗 $Z_L=(40-j30)\ \Omega$ 时,欲使线上驻波比最小,则线的特性阻抗应为多少?

(2) 求出该最小的驻波比及相应的电压反射系数。

(3) 确定距负载最近的电压最小点的位置。

【解】 因为驻波比 $\rho=\dfrac{1+|\Gamma(z)|}{1-|\Gamma(z)|}$

(1) 驻波比 ρ 要最小,就要求反射系数 $|\Gamma(z)|$ 最小。对于无损耗传输线,反射系数

$$|\Gamma(z)|=|\Gamma_L|=\left[\frac{(R_L-Z_0)^2+X_L^2}{(R_L+Z_0)^2+X_L^2}\right]^{\frac{1}{2}}$$

其最小值可由 $\dfrac{d|\Gamma(z)|}{dZ_0}=0$ 求得,$Z_0^2=R_L^2+X_L^2=40^2+30^2$,所以 $Z_0=50\ \Omega$。

(2) 将 $Z_0=50\ \Omega$ 代入反射系数公式,得

$$|\Gamma|_{\min}=\left[\frac{(R_L-Z_0)^2+X_L^2}{(R_L+Z_0)^2+X_L^2}\right]^{\frac{1}{2}}=\left[\frac{(40-50)^2+30^2}{(40+50)^2+30^2}\right]^{\frac{1}{2}}=\frac{1}{3}$$

最小驻波比为

$$\rho_{\min}=\frac{1+|\Gamma|_{\min}}{1-|\Gamma|_{\min}}=\frac{1+\frac{1}{3}}{1-\frac{1}{3}}=2$$

(3) 终端反射系数

$$\Gamma_{\mathrm{L}}=\frac{(R_{\mathrm{L}}-Z_0)+\mathrm{j}X_{\mathrm{L}}}{(R_{\mathrm{L}}+Z_0)+\mathrm{j}X_{\mathrm{L}}}=\frac{(40-50)-\mathrm{j}30}{(40+50)-\mathrm{j}30}=-\mathrm{j}0.333$$

相应的电压反射系数

$$\Gamma(Z)=\Gamma_{\mathrm{L}}\mathrm{e}^{-\mathrm{j}2\beta z}=\frac{1}{3}\mathrm{e}^{-\mathrm{j}\frac{\pi}{2}}\mathrm{e}^{-\mathrm{j}2\beta z}=\frac{1}{3}\mathrm{e}^{-\mathrm{j}\left(2\beta z+\frac{\pi}{2}\right)}$$

由上题的结论可知，电压的第一个波节点 z_1 应满足

$$2\times\frac{2\pi}{\lambda}z_1-\theta_2=180^\circ$$

即

$$\frac{4\times180^\circ}{\lambda}z_1+90^\circ=180^\circ$$

解得

$$z_1=\frac{180^\circ-90^\circ}{4\times180^\circ}\lambda=0.125\lambda$$

例题 5-7　设特性阻抗为 Z_0 的无耗传输线的驻波比为 ρ，第一个电压波节点到负载的距离为 $l_{\min1}$，试证明终端负载为

$$Z_{\mathrm{L}}=Z_0\frac{1-\mathrm{j}\rho\tan\beta l_{\min1}}{\rho-\mathrm{j}\tan\beta l_{\min1}}$$

【解】　传输线上任意一点 z 处的输入阻抗为

$$Z_{\mathrm{in}}(z)=Z_0\frac{Z_{\mathrm{L}}+\mathrm{j}Z_0\tan(\beta z)}{Z_0+\mathrm{j}Z_{\mathrm{L}}\tan(\beta z)}$$

第一个电压波节点到负载的距离为 $l_{\min1}$，电压波节点处输入阻抗 $Z_{\mathrm{in}}=R_{\min}=\frac{Z_0}{\rho}$，于是

$$Z_{\mathrm{in}}(l_{\min1})=R_{\min}=Z_0\frac{Z_{\mathrm{L}}+\mathrm{j}Z_0\tan\beta l_{\min1}}{Z_0+\mathrm{j}Z_{\mathrm{L}}\tan\beta l_{\min1}}=\frac{Z_0}{\rho}$$

整理后得

$$Z_{\mathrm{L}}=Z_0\frac{1-\mathrm{j}\rho\tan\beta l_{\min1}}{\rho-\mathrm{j}\tan\beta l_{\min1}}$$

例题 5-8 有一特性阻抗为 $Z_0=50\ \Omega$ 的无耗均匀传输线，导体间的媒质参数 $\varepsilon_r=2.25$，$\mu_r=1$，终端接有 $Z_L=100\ \Omega$ 的负载。当 $f=100$ MHz 时，其线长度为 $\lambda/4$，试求：

(1) 传输线的实际长度；

(2) 负载终端反射系数；

(3) 输入端阻抗；

(4) 输入端反射系数。

【解】 导体间的媒质参数 $\varepsilon_r=2.25$，$\mu_r=1$，所以，

(1) $$v_{\mathrm{p}}=\frac{1}{\sqrt{\mu\varepsilon}}=\frac{1}{\sqrt{\mu_r\mu_0\varepsilon_r\varepsilon_0}}=\frac{c}{\sqrt{\mu_r\varepsilon_r}}=\frac{3\times10^8}{\sqrt{2.25\times1}}=2\times10^8\ \mathrm{m/s}$$

$$\lambda=\frac{v_{\mathrm{p}}}{f}=\frac{2\times10^8}{100\times10^6}=2\ \mathrm{m}$$

传输线的实际长度：$l=\lambda/4=0.5$ m

(2) 负载终端反射系数：$\Gamma_{\mathrm{L}}=\dfrac{Z_{\mathrm{L}}-Z_0}{Z_{\mathrm{L}}+Z_0}=\dfrac{100-50}{100+50}=\dfrac{1}{3}$

(3) 输入端阻抗，由于线长度为 $\lambda/4$，根据 $\lambda/4$ 阻抗变换性可知，$Z_{\mathrm{in}}\left(\dfrac{\lambda}{4}\right)=\dfrac{Z_0^2}{Z_{\mathrm{L}}}=25\ \Omega$

(4) 输入端反射系数：$\Gamma=\dfrac{Z_{\mathrm{in}}-Z_0}{Z_{\mathrm{in}}+Z_0}=\dfrac{25-50}{25+50}=-\dfrac{1}{3}$

例题 5-9 求如图 5-1 所示分布参数电路的输入阻抗。

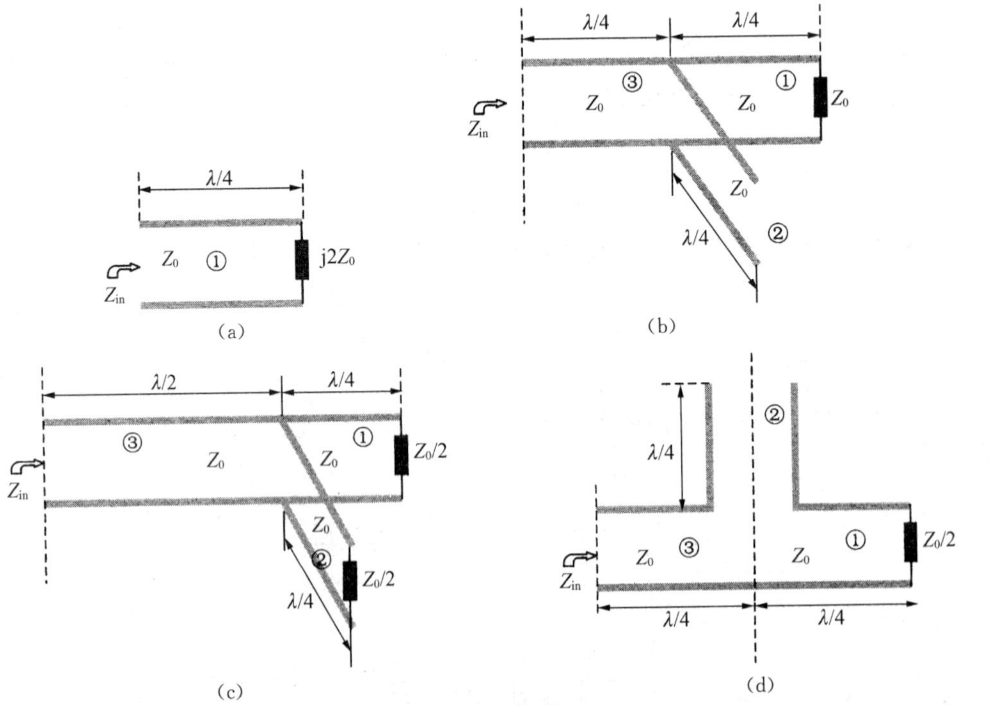

图 5-1 例题 5-9 图

【解】 设传输线无损耗，则输入阻抗为 $Z_{in}=Z_0\dfrac{Z_L+jZ_0\tan\beta z}{Z_0+jZ_L\tan\beta z}$

当传输线长度 $z=(2n+1)\dfrac{\lambda}{4}$ 时，$Z_{in}\left[(2n+1)\dfrac{\lambda}{4}\right]=\dfrac{Z_0^2}{Z_L}$

当传输线长度 $z=\dfrac{n\lambda}{2}$ 时，$Z_{in}\left(\dfrac{n\lambda}{2}\right)=Z_L$

(a) $Z_{in}\left(\dfrac{\lambda}{4}\right)=\dfrac{Z_0^2}{Z_L}=-j0.5Z_0$

(b) 支节①：$Z_{in1}\left(\dfrac{\lambda}{4}\right)=\dfrac{Z_0^2}{Z_{L1}}=\dfrac{Z_0^2}{Z_0}=Z_0$

支节②：$Z_{in2}\left(\dfrac{\lambda}{4}\right)=\dfrac{Z_0^2}{Z_{L2}}=\dfrac{Z_0^2}{\infty}=0$

支节③：$Z_{L3}=Z_{in1}//Z_{in2}=0$

$Z_{in}=Z_{in3}\left(\dfrac{\lambda}{4}\right)=\dfrac{Z_0^2}{Z_{L3}}=\dfrac{Z_0^2}{0}=\infty$

(c) 支节①：$Z_{in1}\left(\dfrac{\lambda}{4}\right)=\dfrac{Z_0^2}{Z_{L1}}=\dfrac{Z_0^2}{\frac{1}{2}Z_0}=2Z_0$

支节②：$Z_{in2}\left(\dfrac{\lambda}{4}\right)=\dfrac{Z_0^2}{Z_{L2}}=\dfrac{Z_0^2}{\frac{1}{2}Z_0}=2Z_0$

支节③：$Z_{L3}=Z_{in1}//Z_{in2}=Z_0$

$Z_{in}=Z_{in3}\left(\dfrac{\lambda}{2}\right)=Z_{L3}=Z_0$

(d) 支节①：$Z_{in1}\left(\dfrac{\lambda}{4}\right)=2Z_0$

支节②：$Z_{in2}\left(\dfrac{\lambda}{4}\right)=\dfrac{Z_0^2}{Z_{L2}}=\dfrac{Z_0^2}{\infty}=0$

支节③：$Z_{L3}=Z_{in1}+Z_{in2}=2Z_0$

$Z_{in}=Z_{in3}\left(\dfrac{\lambda}{4}\right)=\dfrac{Z_0^2}{Z_{L3}}=\dfrac{Z_0^2}{2Z_0}=Z_0/2$

例题 5-10 有特性阻抗 $Z_0=100\ \Omega$ 的均匀无耗传输线，传送 3 GHz 信号，端接 $Z_L=75+j100\ \Omega$ 负载，试求传输线上的驻波系数、离负载 10 cm 处的反射系数、离负载 2.5 cm 处的输入阻抗。

【解】 终端反射系数

$$\Gamma_L=\frac{Z_L-Z_0}{Z_L+Z_0}=\frac{(75+j100)-100}{(75+j100)+100}=\frac{-1+j4}{7+j4}=\frac{9+j32}{65}\approx 0.51\angle 74.3^\circ$$

驻波比：$\rho=\dfrac{1+|\Gamma|}{1-|\Gamma|}=\dfrac{1+0.51}{1-0.51}\approx 3.08$

信号频率为 3 GHz 时，波长 $\lambda=\dfrac{c}{f}=\dfrac{3\times 10^8}{3\times 10^9}=0.1\ \text{m}$

反射系数具有 $\lambda/2$ 重复性，离负载 10 cm 处的反射系数：$\Gamma\,(10\ \text{cm})=\Gamma_L=\dfrac{9}{65}+\text{j}\,\dfrac{32}{65}$

离负载 2.5 cm 处的输入阻抗：$Z_{in}(2.5\ \text{cm})=Z_{in}\left(\dfrac{\lambda}{4}\right)=\dfrac{Z_0^2}{Z_L}=\dfrac{100^2}{75+\text{j}100}=48-\text{j}64(\Omega)$

例题 5-11 无耗均匀传输线的特性阻抗为 100 Ω，终端接负载阻抗 Z_L，测得一电压波节点的输入阻抗为 50 Ω，而且终端为电压波腹，求终端负载阻抗 Z_L 和终端反射系数 Γ_L。

【解】 测得一电压波节点的输入阻抗为 50 Ω，所以，

电压波节点的输入阻抗：$Z_{in}=\dfrac{Z_0}{\rho}=50\ \Omega\Rightarrow\rho=2$

线上反射系数的模：$\rho=\dfrac{1+|\Gamma|}{1-|\Gamma|}=2\Rightarrow|\Gamma|=\dfrac{1}{3}$

由终端为电压波腹，则 $\Gamma_L>0$，$Z_L=Z_0\rho=200\ \Omega$

又 $|\Gamma|=\dfrac{1}{3}$ 且 $\Gamma_L>0$，故 $\Gamma_L=\dfrac{1}{3}$

例题 5-12 有一特性阻抗 $Z_0=100\ \Omega$ 的均匀无耗传输线，终端接有未知负载 Z_L，现在传输线上测得电压最大值为 100 mV，最小值为 20 mV，第一个电压波节点距离负载 $l_{min1}=\lambda/3$，试求该负载阻抗 Z_L。

【解】 传输线上测得电压最大值为 100 mV，最小值为 20 mV，所以，

传输线上驻波比：$\rho=\dfrac{|U|_{max}}{|U|_{min}}=\dfrac{100}{20}=5$

电压波节点处输入阻抗：$Z_{in}(l_{min})=\dfrac{Z_0}{\rho}=\dfrac{100}{5}=20\ \Omega$

由输入阻抗公式 $Z_{in}(l_{min})=Z_0\dfrac{Z_L+\text{j}Z_0\tan\beta l_{min}}{Z_0+\text{j}Z_L\tan\beta l_{min}}$ 可推导出

$$Z_L=Z_0\frac{Z_{in}(l_{min1})-\text{j}Z_0\tan\beta l_{min}}{Z_0-\text{j}Z_{in}(l_{min1})\tan\beta l_{min}}=100\,\frac{20+\text{j}100\sqrt{3}}{100+\text{j}20\sqrt{3}}$$

$$=71.43+\text{j}148.46\ \Omega$$

例题 5-13 在一特性阻抗为 50 Ω、终端接一未知负载 Z_L 的无耗线上，现在传输线上测得电压最大值和最小值分别为 60 mV 和 20 mV，相邻两个电压波腹点之间的距离为 20 cm，第一个电压波节点距离负载为 $d_{min1}=5$ cm，试求：

(1) 负载阻抗 Z_L；

（2）负载反射系数Γ_L。

【解】 现在传输线上测得电压最大值和最小值分别为 60 mV 和 20 mV，所以，

传输线上驻波比：$\rho=\dfrac{|U|_{max}}{|U|_{min}}=\dfrac{60}{20}=3$

相邻两个电压波腹点之间的距离为 20 cm，$\lambda=2\times20=40$ cm，$d_{min1}=5\text{ cm}=\dfrac{\lambda}{8}$

（1）电压波节点输出阻抗：$Z_{in}(d_{min1})=\dfrac{Z_0}{\rho}=\dfrac{50}{3}\ \Omega$

$$Z_L=Z_0\frac{Z_{in}(d_{min1})-jZ_0\tan\beta d_{min1}}{Z_0-jZ_{in}(d_{min1})\tan\beta d_{min1}}=50\frac{\dfrac{50}{3}-j50}{50-j\dfrac{50}{3}}=30-j40\ \Omega$$

（2）负载反射系数 $\Gamma_L=\dfrac{Z_L-Z_0}{Z_L+Z_0}=\dfrac{30-j40-50}{30-j40+50}=-j0.5$

例题 5-14　特性阻抗 $Z_0=100\ \Omega$，长度为$\lambda/8$的均匀无耗传输线，终端接 $Z_L=200+j300\ \Omega$ 的负载，信源电压 $E_g=500\text{ V}\angle0^\circ$、内阻 $R_g=100\ \Omega$。求传输线始端电压、电流，负载吸收的平均功率和终端电压。

【解】 传输线始端输入阻抗

$$Z_{in}\left(\frac{\lambda}{8}\right)=100\times\frac{(200+j300)+j100\tan\left(\dfrac{2\pi}{\lambda}\cdot\dfrac{\lambda}{8}\right)}{100+j(200+j300)\tan\left(\dfrac{2\pi}{\lambda}\cdot\dfrac{\lambda}{8}\right)}=50(1-j3)\ \Omega$$

传输线始端电压和电流

$$\begin{cases}U_{in}=\dfrac{Z_{in}}{R_g+Z_{in}}E_g=\dfrac{50(1-j3)}{100+50(1-j3)}500\text{ V}\angle0^\circ\approx372.7\angle-26.57^\circ\text{ V}\\[2ex] I_{in}=\dfrac{E_g}{R_g+Z_{in}}=\dfrac{500\text{ V}\angle0^\circ}{100+50(1-j3)}\approx2.357\angle45^\circ\text{ A}\end{cases}$$

负载吸收的平均功率

$$P=\frac{1}{2}\frac{|E_g|^2R_{in}}{(R_g+R_{in})^2+(X_g+X_{in})^2}=\frac{1}{2}\frac{|500|^2\times50}{(100+50)^2+(0-150)^2}\approx138.89\text{ W}$$

传输线始端反射系数与终端反射系数：

$$\Gamma_{in}=\frac{Z_{in}-Z_0}{Z_{in}+Z_0}=\frac{50-j150-100}{50-j150+100}=\frac{1}{3}-j\frac{2}{3}$$

$$\Gamma_L=\frac{Z_L-Z_0}{Z_L+Z_0}=\frac{200+j300-100}{200+j300+100}=\frac{2}{3}+j\frac{1}{3}$$

根据均匀无耗传输线沿线电压表达式，写出传输线始端电压和终端电压

$$U_{in}=U\left(\frac{\lambda}{8}\right)=A_1 e^{j\beta\cdot\frac{\lambda}{8}}\left[1+\Gamma_L e^{-j2\beta\cdot\frac{\lambda}{8}}\right]$$

$$U_L=U(0)=A_1[1+\Gamma_L]$$

以上两式联立，可求出终端电压

$$U_L=\frac{U_{in}}{e^{j\frac{\pi}{4}}\left(1+\Gamma_L e^{-j\frac{\pi}{2}}\right)}\times(1+\Gamma_L)=\frac{372.7\angle-26.57°\times\left(1+\frac{2}{3}+j\frac{1}{3}\right)}{e^{j\frac{\pi}{4}}\left[1+\left(\frac{2}{3}+j\frac{1}{3}\right)\times(-j)\right]}$$

$$\approx 424.943\angle-33.70° \text{V}$$

例题 5-15 某传输系统如图 5-2 所示，试画出 AB 段和 BC 段沿线各点电压、电流振幅分布图，并求出它们的最大值和最小值。

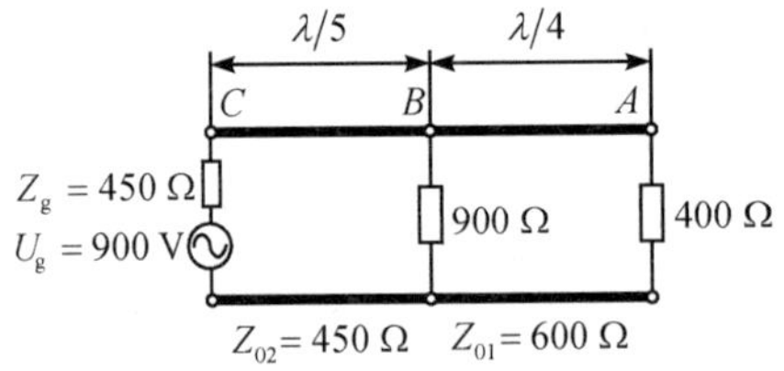

图 5-2 例题 5-15 图

【解】 从 B 点向负载方向看去的输入阻抗

$$Z_B=\frac{Z_{01}^2}{400}//900=450\ \Omega$$

AB 段处于行驻波状态，A 点是电压波节点，B 点是电压波腹点。

$Z_B=Z_{02}$，BC 段处于行波状态，传输线上任意一点输入阻抗均等于特性阻抗，所以

$$Z_C=450\ \Omega$$

且 BC 段沿线电压、电流的振幅保持不变，BC 段电压振幅

$$U_{Cm}=900\frac{Z_C}{Z_C+Z_g}=450\ \text{V}$$

BC 段电流振幅：$I_{Cm}=\dfrac{900}{Z_C+Z_g}=1\ \text{A}$

B 点是电压波腹点，AB 段电压振幅最大值是：$U_{B\max}=U_{C\max}=450\ \text{V}$

B 点是电压波腹点，AB 段电流振幅最小值是：$I_{B\min}=I_{C\min}=1\ \text{A}$

AB 段反射系数模值：$|\Gamma|=|\Gamma_L|=\left|\frac{Z_L-Z_{01}}{Z_L+Z_{01}}\right|=\left|\frac{400-600}{400+600}\right|=0.2$，驻波比 $\rho=\frac{1+|\Gamma|}{1-|\Gamma|}=1.5$

AB 段电压振幅最小值是：$U_{Am}=\frac{U_{Bm}}{\rho}=\frac{450}{1.5}=300\ \text{V}$

AB 段电流振幅最大值是：$I_{Am}=\rho I_{Bm}=1.5\ \text{A}$

沿线各点电压、电流振幅分布图如图 5-3 所示：

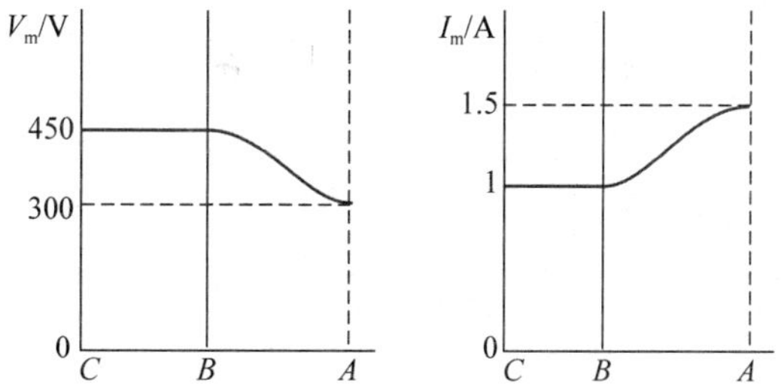

图 5-3　例题 5-12 解图

例题 5-16　试求无耗传输线回波损耗分别为 3 dB 和 10 dB 时的驻波。

【解】　根据无耗传输线回波损耗的定义式

$$L_r(z)=-20\lg|\Gamma_L|\ (\text{dB})\Rightarrow|\Gamma_L|=10^{-\frac{L_r(z)}{20}}$$

当回波损耗为 3 dB 时，$|\Gamma_L|=10^{-\frac{3}{20}}$，代入驻波比公式：

$$\rho=\frac{1+|\Gamma_L|}{1-|\Gamma_L|}=\frac{1+10^{-\frac{3}{20}}}{1-10^{-\frac{3}{20}}}\approx5.85$$

当回波损耗为 10 dB 时，$|\Gamma_L|=10^{-\frac{10}{20}}$，代入驻波比公式：

$$\rho=\frac{1+|\Gamma_L|}{1-|\Gamma_L|}=\frac{1+10^{-\frac{10}{20}}}{1-10^{-\frac{10}{20}}}\approx1.92$$

例题 5-17　信号源通过 50 Ω 的无耗传输线，以相等功率分别馈送给两个阻值分别为 64 Ω 和 25 Ω 的负载。若用长 λ/4 的线实现与 50 Ω 主传输线的阻抗匹配，如图 5-4 所示。

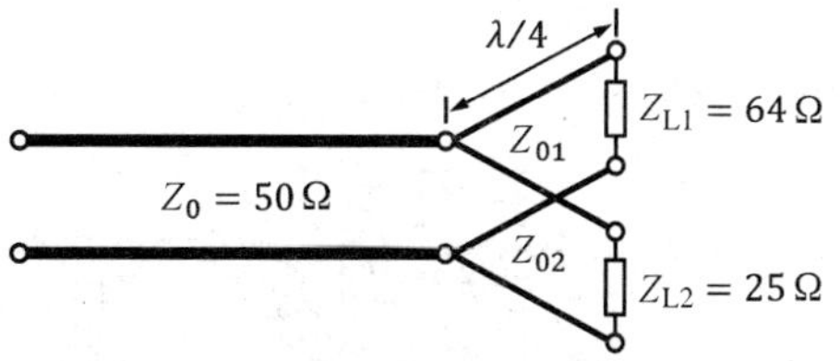

图 5-4　例题 5-17 图

试求：

(1) 两段长 $\lambda/4$ 的线分别具有的特性阻抗；

(2) 两只电阻性负载的反射系数；

(3) 50 Ω 的无耗传输线上的驻波比。

【解】 实现与 50 Ω 主传输线的阻抗匹配，在接头处由主传输线向每一负载看去的输入阻抗等于 100 Ω，即 $Z_{in1}=Z_{in2}=100\ \Omega$，两者并联为 50 Ω，所以，

(1) $Z_{in1}=\dfrac{Z_{01}^2}{Z_{L1}}=100 \Rightarrow Z_{01}=\sqrt{Z_{in1}Z_{L1}}=\sqrt{100\times 64}=80\ \Omega$

$Z_{in2}=\dfrac{Z_{02}^2}{Z_{L2}}=100 \Rightarrow Z_{02}=\sqrt{Z_{in2}Z_{L2}}=\sqrt{100\times 25}=50\ \Omega$

(2) Z_{L1} 的反射系数：$\Gamma_{L1}=\dfrac{Z_{L1}-Z_{01}}{Z_{L1}+Z_{01}}=\dfrac{64-80}{64+80}=-\dfrac{1}{9}$

Z_{L2} 的反射系数：$\Gamma_{L2}=\dfrac{Z_{L2}-Z_{02}}{Z_{L2}+Z_{02}}=\dfrac{25-50}{25+50}=-\dfrac{1}{3}$

(3) 50 Ω 主传输线的阻抗匹配，$\Gamma_L=0$，$\rho=\dfrac{1+|\Gamma_L|}{1-|\Gamma_L|}=1$

例题 5-18 特性阻抗 $Z_0=150\ \Omega$ 的均匀无耗传输线，终端接有负载 $Z_L=250+\mathrm{j}100\ \Omega$，用 $\lambda/4$ 阻抗变换器实现阻抗匹配，如图 5-5 所示。试求 $\lambda/4$ 阻抗变换器的特性阻抗 Z_{01} 及离终端距离。

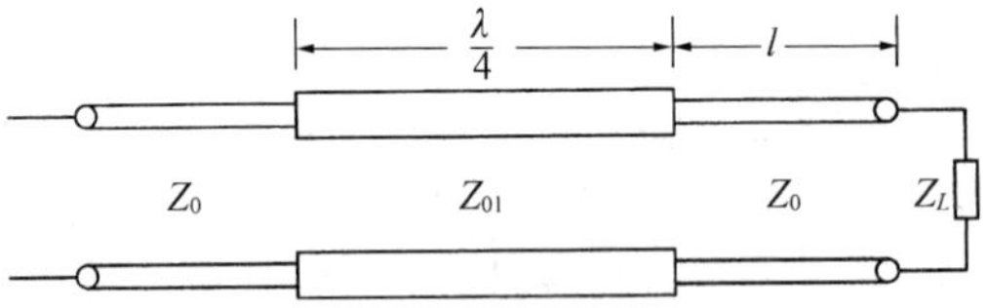

图 5-5 例题 5-18 图

【解】 负载反射系数为

$$\Gamma_1=\frac{Z_L-Z_0}{Z_L+Z_0}=0.343\angle 30.96^\circ$$

第一个波腹点离负载的距离为

$$l_{min1}=\frac{\lambda}{4\pi}\times 0.172\pi=0.043\lambda$$

即在距离负载 $l=0.043\lambda$ 处接入 $\lambda/4$ 阻抗变换器，即可实现匹配。

此处的等效阻抗为 $R_{max}=Z_0\rho$，而驻波比

$$\rho=\frac{1+|\Gamma_1|}{1-|\Gamma_1|}=2.044\,1$$

所以，$\lambda/4$ 阻抗变换器的特性阻抗 $Z_{01}=Z_0\sqrt{\rho}=214.46\ \Omega$

例题 5-19　一均匀无耗传输线的特性阻抗为 30 Ω，负载阻抗为 $Z_L=70+j140\ \Omega$，工作波长 $\lambda=20$ cm。试设计串联支节匹配器的位置和长度。

【解】　终端反射系数为

$$\Gamma_L=\frac{Z_L-Z_0}{Z_L+Z_0}=\frac{70+j140-30}{70+j140+30}=0.846\angle 19.6°$$

驻波比

$$\rho=\frac{1+|\Gamma_L|}{1-|\Gamma_L|}=\frac{1+0.846}{1-0.846}=11.99$$

串联支节位置

$$d=\frac{\lambda}{2\pi}\arctan\frac{1}{\sqrt{\rho}}+\frac{\lambda}{4\pi}\phi_1=1.38\ \text{cm}$$

串联支节长度

$$l=\frac{\lambda}{2\pi}\arctan\frac{\rho-1}{\sqrt{\rho}}=4.03\ \text{cm}$$

例题 5-20　一空气填充的矩形波导，其截面尺寸 $a=8$ cm，$b=4$ cm，请指出：

(1) 工作频率 $f=6$ GHz 时的电磁波能否在该波导中传输？可能存在哪些波型？

(2) 当工作波长为 $\lambda_0=10$ cm 时的电磁波在该波导中可以传输哪些模式？

【解】　列出数值较大的几个截止波长，

$\lambda_{cTE_{10}}=2a=16$ cm

$\lambda_{cTE_{20}}=a=8$ cm

$\lambda_{cTE_{01}}=2b=8$ cm

$\lambda_{cTE_{02}}=b=4$ cm

$$\lambda_{cTE_{11}}=\lambda_{cTM_{11}}=\frac{2ab}{\sqrt{a^2+b^2}}\approx 7.155\ \text{cm}$$

$$\lambda_{cTE_{21}}=\lambda_{cTM_{21}}=\frac{2ab}{\sqrt{a^2+4b^2}}\approx 5.66\ \text{cm}$$

(1) 工作频率为 6 GHz 时，工作波长：$\lambda_0=\frac{c}{f}=\frac{3\times 10^8}{6\times 10^9}=5$ cm，根据传播条件 $\lambda_0<\lambda_c$，电磁波在该波导中可以传输 TE_{10}、TE_{01}、TE_{20}、TE_{11}、TM_{11} 模式。

(2) 根据传播条件 $\lambda_0<\lambda_c$，$\lambda_0=10$ cm 时的电磁波在该波导中可以传输 TE_{10} 模式。

例题 5-21　设有空气填充的标准矩形波导为 BJ-32 型，$a=72.12$ mm，$b=34.04$ mm，试求：

(1) 当工作波长 $\lambda_0=6$ cm 时,该波导中可能传输哪些模式?

(2) 若波导处于驻波工作状态,并工作于 TE_{10} 模式时,测得相邻两波节点之间的距离为 10.9 cm,求波导波长 λ_g 和工作波长 λ_0 各等于多少?

【解】 列出数值较大的几个截止波长,

$\lambda_{cTE_{10}}=2a=14.424$ cm

$\lambda_{cTE_{20}}=a=7.212$ cm

$\lambda_{cTE_{01}}=2b=6.808$ cm

$\lambda_{cTE_{02}}=b=3.404$ cm

$\lambda_{cTE_{11}}=\lambda_{cTM_{11}}=\dfrac{2ab}{\sqrt{a^2+b^2}}\approx 6.156$ cm

(1) 根据传播条件 $\lambda_0<\lambda_c$,可以传播 TE_{10}、TE_{01}、TE_{20}、TE_{11}、TM_{11} 模式。

(2) 测得相邻两波节点之间的距离为 10.9 cm,$\lambda_g=2\times 10.9=21.8$ cm

$$\frac{1}{\lambda_0^2}=\frac{1}{\lambda_c^2}+\frac{1}{\lambda_g^2}\Rightarrow\lambda_0=12.03\text{ cm}$$

例题 5-22 有一空气填充的矩形波导工作于 TE_{10} 模式,其工作频率为 10 GHz,已测得波导波长 $\lambda_g=4$ cm,试求:

(1) 截止频率和截止波长;

(2) 若波导横截面尺寸不变,波导内均匀填满 $\varepsilon_r=2.25$、$\mu_r=1$、$\sigma=0$ 的介质,则(1)中参量如何变化?

【解】 工作频率为 10 GHz 时,工作波长:$\lambda_0=\dfrac{c}{f}=\dfrac{3\times 10^8}{10\times 10^9}=3$ cm,

(1) 波导波长 $\lambda_g=4$ cm,则截止波长:$\dfrac{1}{\lambda_0^2}=\dfrac{1}{\lambda_c^2}+\dfrac{1}{\lambda_g^2}\Rightarrow\lambda_c=4.54$ cm

截止频率:$f_c=\dfrac{c}{\lambda_c}=\dfrac{3\times 10^8}{4.54\times 10^{-2}}=6.61$ GHz

(2) 若波导横截面尺寸不变,波导内均匀填满 $\varepsilon_r=2.25$、$\mu_r=1$、$\sigma=0$ 的介质,截止波长不变,$\lambda_c=4.54$ cm,而截止频率减小:$f_c=\dfrac{v_p}{\lambda_c}=\dfrac{1}{\sqrt{\mu\varepsilon}\lambda_c}=\dfrac{c}{\sqrt{\mu_r\varepsilon_r}\lambda_c}=4.04$ GHz

第 6 章

天线基础知识

天线是发射或接收电磁波(信息)的装置,它把导行波变换成空间自由电磁波或者进行相反的变换。本章内容介绍天线基础知识,这是研究天线技术及其应用的基础,包括电磁波的辐射机理、基本辐射元、天线的电参数、对称振子、天线的接收理论、天线阵及天线的镜像法应用。

6.1 思维导图

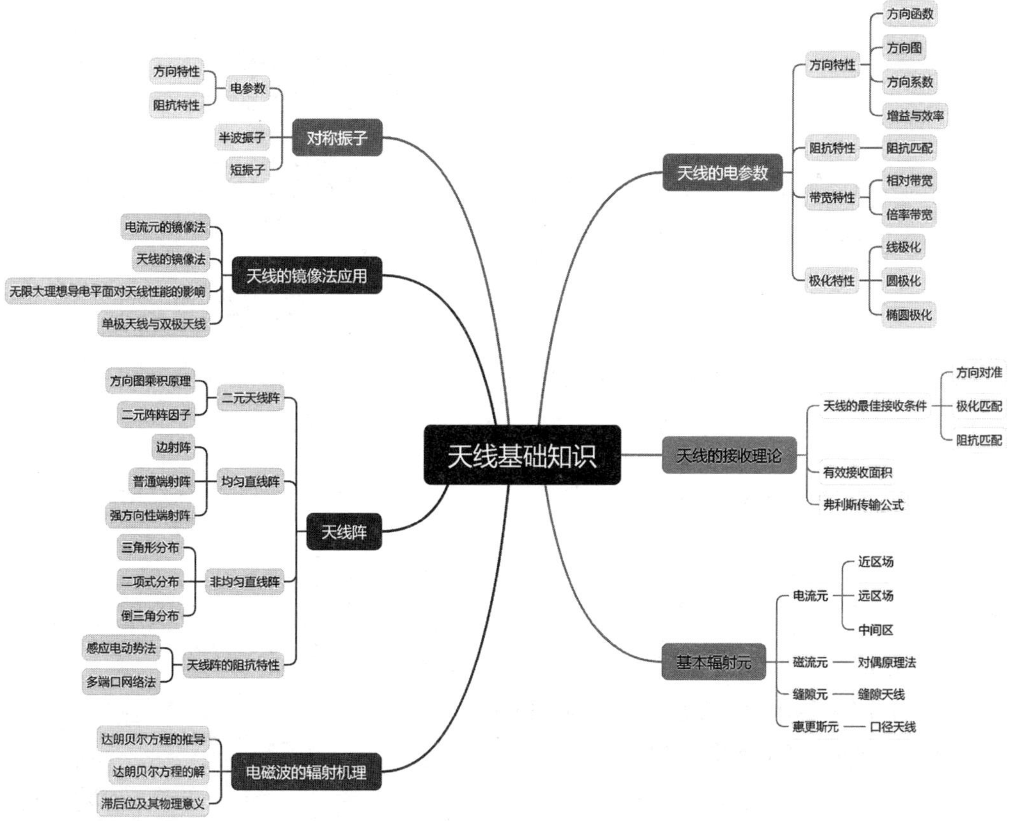

6.2 内容提要

6.2.1 电磁波的辐射机理

天线工作需满足两个条件：①产生时变的电磁场，时变的电磁扰动才能辐射电磁波；②具有开放的结构，自由电磁波传播需要天线具有开放辐射结构。

分析电磁波的辐射机理，一般采用辅助位函数法，即先由源求得空间的位（辅助电位函数 ϕ 和矢量磁位 $\boldsymbol{A}$）分布，然后根据电场、磁场与辅助位函数的关系求得场分布。根据麦克斯韦方程可得到动态矢位 $\boldsymbol{A}$ 和动态标位 ϕ 的达朗贝尔方程为

$$\nabla^2\boldsymbol{A}-\mu\varepsilon\frac{\partial^2\boldsymbol{A}}{\partial t^2}=-\mu\boldsymbol{J}_f$$

$$\nabla^2\phi-\mu\varepsilon\frac{\partial^2\phi}{\partial t^2}=-\frac{\rho_f}{\varepsilon}$$

达朗贝尔方程的解为

$$\boldsymbol{A}(\boldsymbol{r},t)=\frac{\mu}{4\pi}\iiint_{\tau'}\frac{\boldsymbol{J}_f\left(x',y',z',t-\dfrac{r}{v}\right)}{r}\mathrm{d}\tau'+\frac{\mu}{4\pi}\iiint_{\tau'}\frac{\boldsymbol{J}_f\left(x',y',z',t+\dfrac{r}{v}\right)}{r}\mathrm{d}\tau'$$

$$\phi(\boldsymbol{r},t)=\frac{1}{4\pi\varepsilon}\iiint_{\tau'}\frac{\rho_f\left(x',y',z',t-\dfrac{r}{v}\right)}{r}\mathrm{d}\tau'+\frac{1}{4\pi\varepsilon}\iiint_{\tau'}\frac{\rho_f\left(x',y',z',t+\dfrac{r}{v}\right)}{r}\mathrm{d}\tau'$$

电位函数 ϕ 和矢量磁位 $\boldsymbol{A}$ 的两项，分别为滞后位和超前位。超前位无意义，只有滞后位有意义。空间任一点在 t 时刻的解，由 t 时刻之前，即 $\left(t-\dfrac{r}{v}\right)$ 时刻的场源分布决定。

6.2.2 天线的基本辐射元

天线的基本辐射元，包括电流元、磁流元、缝隙元和惠更斯面元。

电流元是最简单的天线，是构成复杂天线系统的基本要素。电流元辐射场的求解思路为：$\boldsymbol{J}\rightarrow\boldsymbol{A}\rightarrow\boldsymbol{H}\rightarrow\boldsymbol{E}$。如图 6-1 所示，可得电流元的场分布为：

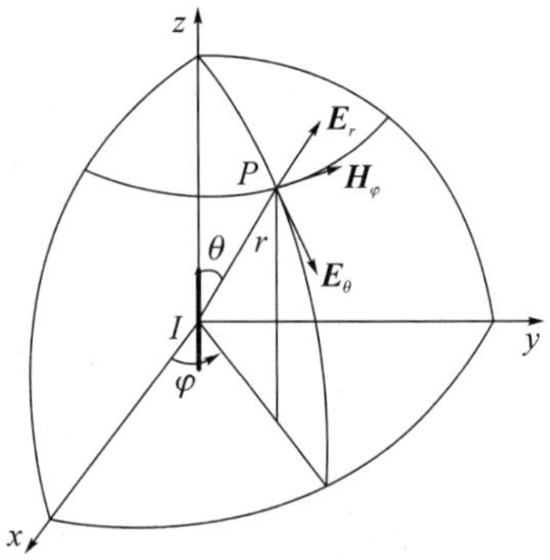

图 6-1 电流元的场分布

$$H_{\varphi}=\frac{Ilk^{2}\sin\theta}{4\pi}\left[\frac{\mathrm{j}}{kr}+\frac{1}{(kr)^{2}}\right]\mathrm{e}^{-\mathrm{j}kr}$$

$$E_{r}=\frac{2Ilk^{3}\cos\theta}{4\pi\omega\varepsilon}\left[\frac{1}{(kr)^{2}}-\frac{\mathrm{j}}{(kr)^{3}}\right]\mathrm{e}^{-\mathrm{j}kr}$$

$$E_{\theta}=\frac{Ilk^{3}\sin\theta}{4\pi\omega\varepsilon}\left[\frac{\mathrm{j}}{kr}+\frac{1}{(kr)^{2}}-\frac{\mathrm{j}}{(kr)^{3}}\right]\mathrm{e}^{-\mathrm{j}kr}$$

磁流元又称磁基本振子，用小电流环来等效。分析磁流元的场分布规律，有两种求解方法：一是直接积分法，也就是按照电流元的辅助位函数方法。二是对偶原理法，自由空间的电流元与磁流元之间存在着对偶关系。如图 6-2 所示，可以用对偶原理求出磁流元的场。

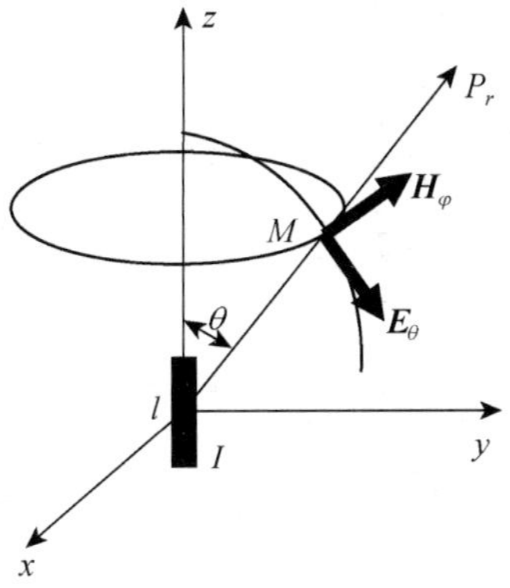

(a) 电流元

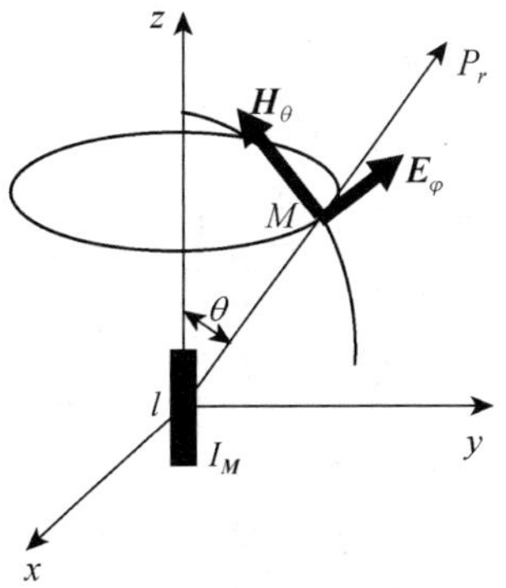

(b) 磁流元

图 6-2　电流元与磁流元

缝隙元，也称基本缝隙振子，是在一块无穷大且无限薄的理想导体平面上开的窄缝隙。缝隙元就是缝隙天线的基本单元。

惠更斯面元是口径天线的基本辐射元。

6.2.3　天线的电参数

描述天线工作特性的参数称为天线的电参数，包括方向特性、阻抗特性、带宽特性和极化特性。

1. 方向特性

天线的方向特性，是指在远区相同距离 r 的条件下，天线辐射场的相对值与空间方向（方位角 φ、俯仰角 θ）的关系。

2. 阻抗特性

(1) 输入阻抗与复数功率间的关系

$$Z_{\mathrm{in}}\equiv R_{\mathrm{in}}+\mathrm{j}X_{\mathrm{in}}=\frac{U_{\mathrm{in}}}{I_{\mathrm{in}}}=\frac{U_{\mathrm{in}}I_{\mathrm{in}}^{*}}{I_{\mathrm{in}}I_{\mathrm{in}}^{*}}=\frac{2\widetilde{P}_{\mathrm{in}}}{|I_{\mathrm{in}}|^{2}}=\frac{2(P_{\mathrm{in}}+\mathrm{j}Q_{\mathrm{in}})}{|I_{\mathrm{in}}|^{2}}$$

(2) 输入电阻、辐射电阻和天线效率的关系

$$\eta_A = \frac{P_\Sigma}{P_{in}} = \frac{P_\Sigma}{P_\Sigma + P_d} = \frac{R_\Sigma}{R_\Sigma + R_d} \times 100\%$$

(3) 阻抗匹配

把天线作为一个终端器件,天线的输入阻抗与导波系统的特性阻抗的关系会影响到天线的发送与接收效果。当天线的输入阻抗等于导波系统的特性阻抗,即 $Z_{in} = Z_0$,此时阻抗匹配,无反射波,天线的能量利用效率最高。

3. 带宽特性

相对带宽:$B_p = \dfrac{f_U - f_L}{f_C} \times 100\%$;倍率带宽:$B_r = \dfrac{f_U}{f_L} \times 100\%$

4. 极化特性

极化特性是天线的一项重要参数。天线的极化特指天线在其最大辐射方向上辐射电磁波的极化,即在最大辐射方向上电场矢量端点运动的轨迹。天线可以分为线极化天线、圆极化天线和椭圆极化天线。

需要指出的是,天线的四大特性之间并不是相互独立的,其内涵是相互关联的。

6.2.4 对称振子

由电流元构成的一种典型单元天线是对称振子。根据对称振子电尺寸典型值,可分为短振子、半波振子和全波振子等。工程上一般采用近似方法——传输线法分析振子天线。

$$E_\theta = \mathrm{j}\frac{60 I_m}{r} e^{-\mathrm{j}kr} \frac{\cos(kh\cos\theta) - \cos kh}{\sin\theta}$$

方向函数

$$F(\theta) = \frac{\cos(kh\cos\theta) - \cos kh}{\sin\theta}$$

对称振子的方向图如图 6-3 所示。

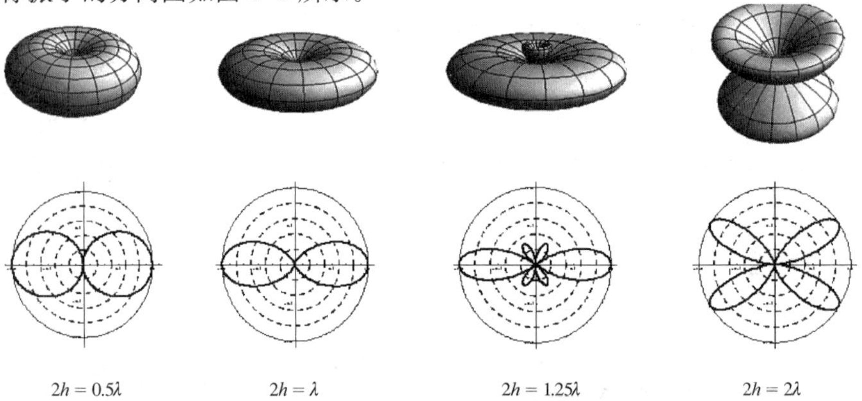

图 6-3 对称振子的方向图变化

方向系数：对称振子的长度约为 1/2 波长时，其方向系数为 1.64(2.15 dB)。

半波振子的辐射电阻近似为 73.1 Ω，而全波振子的辐射电阻约为 200 Ω。

对称振子的输入阻抗 $Z_{in}=R_{in}+jX_{in}$ 有如下规律：

(1) 对称振子存在一系列的谐振点。

(2) 在 $h\approx\lambda/4$ 附近，输入阻抗是一个不大的纯电阻，随频率变化平缓，此时对称振子总长度约 1/2 波长，称为半波振子。半波振子输入阻抗为 $73+j42.5\ \Omega$。

(3) 实际振子末端具有较大的端面电容，末端电流实际上不为 0，使得振子的等效长度增加，相当于波长缩短，这种现象称为末端效应。天线越粗，波长缩短现象越严重。

(4) 对称振子的长径比越小，即振子越粗，阻抗频率特性越好。所以，欲展宽对称振子的带宽，常采用加粗振子直径、降低输入阻抗的办法。笼形天线、双锥天线、盘锥天线均是宽带化振子天线的变形。

6.2.5　天线的接收理论

同一天线用作收发时，其电参数具有相同的性质，称为天线的收发互易性。

要保证接收天线负载获得最大接收功率，处于最佳接收状态，需满足三个条件：

(1) 天线的最大接收方向对准来波方向(方向对准)；

(2) 天线的极化与来波极化匹配(极化匹配)；

(3) 接收天线的自阻抗与负载阻抗共轭匹配(阻抗匹配)。

前两个条件为了感应电动势最大化，后一个条件为了获取最大接收功率。

6.2.6　天线阵

1. 方向图乘积原理

方向图乘积原理：在阵元相同的条件下，天线阵的方向函数是元因子与阵因子的乘积。以二元天线阵为例，方向函数为

$$f(\theta,\ \varphi)=f_0(\theta,\ \varphi)f_N(\theta,\ \varphi)$$

2. 二元阵阵因子

重点区分等幅同相、等幅反相、等幅异相。

3. 均匀直线阵

均匀直线阵：若干个阵元均匀排列在一条直线上，馈入各阵元的电流振幅相等、相位呈等差级数分布。

4. 天线阵的阻抗特性

单元天线的阻抗由两部分组成：一是自辐射阻抗，即不考虑耦合作用时的自身阻抗；二是互辐射阻抗，即由阵元的相互耦合作用产生的阻抗。获得互阻抗的方法有很多，一是感应电动势法；二是多端口网络法。

6.2.7 天线的镜像理论

1. 电流元的镜像法,如图 6-4 所示。

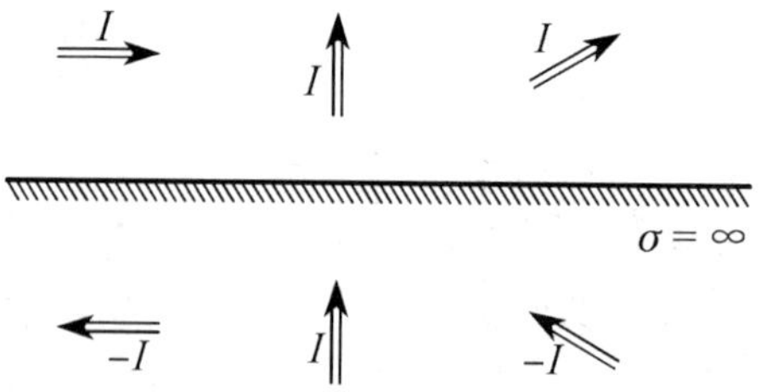

图 6-4 电流元的镜像

2. 天线的镜像法,如图 6-5 所示。

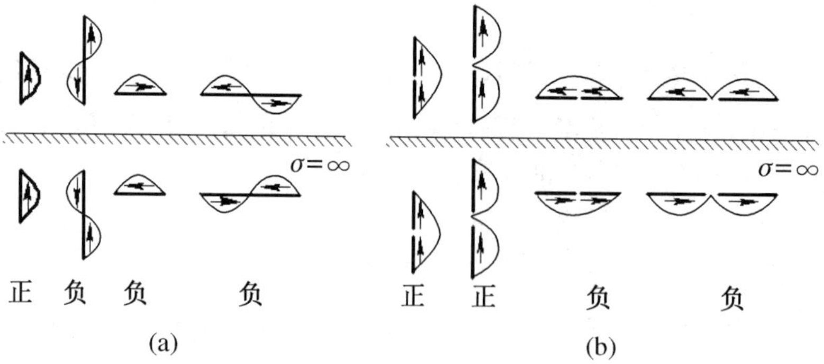

图 6-5 电流分布不均匀的实际天线的镜像

3. 无限大理想导电平面对天线性能的影响

因为垂直架设时,镜像天线为正像,实际天线与镜像天线构成等幅同相二元阵,二元阵的归一化阵因子为

$$F_2^+(\Delta)=\cos(kH\sin\Delta)$$

因为水平架设时,镜像天线为负像,实际天线与镜像天线构成等幅反相二元阵,二元阵的归一化阵因子为

$$F_2^-(\Delta)=\sin(kH\sin\Delta)$$

负镜像情况下,最靠近导电平面的第一最大辐射方向的波束仰角满足

$$\Delta_{m1}=\arcsin\frac{\lambda}{4H}$$

6.3　重难点知识

6.3.1　电流元、磁流元、惠更斯元

1. 电流元

考虑工程应用实际，根据距离的远近，可以将天线周围的场分为近区场（$kr \ll 1$）和远区场（$kr \gg 1$）。

电流元近区场有：

$$E_r = -\mathrm{j}\frac{Il\cos\theta}{2\pi\omega\varepsilon r^3}$$

$$E_\theta = -\mathrm{j}\frac{Il\sin\theta}{4\pi\omega\varepsilon r^3}$$

$$H_\varphi = \frac{Il\sin\theta}{4\pi r^2}$$

近区场满足以下规律：

（1）电流元近区的电场表达式与静电场中电偶极子的电场表达式相同。

（2）电流元的磁场表达式与恒定电流元激励的磁场表达式相同。

（3）电流元近区场基本公式与静态场相同，所以近区场又称为准静态场或似稳场。

（4）近区场的平均功率流密度为 0，说明在近区场，只有电磁能量的振荡，没有向外的功率输出。

电流元远区场有：

$$E_\theta = \frac{\mathrm{j}Ilk^2\sin\theta}{4\pi\omega\varepsilon r}\mathrm{e}^{-\mathrm{j}kr} = \frac{\mathrm{j}Il\sin\theta}{2\lambda r}\sqrt{\frac{\mu}{\varepsilon}}\mathrm{e}^{-\mathrm{j}kr}$$

$$H_\varphi = \frac{\mathrm{j}Ilk\sin\theta}{4\pi r}\mathrm{e}^{-\mathrm{j}kr} = \frac{\mathrm{j}Il\sin\theta}{2\lambda r}\mathrm{e}^{-\mathrm{j}kr}$$

远区场满足以下规律：

（1）电基本振子的远区场是横电磁波（TEM 波）。

（2）远区辐射场是球面波。

（3）坡印廷矢量的平均值不再为 0，有能量辐射，所以远区场又称为辐射场。

（4）远区场波阻抗为：$\eta = E_\theta / H_\varphi$，等于媒质的波阻抗。

（5）场的振幅与 I，l，k 成正比。

（6）远区场的振幅还正比于 $\sin\theta$。这说明电流元的辐射具有方向性，如图 6-6 所示。

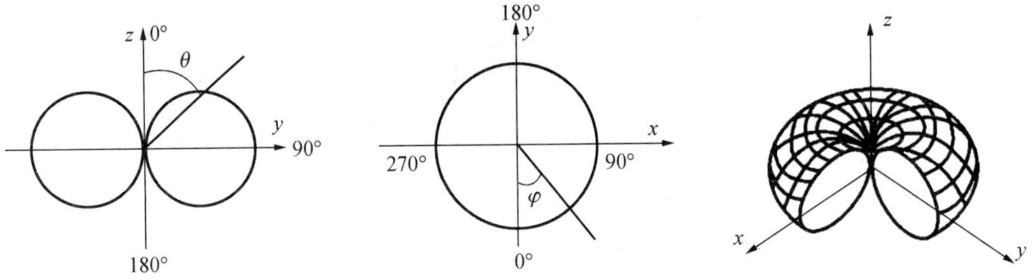

(a)　　(b)　　(c)

图 6-6　电流元的方向图

(7) 电流元的辐射功率与电长度 l/λ 相关,电长度越大,辐射功率越大。

(8) 利用电路理论的概念,引入一个辐射电阻 R_Σ,设此电阻消耗的功率等于辐射功率,电流元的辐射功率也与电长度 l/λ 相关,电长度越大,辐射电阻越大。

介于近区和远区之间的区域,称之为中间区。在中间区域,感应场与辐射场相差不明显,都不能忽略不计。

2. 磁流元

采用对偶原理法分析磁流元是难点。

所谓对偶性原理,指的是如果描述物理现象的方程具有相同的数学形式,则其解也将具有相同的数学形式,此相同数学形式的方程称为对偶性方程,在方程中对应位置的物理量称为对偶量,如果已经得到一个方程的解,就可以得到另外一个方程的解。

对偶量关系为:

$$\boldsymbol{E}_E \to \boldsymbol{H}_M$$

$$\boldsymbol{H}_E \to -\boldsymbol{E}_M$$

$$\boldsymbol{J} \to \boldsymbol{J}_M$$

$$\rho \to \rho_M$$

$$\varepsilon \to \mu$$

如果电场和磁场的边界条件也满足对偶性原理,则相应解中可用上述对偶量进行互换。在前面章节中,电流元的解已经求出,因此磁流元的解就可以利用对偶原理求出。

与电流元的远区场对比,可知:

(1) 相同点:磁流元的辐射电场与磁场两者互相垂直,并都与传播方向 $\boldsymbol{e}_r$ 相垂直。磁流元远区场也是横电磁波(TEM 波),其空间相位传播因子都是 e^{-jkr},空间相位随离源点的距离 r 增大而滞后,等相位面 r 为常数的球面,所以远区辐射场也是球面波。电场与磁场同相,因此坡印廷矢量的平均值不为 0,磁流元远区场也是辐射场占优势。等相位面上的电场振幅不同,所以远区辐射电磁波也是非均匀球面波,其波阻抗是一常数,等于媒质的波阻抗。远区场幅度与 I, S 成正比,与电尺寸 $\dfrac{S}{\lambda^2}$ 有关,与 r 成反比,这说明磁流元由源点向外辐射，其也是逐渐扩散的。远区场的振幅也正比于 $\sin\theta$。

（2）不同点：磁流元辐射电场只有 E_φ 分量，磁场只有 H_θ 分量，所以磁流元的 E 面方向图与电流元的 H 面方向图相同，而 H 面方向图与电流元的 E 面方向图相同，如图 6-7 所示。

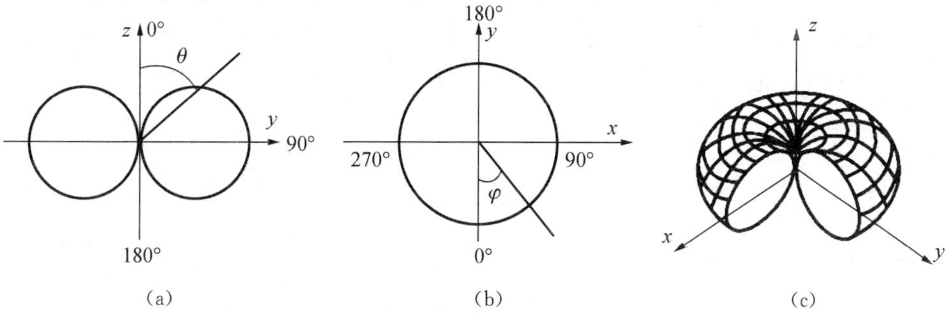

图 6-7　磁流元的方向图

（3）磁流元的辐射功率与电尺寸 $\frac{S}{\lambda^2}$ 相关，电尺寸越大，辐射电阻越大。

3. 惠更斯元

惠更斯面元的归一化方向函数为：

$$F(\theta)=F_E(\theta)=F_H(\theta)=\frac{1+\cos\theta}{2}$$

惠更斯面元的 E 面方向图是电流元和磁流元的 E 面方向图线性叠加，惠更斯面元的 H 面方向图是电流元和磁流元的 H 面方向图线性叠加。具方向图如图 6-8 所示。

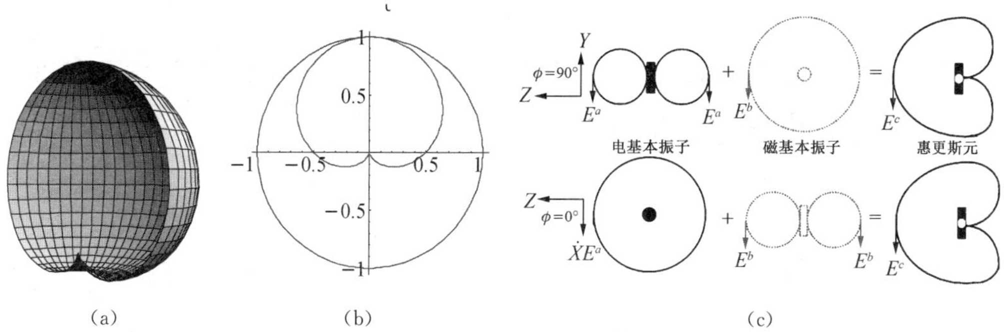

图 6-8　惠更斯面元的方向图

6.3.2　天线的方向特性

可以用方向函数、方向图、方向系数、增益及效率指标来描述天线的方向特性。

方向函数是核心，它通过数学函数全面地描述天线的辐射特性；方向图是工程中常用的，通过图形比较直观地反映天线的方向特性；方向系数，则用一个数字定量地描述天线方向性的强弱。

方向图也叫方向性图或波瓣图，是方向函数 $F(\theta,\ \varphi)$ 的图形化。描述方向图的参数主要有：零功率波瓣宽度（$2\theta_{0E}$ 和 $2\theta_{0H}$ 分别表示 E 面和 H 面的零功率波瓣宽度）、半功率波瓣宽度（$BW_{0.5}$ 或 $2\theta_{0.5}$）、旁瓣电平（第一旁瓣电平 FSLL）、栅瓣、前后比 FBR。

方向系数是指在同一距离及相等的辐射功率条件下，某一天线在其最大辐射方向上辐射的功率密度和理想的无方向性天线（点源）在同一点产生的功率密度的比值，即

$$D=\left.\frac{S_{\max}}{S_0}\right|_{P_\Sigma\text{相同}}=\left.\frac{E_{\max}^2}{E_0^2}\right|_{P_\Sigma\text{相同}}=\frac{4\pi}{\int_0^{2\pi}\int_0^{\pi}F^2(\theta,\ \varphi)\sin\theta\mathrm{d}\theta\mathrm{d}\varphi}$$

式中，$S_{\max}$ 为天线在最大辐射方向上的功率密度，S_0 为理想点源的辐射功率密度。

上式的分母，即波束立体角 Ω_A，表示以功率方向函数为立体角元的权重因子对全空域的积分值。

$$\Omega_A=\int_0^{2\pi}\mathrm{d}\varphi\int_0^{\pi}|F(\theta,\ \varphi)|^2\sin\theta\mathrm{d}\theta$$

可得，方向系数与波束立体角的关系为

$$D=\frac{4\pi}{\Omega_A}$$

天线的增益定义为：在相同的输入功率下，天线在其最大辐射方向上产生的功率密度与一理想的无方向性天线在同一点产生的功率密度的比值。

$$G=\left.\frac{S_{\max}}{S_0}\right|_{P_{\text{in}}\text{相同}}=\left.\frac{E_{\max}^2}{E_0^2}\right|_{P_{\text{in}}\text{相同}}$$

天线增益还可以定义为：任何方向都受到与最大辐射方向等强度的辐射时所需的辐射功率与实际天线输入功率之比。

$$G=\left.\frac{P_{\text{in}0}}{P_{\text{in}}}\right|_{E\text{相同}}$$

有了效率的概念，增益可理解为考虑效率因素后的方向系数，即 $G=D\eta_A$。

最大辐射方向的场值为

$$|E_{\max}|=\frac{\sqrt{60DP_\Sigma}}{r}=\frac{\sqrt{60GP_{\text{in}}}}{r}$$

6.3.3 基本辐射元、短振子、半波振子和全波振子的辐射特性

表 6-1 总结了基本辐射元、短振子、半波振子和全波振子的辐射特性。

表 6-1　基本辐射元、短振子、半波振子和全波振子的辐射特性

类型	长度	电流	方向图函数	HP	D	D/dB	R_r/Ω
电基本振子	$L \ll \lambda$	均匀	$\sin\theta$	90°	1.5	1.76	$80\pi^2\left(\frac{L}{\lambda}\right)^2$
磁基本振子	$2\pi a \ll \lambda$	均匀	$\sin\theta$	90°	1.5	1.76	$320\pi^4\left(\frac{S}{\lambda^2}\right)^2$
惠更斯元	L 和 $W \ll \lambda$	均匀	$\frac{1+\cos\theta}{2}$	130°	3	4.77	—
短振子	$L \ll \lambda$	三角形	$\sin\theta$	90°	1.5	1.76	$20\pi^2\left(\frac{L}{\lambda}\right)^2$
半波振子	$L = 0.5\lambda$	正弦波	$\frac{\cos\left(\frac{\pi}{2}\cos\theta\right)}{\sin\theta}$	78°	1.64	2.15	~70
全波振子	$L = \lambda$	正弦波	$\frac{\cos(\pi\cos\theta)+1}{\sin\theta}$	47°	2.4	3.80	~200

天线的种类繁多，大体是由上述几种基本辐射元构成，理解基本辐射元工作机理是分析具体单元或阵列天线的基础，如表 6-2 所示。

表 6-2　基本辐射元与天线种类

基本辐射元	电流元单元天线	电流元阵列天线	磁流元单元天线	磁流元阵列天线	缝隙元单元天线	缝隙元阵列天线	惠更斯元单元天线	惠更斯元阵列天线
天线种类	对称振子天线、环形天线、螺旋天线等	偶极子阵列天线、八木天线、对数周期天线等	微带天线等	微带阵列天线等	微带缝隙天线、波导缝隙天线等	微带缝隙阵列天线、波导缝隙阵列天线等	喇叭天线等	喇叭阵列天线、反射器天线、透镜天线等

6.3.4　弗利斯传输公式

在满足最佳接收条件的情况下，天线在最大接收方向所接收的功率 P_{re} 与入射波的功率谱密度 S 之比，称为天线的最大有效口径面积。

$$A_{\mathrm{em}} = \frac{P_{\mathrm{re}}}{S}$$

天线的有效口径面积 A_{e} 为

$$A_{\mathrm{e}} = \frac{\lambda^2}{4\pi}G = \frac{\lambda^2}{4\pi}D\eta_A$$

当效率 $\eta_A = 1$ 时，$A_{\mathrm{e}} = \frac{\lambda^2}{4\pi}D = A_{\mathrm{em}}$，此时获得最大有效口径面积。

对于一个完整的通信链路，通常采用弗利斯(Friis)传输公式估算链路中的功率传输。

$$P_r = P_t \frac{G_t G_r \lambda^2}{(4\pi R)^2}$$

上式表明：接收天线的接收功率与发射功率成正比，与收发天线增益的乘积成正比，与工作波长平方成正比，与收发天线距离平方成反比。

在工程应用中，经常采用分贝形式的弗利斯传输公式，即

$$P_r(\text{dBm}) = P_t(\text{dBm}) + G_t(\text{dB}) + G_r(\text{dB}) \\ - 20\lg R/\text{km} - 20\lg f/\text{MHz} - 32.45$$

这个形式常用于通信系统信号电平的估算。后三项是自由空间损耗，是指在无耗的空间中，由于发射波的球面波特性而导致的信号的衰减。

上述弗利斯传输公式给出的功率是理想化的情况，考虑到实际应用中可能出现极化失配和阻抗失配等情况，非最佳接收情况下负载(接收机)的功率应为：

$$P_D = pqP_r$$

$$P_D = P_t \frac{G_t G_r \lambda^2}{(4\pi R)^2} pq$$

其中，P_D 为实际吸收功率，p 为极化失配因子，q 为阻抗失配因子。

6.3.5 天线阵的阵因子

1. 二元天线阵

(1) 等幅同相

两阵元同相激励时，$\xi = 0$，阵因子为

$$F_2(\theta) = \cos\left(\frac{\pi d \cos\theta}{\lambda}\right)$$

方向图如图 6-9 所示。

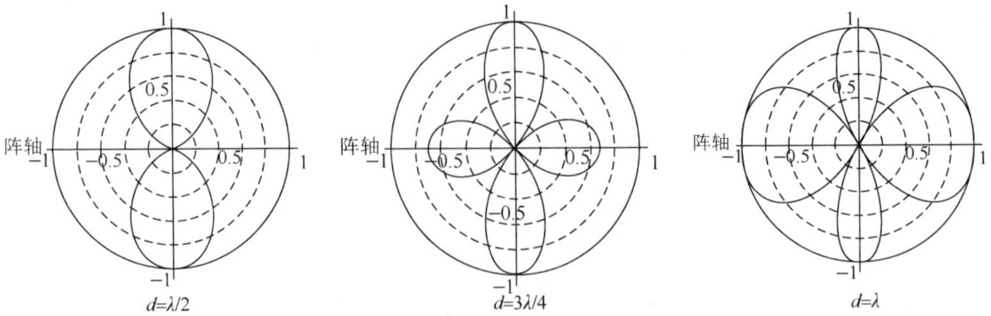

图 6-9 等幅同相二元阵阵因子方向图

(2) 等幅反相

两阵元反相激励时，$\xi=\pm\pi$，阵因子为

$$F_2(\theta)=\sin\left(\frac{\pi d\cos\theta}{\lambda}\right)$$

方向图如图 6-10 所示。

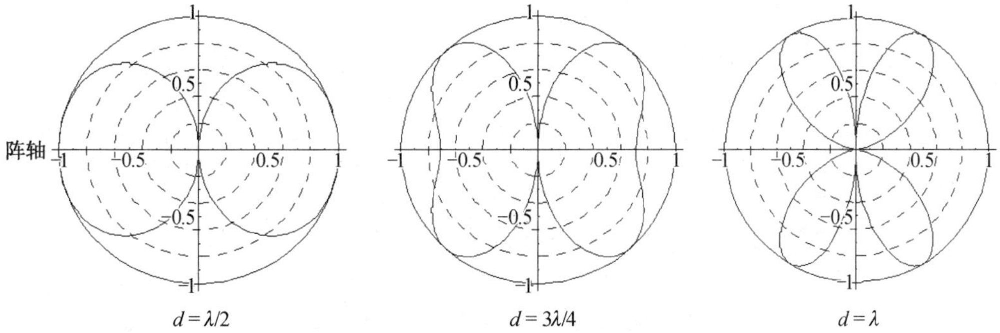

图 6-10　等幅反相二元阵阵因子方向图

(3) 等幅异相

两阵元反相激励时，$\xi=\pm\frac{\pi}{2}$，取 $\xi=\frac{\pi}{2}$，阵因子为

$$F_2(\theta)=\cos\left(\frac{\pi}{4}+\frac{kd\cos\theta}{2}\right)$$

方向图如图 6-11 所示。

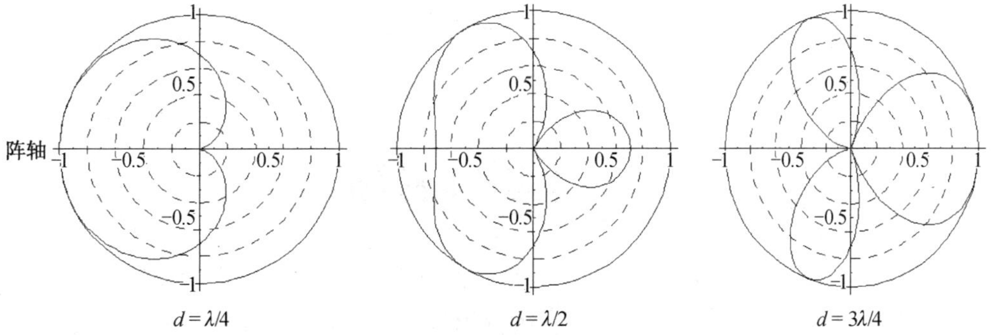

图 6-11　等幅异相二元阵阵因子方向图

2. 均匀直线阵

N 元均匀直线阵的归一化阵因子

$$F_N(\theta)=\frac{\sin\frac{N\psi}{2}}{N\sin\frac{\psi}{2}}=\frac{\sin\frac{N(\xi+kd\cos\theta)}{2}}{N\sin\frac{\xi+kd\cos\theta}{2}}$$

其中，$\psi=\xi+kd\cos\theta$，由于 $\cos\theta$ 的取值范围为$-1\sim+1$，与此对应的 ψ 变化范围为

$$\xi-kd\leqslant\psi\leqslant\xi+kd$$

这个变化范围称为天线阵的可见区。

$\psi=0$ 时，对应阵因子通用方向图最大方向，此时实际空间最大辐射方向为 $\theta_{\max}$。

$$\xi+kd\cos\theta_{\max}=0$$

分两种情况：

(1) 给定最大方向 $\theta_{\max}$，则配相时的相位增量应取

$$\xi=-kd\cos\theta_{\max}=-\frac{2\pi}{\lambda}d\cos\theta_{\max}$$

(2) 给定相位增量 ξ，则最大方向为

$$\theta_{\max}=\arccos\left(-\frac{\xi}{kd}\right)$$

边射阵：当 $\xi=0$ 时，$\psi=kd\cos\theta$，对应的最大辐射方向发生在 $\psi=0$ 处，即 $\theta_{\max}=\frac{\pi}{2}$。由于最大辐射方向垂直于阵轴，因而这种同相均匀直线阵称为边射阵。

普通端射阵：当 $\xi=\pm kd$ 时，$\psi=\pm kd+kd\cos\theta$，对应的最大辐射方向发生在 $\psi=0$ 处，即 $\theta_{\max}=0$ 或 $\theta_{\max}=\pi$。由于最大辐射方向位于阵轴，因而这种同相均匀直线阵称为端射阵。

6.4 典型例题解析

例题 6-1 一小圆环与一电基本振子共同构成一组合天线，环面和振子轴置于同一平面内，两天线的中心重合。设两天线在各自的最大辐射方向上与远区同距离点产生的场强相等。试求此组合天线 E 面和 H 面的方向图。

【解】 设电基本振子上的电流为 I_e，小圆环上的电流为 I_m，它们构成的组合天线及其空间坐标如图 6-12(a)所示。由于小圆环的辐射可以等效为一个磁基本振子 I_m，所以组合天线可以等效为两个相互正交放置的基本振子，如图 6-12(b)所示。

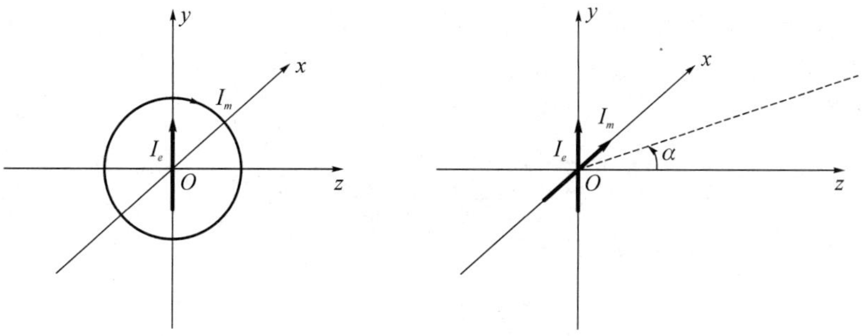

(a)　　　　　　(b)

图 6-12　例题 6-1 解图(一)

先求解 E 面方向图。根据图 6-12(b)所示的等效结构，E 面应该是包含电基本振子，并与磁基本振子相垂直的平面，即 yOz 平面。在远区的某点 P 上，电基本振子产生的辐射场为

$$\boldsymbol{E}_e = \mathrm{j}\frac{60\pi I_e l_e}{\lambda r}\sin\theta\,\mathrm{e}^{-\mathrm{j}kr}\boldsymbol{e}_\theta$$

其中，θ 为电基本振子与 y 轴的夹角。(这里仅考虑 yOz 平面)

磁基本振子产生的辐射场为

$$\boldsymbol{E}_m = -\mathrm{j}\frac{I_m l_m}{2\lambda r}\sin 90^\circ\,\mathrm{e}^{-\mathrm{j}kr}\boldsymbol{e}_\alpha = -\mathrm{j}\frac{I_m l_m}{2\lambda r}\mathrm{e}^{-\mathrm{j}kr}\boldsymbol{e}_\alpha$$

其中，α 为磁基本振子与 z 轴的夹角。(这里仅考虑 yOz 平面)

由于两个天线在各自的最大辐射方向上与远区同距离点产生的场强相等，则有

$$\frac{60\pi I_e l_e}{\lambda r} = \frac{I_m l_m}{2\lambda r}$$

考虑到 $\boldsymbol{e}_\theta = -\boldsymbol{e}_\alpha$，如图 6-13(a)所示。所以，远区场点 P 的合成电场为

$$\boldsymbol{E}_E = \mathrm{j}\frac{60\pi I_e l_e}{\lambda r}(1+\sin\theta)\mathrm{e}^{-\mathrm{j}kr}\boldsymbol{e}_\theta$$

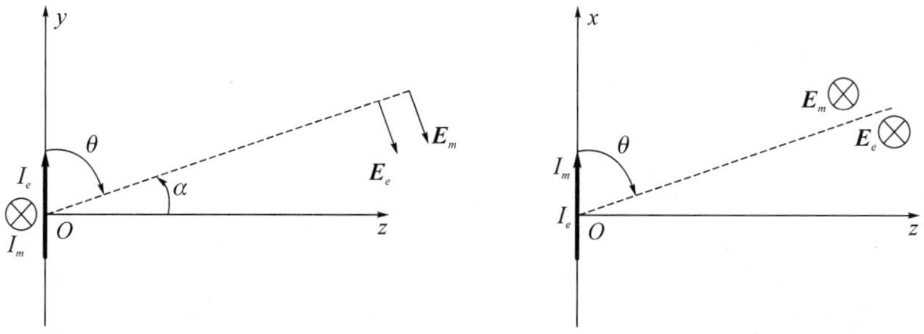

(a)　　　　　　(b)

图 6-13　例题 6-1 解图(二)

再求 H 面方向图。根据定义，H 面应该是包含磁基本振子，并与电基本振子相垂直的平面，即 xOz 平面。在远区的某点 P 上，电基本振子产生的辐射场为

$$\boldsymbol{E}_e = \mathrm{j}\,\frac{60\pi I_e l_e}{\lambda r}\sin 90^\circ \mathrm{e}^{-\mathrm{j}kr}\boldsymbol{e}_\varphi = \mathrm{j}\,\frac{60\pi I_e l_e}{\lambda r}\mathrm{e}^{-\mathrm{j}kr}\boldsymbol{e}_\varphi$$

磁基本振子产生的辐射场为

$$\boldsymbol{E}_m = \mathrm{j}\,\frac{I_m l_m}{2\lambda r}\sin\theta\, \mathrm{e}^{-\mathrm{j}kr}\boldsymbol{e}_\varphi$$

同样，由题设条件可得

$$\frac{60\pi I_e l_e}{\lambda r} = \frac{I_m l_m}{2\lambda r}$$

所以，远区场点 P 的合成场为

$$\boldsymbol{E}_H = \mathrm{j}\,\frac{60\pi I_e l_e}{\lambda r}(1+\sin\theta)\mathrm{e}^{-\mathrm{j}kr}\boldsymbol{e}_\varphi$$

由此可以求得 E 面和 H 面的归一化方向函数均为

$$F_E(\theta) = F_H(\theta) = \frac{1}{2}\,|\,1+\sin\theta\,|$$

组合天线 E 面和 H 面的归一化方向图见图 6-14 所示。

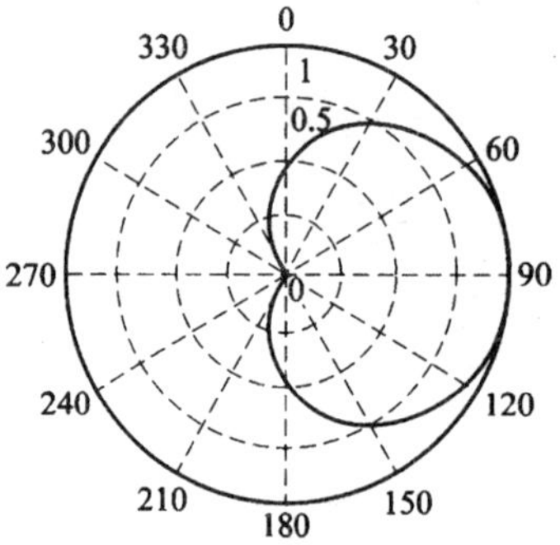

图 6-14　例题 6-1 解图(三)

注意：图中外圆弧边依顺时针序的 0,30,60,…,300,330 数的单位均为度(°)，均略写度(°)。

例题 6-2　有一电流元中心在坐标原点，轴线分别与 z 轴、y 轴、x 轴重合，试分别求三种情况下的方向函数 $F(\theta,\varphi)$，并计算其对应的方向系数。

【解】　(1) 沿 z 轴放置的电流元：

根据已学习的知识，可以获得沿 z 轴放置的电流元的方向函数为 $F(\theta,\varphi)=\sin\theta$；将方向函数 $F(\theta,\varphi)=\sin\theta$ 代入公式，得到方向系数为

$$D_z=\frac{4\pi}{\int_0^{2\pi}\int_0^{\pi}F^2(\theta,\varphi)\sin\theta\mathrm{d}\theta\mathrm{d}\varphi}$$

$$=\frac{2f_{\max}^2}{\int_0^{\pi}|f(\theta)|^2\sin\theta\mathrm{d}\theta}$$

$$=\frac{2\times1^2}{\int_0^{\pi}\sin^3\theta\mathrm{d}\theta}$$

$$=\frac{2}{\frac{4}{3}}$$

$$=1.5$$

(2) 沿 y 轴放置的电流元：

设场点矢径与 y 轴(正方向)夹角为 ξ，则该电流元的归一化方向性函数为

$$F(\xi)=\sin\xi$$

利用图 6-15 所示的几何关系得：

$r_y=a_y\cdot r=r\cos\xi=r_{xy}\sin\varphi=r\sin\theta\sin\varphi$，即 $\cos\xi=\sin\theta\sin\varphi$，

故 $F(\theta,\varphi)=\sin\xi=\sqrt{1-\cos^2\xi}=\sqrt{1-\sin^2\theta\sin^2\varphi}$。

将方向函数 $F(\theta,\varphi)=\sqrt{1-\sin^2\theta\sin^2\varphi}$ 代入公式，得到方向系数为

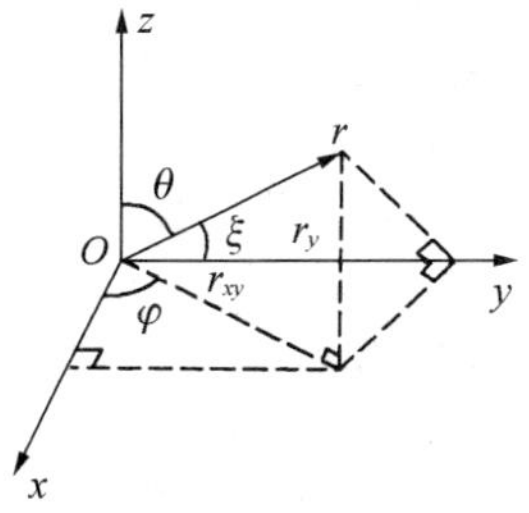

图 6-15　例题 6-2 解图

$$D_y=\frac{4\pi}{\int_0^{2\pi}\int_0^{\pi}F^2(\theta,\varphi)\sin\theta\mathrm{d}\theta\mathrm{d}\varphi}$$

$$=\frac{4\pi}{\int_0^{2\pi}\mathrm{d}\varphi\int_0^{\pi}(1-\sin^2\theta\sin^2\varphi)\sin\theta\mathrm{d}\theta}$$

$$=1.5$$

(3) 沿 x 轴放置的电流元：

采用上面的方法，可以得到 x 轴放置的电流元的方向函数为

$$f(\theta,\varphi)=\sqrt{\cos^2\theta\cos^2\varphi+\sin^2\varphi}$$

设场点矢径与 y 轴(正方向)夹角为 ξ,则该电流元的归一化方向性函数为

$$F(\theta,\varphi)=\sqrt{\cos^2\theta\cos^2\varphi+\sin^2\varphi}$$

将其代入公式,并注意到这个方向函数的最大值 $F_{max}=1$,得

$$\begin{aligned}D_x&=\frac{4\pi}{\int_0^{2\pi}d\varphi\int_0^{\pi}(\cos^2\theta\cos^2\varphi+\sin^2\varphi)\sin\theta d\theta}\\&=\frac{4\pi}{\int_0^{2\pi}\left(\frac{2}{3}\cos^2\varphi+2\sin^2\varphi\right)d\varphi}\\&=\frac{4\pi}{\frac{2}{3}\pi+2\pi}\\&=1.5\end{aligned}$$

结论:

① 正像预计的那样,电基本振子的方向系数 1.5 与空间取向无关。

② 电基本振子的方向系数是理想点源的 1.5 倍。

推论:磁基本振子和电流小环的方向系数都是 1.5,因为方向函数都是 $\sin\theta$。

例题 6-3 已知某天线在 z 轴方向产生的远区电场为(时间因子为 $e^{j\omega t}$):$E=C\frac{e^{-jkz}}{2}\frac{a_x-ja_y}{\sqrt{2}}$。

(1) 试说明该电场的极化特性;

(2) 设用此天线分别接收平面电磁波:$E_1=E_0e^{jkz}\frac{a_x-ja_y}{\sqrt{2}}$,$E_2=E_0e^{jkz}\frac{a_x+ja_y}{\sqrt{2}}$,$E_3=E_0e^{jkz}(a_x\cos\alpha+a_y\sin\alpha)$,三种情况下天线接收到的功率分别为 P_1,P_2,P_3,求 $\frac{P_1}{P_2}$、$\frac{P_3}{P_2}$ 的值。

【解】 (1) 从电场的表达式可以看出,波的传播方向为 $+z$ 方向,电场的水平分量 E_x 与垂直分量 E_y 振幅相等,E_x 超前 E_y 的相位为 $\frac{\pi}{2}$,据此可判断出该电场为右旋圆极化波。

(2) 可判断出 $E_1=E_0e^{jkz}\frac{a_x-ja_y}{\sqrt{2}}$ 为左旋圆极化波,因为天线产生右旋圆极化,所以该天线接收不到 E_1 的能量。所以 $P_1=0$。

$E_2=E_0 e^{jkz}\dfrac{a_x+ja_y}{\sqrt{2}}$ 为右旋圆极化波，该天线可接收它的全部功率。因此 $P_2\neq 0$，有

$$\frac{P_1}{P_2}=0$$

$E_3=E_0 e^{jkz}(a_x\cos\alpha+a_y\sin\alpha)$ 为线极化波，可以分解为功率相等的两个圆极化波，其中右旋圆极化波可以全部接收，左旋圆极化波不能接收。

$$\frac{P_3}{P_2}=\left(\frac{E_0/2}{E_0/\sqrt{2}}\right)^2=\frac{1}{2}$$

例题 6-4　已知天线的方向函数为 $f(\theta)=\begin{cases}\dfrac{1}{2}\sqrt{\cos\theta} & 0\leqslant\theta\leqslant\pi/2\\ 0 & \pi/2<\theta\leqslant\pi\end{cases}$，求：

(1) 半功率波瓣宽度；

(2) 方向系数。

【解】　(1) 归一化的方向函数为 $F(\theta)=\begin{cases}\sqrt{\cos\theta} & 0\leqslant\theta\leqslant\pi/2\\ 0 & \pi/2<\theta\leqslant\pi\end{cases}$，所以半功率波瓣宽度为：

令 $|F(\theta_{3dB})|=\dfrac{\sqrt{2}}{2}$，得 $\cos\theta_{3dB}=\dfrac{1}{2}$，故 $\theta_{3dB}=\dfrac{\pi}{3}$ 或者 60°，所以半功率波瓣宽度为

$$2\theta_{3dB}=\frac{2\pi}{3}\ \text{或者}\ 120^\circ$$

(2) 方向系数：

$$\begin{aligned}D&=\frac{4\pi}{\int_0^{2\pi}\int_0^{\pi}F^2(\theta)\sin\theta\,d\theta\,d\varphi}\\&=\frac{4\pi}{\int_0^{2\pi}\int_0^{\pi/2}|\cos\theta|\sin\theta\,d\theta\,d\varphi}\\&=\frac{4\pi}{\pi}\\&=4\end{aligned}$$

例题 6-5　试计算如图 6-16 所示的两种方向图对应的方向系数：(1) 主瓣张角 $BW_0=60^\circ$ 的扇形全向方向图的方向系数；(2) 主瓣张角 $BW_0=60^\circ$ 的理想化铅笔束的方向系数。

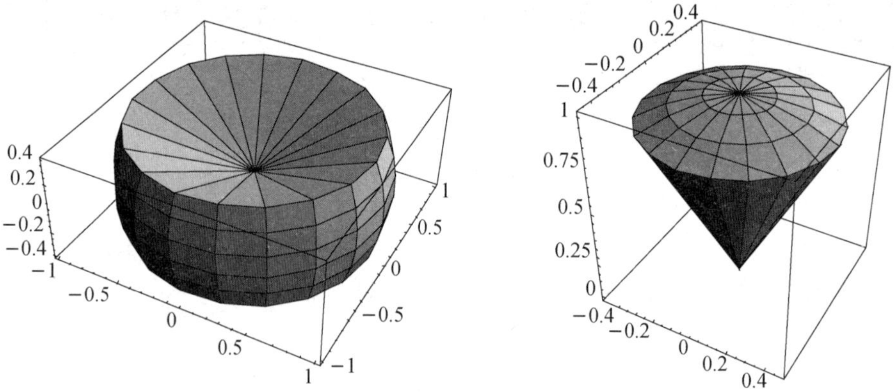

图 6-16　例题 6-5 图

【解】（1）主瓣张角 $BW_0=60°$ 的扇形全向方向图的方向系数：

在水平面（$\theta=90°$）附近均匀辐射，子午面内的辐射局限于 $60°<\theta<120°$ 范围内，即方向函数

$$F(\theta)=\begin{cases}1 & \dfrac{1}{3}\pi<\theta<\dfrac{2}{3}\pi\\ 0 & \text{其他}\end{cases}$$

方向系数为：

$$D=\frac{2}{\int_0^{\pi}|F(\theta)|^2\sin\theta\mathrm{d}\theta}=\frac{2}{\int_{\pi/3}^{2\pi/3}1^2\cdot\sin\theta\mathrm{d}\theta}=\frac{2}{\dfrac{1}{2}-\left(-\dfrac{1}{2}\right)}=2$$

（2）主瓣张角 $BW_0=60°$ 的理想化铅笔束的方向系数：

方向函数为

$$F(\theta)=\begin{cases}1 & \left(\theta<\dfrac{\pi}{6}\right)\\ 0 & \left(\theta>\dfrac{\pi}{6}\right)\end{cases}$$

方向系数为：

$$D=\frac{2}{\int_0^{\pi}|F(\theta)|^2\sin\theta\mathrm{d}\theta}=\frac{2}{\int_0^{\pi/6}1^2\cdot\sin\theta\mathrm{d}\theta}=\frac{2}{1-\dfrac{\sqrt{3}}{2}}\approx 15$$

在一定条件下，相同主瓣宽度，方向系数可能不同，围绕 z 轴的锥状波束（铅笔束）方向系数最大。主瓣张角相同，为何方向系数相差 7.5 倍？这需要结合地理知识进行理解：从北纬 30°到南纬 30°地表面积为 $2\pi R^2$，北纬 60°以北的地表面积仅为 $(2-\sqrt{3})\pi R^2$。

例题 6-6　一沿 z 轴方向放置的对称振子，工作频率 $f=90$ MHz，设对称振子的一臂长度为 80 cm，试求：

(1) 对称振子的辐射电阻；

(2) 画出对称振子的 E 面方向图。

【解】　对称振子的工作频率 $f=180$ MHz，其对应的波长为

$$\lambda=\frac{c}{f}=\frac{3\times10^{8}}{90\times10^{6}}=\frac{10}{3}\ (\mathrm{m})$$

(1) 对称振子的一臂长度 $h=80$ cm，则其电长度为

$$\frac{h}{\lambda}=0.24$$

查教材图得

$$R_{\Sigma}=65\ \Omega$$

(2) 当对称振子的一臂长度为 80 cm 时，其电长度 h 为 0.24λ，则 $2h=0.48\lambda$，考虑到波长缩短效应，此对称振子即近似为半波振子。对称振子的 E 面方向函数为

$$F(\theta)=\frac{\cos(\beta h\cos\theta)-\cos\beta h}{\sin\theta}$$

将 β 和 h 代入上式得

$$F(\theta)=\frac{\cos(0.48\pi\cos\theta)-\cos(0.48\pi)}{\sin\theta}$$

因此，该对称振子的 E 面方向图如图 6-17 所示。

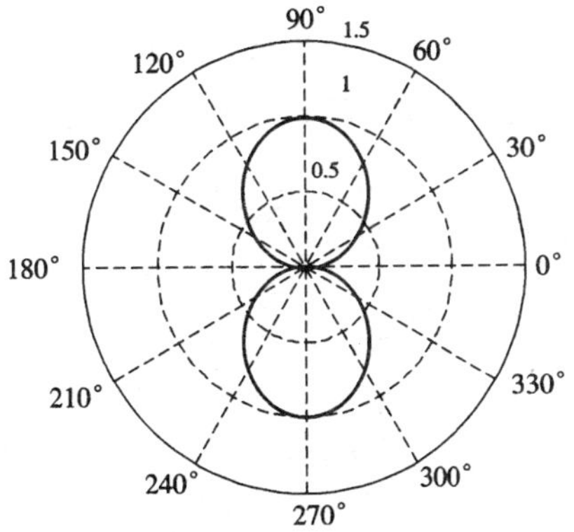

图 6-17　例题 6-6 解图

例题 6-7　有一广播卫星，其下行中心频率为 $f=700$ MHz，卫星天线的输入功率为 200 W，发射天线在接收天线方向的增益为 29 dB，接收点至卫星的距离为 37 740 km，接

收天线的增益为 40 dB,试计算接收机的最大接收功率。

【解】 此题可以采用弗利斯传输公式的乘除形式计算。

工作波长是：$\lambda=\dfrac{c}{f}=\dfrac{3\times10^{8}}{700\times10^{6}}=\dfrac{3}{7}$(m)

$G_t=10^{\frac{29}{10}}=794\ G_r=10^{\frac{40}{10}}=10\,000$,

根据弗利斯传输公式,接收功率是：

$$P_r=P_t\frac{G_tG_r\lambda^2}{(4\pi R)^2}=200\frac{794\times10\,000\times\left(\dfrac{3}{7}\right)^2}{(4\pi\times37\,740\times10^3)^2}=1.3\times10^{-9}(\text{W})$$

例题 6-8 微波中继通信的距离为 50 km,工作波长为 6 cm,收发天线的增益均为 40 dB,馈线及分路系统每端的损耗为 3.6 dB,该路径的衰减因子 $A=0.7$。若发射天线的输入功率为 1 W,求接收端输出的信号电平。

【解】 此题可以采用弗利斯传输公式的分贝形式计算。

在微波中继链路中,工作频率：$f=\dfrac{c}{\lambda}=\dfrac{3\times10^{10}}{6}=5\,000$(MHz)

$$\begin{aligned}\text{自由空间传播损耗：}L_f(\text{dB})&=32.44+20\lg f(\text{MHz})+20\lg d(\text{km})\\&=32.44+20\lg 5\,000(\text{MHz})+20\lg 50(\text{km})\\&=32.44+73.98+33.98=140.4(\text{dB})\end{aligned}$$

路径衰减损耗：$L_s(\text{dB})=20\lg\dfrac{1}{A}=20\lg\dfrac{10}{7}=3.1(\text{dB})$

总损耗：$L(\text{dB})=L_f+L_s-G_t-G_r+3.6+3.6=70.7(\text{dB})$

接收端输出信号电平：$P_r=P_t-L=30(\text{dBm})-70.7=-40.7(\text{dBm})$

例题 6-9 设在相距 10 km 的两个站之间进行通信,假如两个站用的天线均是半波振子(如图 6-18 所示),工作频率为 300 MHz,若一个站的发射功率为 25 W。试求：

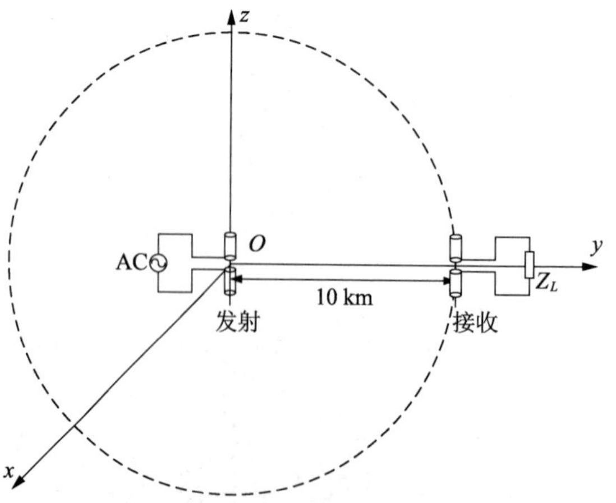

图 6-18 例题 6-9 图

(1) 接收点的电场强度(振幅);
(2) 接收点的磁场强度(振幅);
(3) 接收点的功率密度;
(4) 在满足最佳接收条件下,接收站接收到的功率;
(5) 指出在接收点电场和磁场的方向。

【解】 (1) 接收点的电场强度(振幅):

$$
\begin{aligned}
|E_m| &= \frac{\sqrt{60DP_\Sigma}}{r} \\
&= \frac{\sqrt{60\times 1.64\times 25}}{10^4} \\
&= 4.96\times 10^{-3}(\mathrm{V/m}) = 4.96(\mathrm{mV/m})
\end{aligned}
$$

(2) 接收点的磁场强度(振幅):

$$|H_m| = |E_m|/120\pi = 4.96\times 10^{-3}/120\pi = 1.32\times 10^{-5}(\mathrm{A/m}) = 13.2(\mu\mathrm{A/m})$$

(3) 接收点的功率密度:

$$S = \frac{P_t D}{4\pi r^2} = \frac{25\times 1.64}{4\pi\times (10^4)^2} = \frac{41}{12.56\times 10^8} = 3.26\times 10^{-8}(\mathrm{W/m^2})$$

(4) 在满足最佳接收条件下,接收站接收到的功率:

$$P_r = \frac{P_t G_t G_r \lambda^2}{(4\pi r)^2} = \frac{25\times 1.64\times 1.64}{(4\pi\times 10^4)^2} = \frac{67.24}{16\pi^2\times 10^8} = 4.26\times 10^{-9}(\mathrm{W})$$

(5) 在接收点电场的方向为: $\boldsymbol{e}_\theta$ 或 $-\boldsymbol{e}_z$; 磁场的方向为: $\boldsymbol{e}_\varphi$ 或 $-\boldsymbol{e}_x$。

例题 6-10 有两个平行于 z 轴并沿 x 轴方向排列的半波振子,若(1) $d=\lambda/4$, $\xi=\pi/2$; (2) $d=3\lambda/4$, $\xi=\pi/2$ 时,试求其 E 面和 H 面方向函数,并画出方向图。

【解】 元因子: 半波振子的方向函数为 $\dfrac{\cos\left(\dfrac{\pi}{2}\cos\theta\right)}{\sin\theta}$;

阵因子: $\cos\left(\dfrac{\psi}{2}\right)$,由于阵轴为 x 方向,相比于阵轴为 z 轴时的 $\psi=kd\cos\theta+\xi$,此时,用 $\sin\theta\cos\varphi$ 代替 $\cos\theta$,可得 $\psi=kd\sin\theta\cos\varphi+\xi$。

由方向图乘积定理知,二元阵的方向函数等于二者的乘积。

$$f(\theta,\varphi) = \frac{\cos\left(\dfrac{\pi}{2}\cos\theta\right)}{\sin\theta}\cos\left(\frac{kd\sin\theta\cos\varphi+\xi}{2}\right)$$

(1) $d=\lambda/4$, $\xi=\pi/2$

令 $\varphi=0°$ 得 E 面方向函数为

$$F_E(\theta)=\left|\frac{\cos\left(\dfrac{\pi}{2}\cos\theta\right)}{\sin\theta}\right|\left|\cos\left[\frac{\pi}{4}(1+\sin\theta)\right]\right|$$

令 $\theta=90°$，则 H 面方向函数为

$$F_H(\varphi)=\left|\cos\left[\frac{\pi}{4}(1+\cos\varphi)\right]\right|$$

其 E 面和 H 面方向图如图 6-19(a)所示。

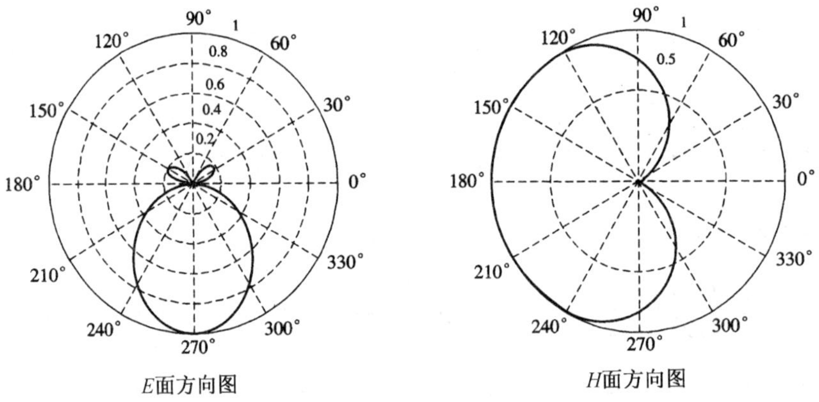

(a)

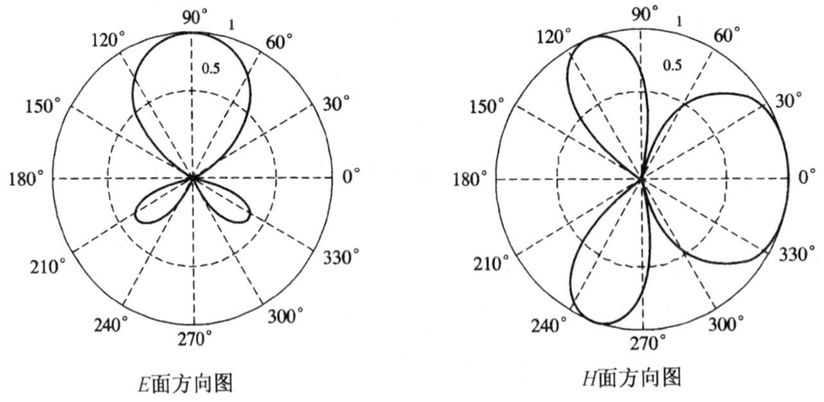

(b)

图 6-19　例题 6-10 解图

(2) $d=3\lambda/4$, $\xi=\pi/2$

令 $\varphi=0°$ 得 E 面方向函数为

$$F_E(\theta)=\left|\frac{\cos\left(\frac{\pi}{2}\cos\theta\right)}{\sin\theta}\right|\left|\cos\left[\frac{\pi}{4}(1+3\sin\theta)\right]\right|$$

令 $\theta=90°$，则 H 面方向函数为

$$F_H(\varphi)=\left|\cos\left[\frac{\pi}{4}(1+3\cos\varphi)\right]\right|$$

方向图如图 6-19(b)所示。

例题 6-11　设均匀三元直线阵由三个半波振子组成，其排列如图 6-20 所示，求：

(1) 此阵列的阵方向函数；

(2) 若它们的相位差 $\zeta=0$，画出它们的阵方向图；

(3) 若它们的相位差 $\zeta=\frac{\pi}{2}$，再画出它们的阵方向图。

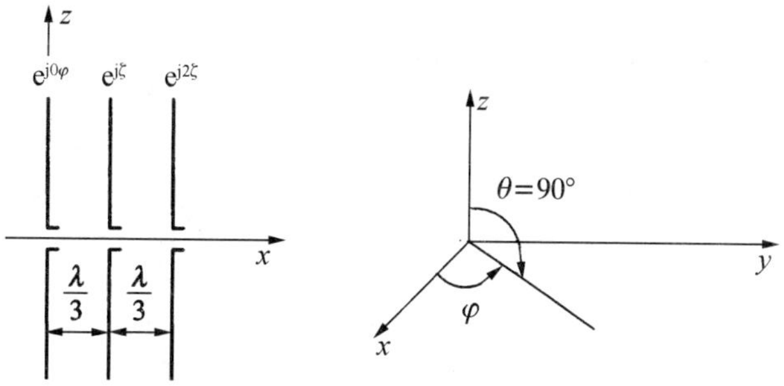

图 6-20　题 6-11 图

【解】 (1) 由于此三元阵列为均匀直线阵，其阵方向函数为

$$|A(\varphi)|=\frac{1}{3}\left|\frac{\sin(3\psi/2)}{\sin(\psi/2)}\right|$$

其中

$$\psi=kd\cos\varphi+\zeta=\frac{2\pi}{3}\cos\varphi+\zeta$$

与沿 z 轴排列的均匀直线阵的区别在于，与 z 轴的夹角 θ 变成了与 x 轴的夹角 φ。

(2) 若它们的相位差 $\zeta=0$ 时，考虑到 $d=\lambda/3$，$\psi=kd\cos\varphi+\zeta=\frac{2\pi}{3}\cos\varphi$，其方向函数为

$$|A(\varphi)|=\frac{1}{3}\left|\frac{\sin(\pi\cos\varphi)}{\sin\left(\frac{\pi\cos\varphi}{3}\right)}\right|$$

其方向图如图 6-21 所示。

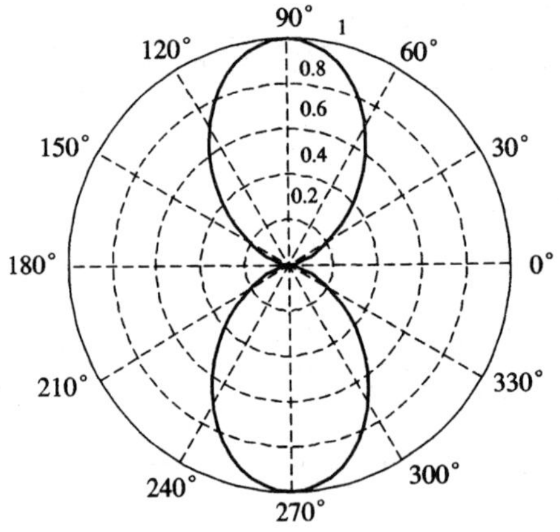

图 6-21 例题 6-11 解图(一)

(3) 若它们的相位差 $\zeta=\frac{\pi}{2}$ 时,考虑到 $d=\lambda/3$,$\psi=kd\cos\varphi+\zeta=\frac{2\pi}{3}\cos\varphi+\frac{\pi}{2}$,其方向函数为

$$|A(\varphi)|=\frac{1}{3}\left|\frac{\sin\left(\pi\cos\varphi+\frac{3\pi}{4}\right)}{\sin\left(\frac{\pi\cos\varphi}{3}+\frac{\pi}{4}\right)}\right|$$

方向图如图 6-22 所示。

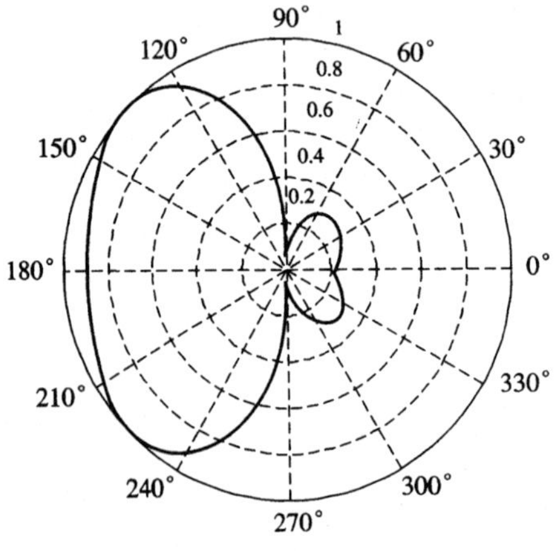

图 6-22 例题 6-11 解图(二)

例题 6-12 一半波振子水平架设在地面上空,距地面高度为 $h=0.75\lambda$,设地面为理想导体,试画出该振子的镜像,写出 E 面、H 面的方向函数,并概要画出其方向图。

【解】 水平振子的镜像为反像，如图 6-23 所示：

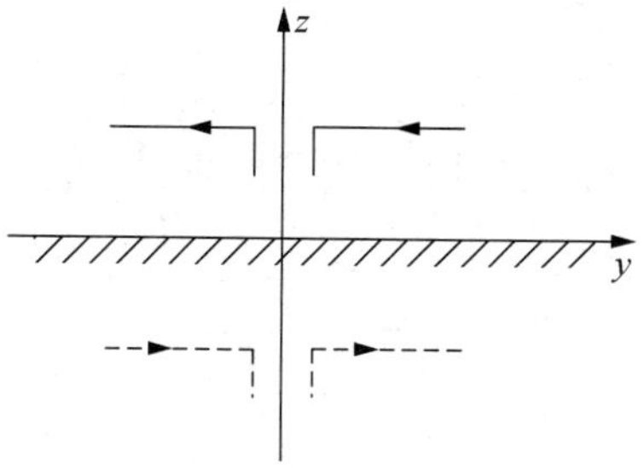

图 6-23　例题 6-12 解图(一)

原振子和镜像振子构成了等幅反相二元阵。E 面为 yOz 平面，H 面是 xOz 平面。

元因子：沿 z 轴放置的半波振子的方向函数为 $\dfrac{\cos\left(\frac{\pi}{2}\cos\theta\right)}{\sin\theta}$

半波对称振子沿 y 轴水平摆放，则用 $\sin\theta\sin\varphi$ 代替 $\cos\theta$，$\sqrt{1-(\sin\theta\sin\varphi)^2}$ 代替 $\sin\theta$，则方向函数为

$$f(\theta,\varphi)=\frac{\cos\left(\frac{\pi}{2}\sin\theta\sin\varphi\right)}{\sqrt{1-(\sin\theta\sin\varphi)^2}}$$

对应地，其 E 面($\varphi=90°$)方向函数是：$f_{1E}(\theta)=\dfrac{\cos\left(\frac{\pi}{2}\sin\theta\right)}{\cos\theta}$

H 面($\varphi=0°$)方向函数是：$f_{1H}(\theta)=1$

阵因子：沿 z 轴、元间距是 1.5λ 的等幅反相二元阵在 E 面的阵因子是：

$$f_{aE}(\theta)=\sin\left(\frac{\pi d}{\lambda}\cos\theta\right)=\sin(1.5\pi\cos\theta)$$

元间距是 1.5λ 的等幅反相二元阵在 H 面的阵因子也是：

$$f_{aH}(\theta)=\sin\left(\frac{\pi d}{\lambda}\cos\theta\right)=\sin(1.5\pi\cos\theta)$$

所以，天线阵 E 面的方向函数是：

$$f_E(\theta)=f_{1E}(\theta)f_{aE}(\theta)=\frac{\cos\left(\frac{\pi}{2}\sin\theta\right)}{\cos\theta}\sin(1.5\pi\cos\theta)\quad\left(\theta<\frac{\pi}{2}\right)$$

天线阵 H 面的方向函数是：$f_H(\theta)=f_{1H}(\theta)f_{aH}(\theta)=\sin(1.5\pi\cos\theta)\quad\left(\theta<\frac{\pi}{2}\right)$

E 面、H 面的方向图如图 6-24 所示。

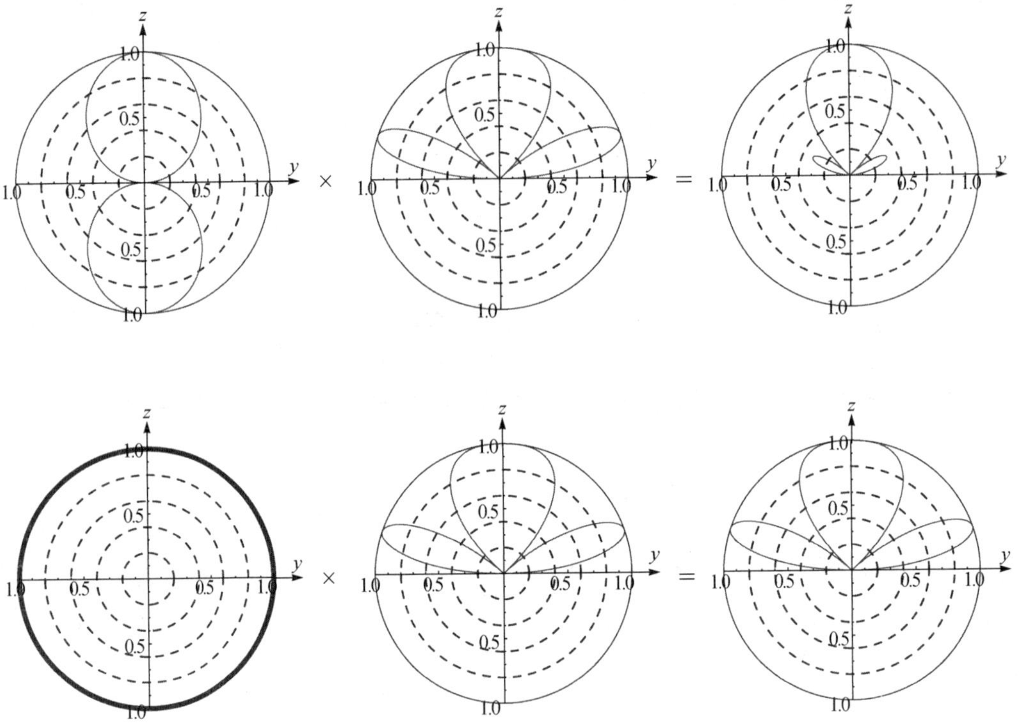

图 6-24　例题 6-12 解图(二)

题例 6-13　如图 6-25 所示，一个由半波振子构成的双极天线，水平架设在地面上空，距地面高度为 H，如果双极天线工作频率为 $f=20$ MHz，通信仰角 $\Delta=30°$，假设地面是理想导体平面，试求：

(1) 双极天线的架设高度 H；

(2) 利用镜像法，求出双极天线的方向函数；

(3) 绘制出双极天线在 yOz 面的方向图。

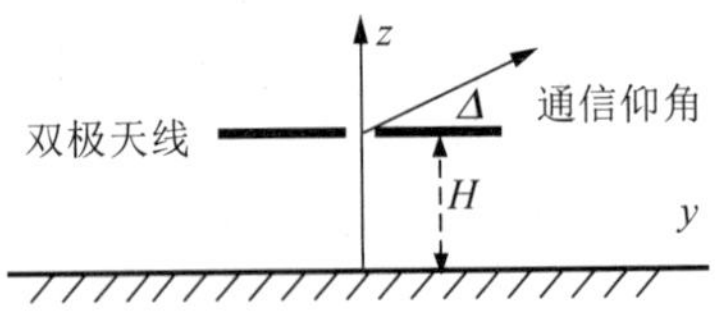

图 6-25　例题 6-13 图

【解】　(1) $f=20\text{ MHz}\rightarrow\lambda=\dfrac{c}{f}=15\text{ m}$，通信仰角 $\Delta=30°$，

$$\Delta=\arcsin\frac{\lambda}{4H},\quad H=\frac{\lambda}{4\sin\Delta}=\frac{15}{4\times1/2}=7.5(\text{m})$$

(2) 根据镜像法，在理想导体平面上的双极天线与其镜像构成等幅反相二元阵，其中元因子沿 y 轴放置，其方向函数为：

$$F_0(\theta, \varphi)=\frac{\cos\left(\dfrac{\pi}{2}\sin\theta\sin\varphi\right)}{\sqrt{1-\sin^2\theta\sin^2\varphi}}$$

阵因子沿 z 轴放置，其方向函数为：

$$F_2(\theta)=\cos\left(\frac{kd\cos\theta+\xi}{2}\right)$$

代入 $\xi=\pi$, $d=2H=\lambda$，可得

$$F_2(\theta)=\cos\left(\frac{\xi+\beta d\cos\theta}{2}\right)=\sin(\pi\cos\theta)$$

根据方向图乘积原理，该双极天线的方向函数为：

$$F(\theta, \varphi)=F_0(\theta, \varphi)F_2(\theta)=\frac{\cos\left(\dfrac{\pi}{2}\sin\theta\sin\varphi\right)}{\sqrt{1-\sin^2\theta\sin^2\varphi}}\sin(\pi\cos\theta)$$

(3) yOz 面的($\varphi=90^\circ$)方向函数为

$$F(\theta, \varphi=90^\circ)=\frac{\cos\left(\dfrac{\pi}{2}\sin\theta\right)}{\cos\theta}\sin(\pi\cos\theta)$$

绘制 yOz 面($\varphi=90^\circ$)方向图，如图 6-26 所示。

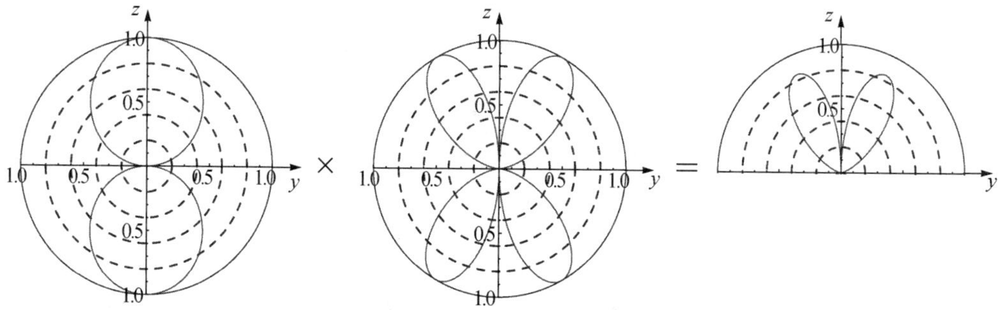

图 6-26　例题 6-13 解图

参 考 文 献

[1] 曹文权,朱卫刚,邵尉.电磁波与天线.北京:清华大学出版社,2022.

[2] 王增和,丁卫平,李平辉.电磁场与波.北京:机械工业出版社,2007.

[3] 王增和,卢春兰,钱祖平.天线与电波传播.北京:机械工业出版社,2003.